U0781314

CHANYE ZHUANLI
FENXI BAOGAO

产业专利分析报告

（第62册）——全息技术

国家知识产权局学术委员会◎组织编写

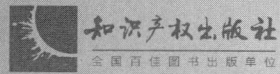

知识产权出版社
全国百佳图书出版单位

图书在版编目（CIP）数据

产业专利分析报告. 第 62 册，全息技术/国家知识产权局学术委员会组织编写. —北京：知识产权出版社，2018.7

ISBN 978 - 7 - 5130 - 5663 - 2

Ⅰ. ①产… Ⅱ. ①国… Ⅲ. ①专利—研究报告—世界②全息照相术—专利—研究报告—世界 Ⅳ. ①G306.71②TB877

中国版本图书馆 CIP 数据核字（2018）第 146679 号

内容提要

本书是全息技术行业的专利分析报告。报告从该行业的专利（国内、国外）申请、授权、申请人的已有专利状态、其他先进国家的专利状况、同领域领先企业的专利壁垒等方面入手，充分结合相关数据，展开分析，并得出分析结果。本书是了解该行业技术发展现状并预测未来走向，帮助企业做好专利预警的必备工具书。

责任编辑：卢海鹰　王玉茂　　　　　　责任校对：王　岩

内文设计：王玉茂　　　　　　　　　　责任印制：刘译文

产业专利分析报告（第 62 册）
——全息技术

国家知识产权局学术委员会◎组织编写

出版发行：知识产权出版社 有限责任公司　　网　　址：http://www.ipph.cn

社　　址：北京市海淀区气象路 50 号院　　邮　　编：100081

责编电话：010 - 82000860 转 8541　　　责编邮箱：wangyumao@cnipr.com

发行电话：010 - 82000860 转 8101/8102　发行传真：010 - 82000893/82005070/82000270

印　　刷：北京嘉恒彩色印刷有限责任公司　经　　销：各大网上书店、新华书店及相关专业书店

开　　本：787mm×1092mm　1/16　　　印　　张：18.75

版　　次：2018 年 7 月第 1 版　　　　　印　　次：2018 年 7 月第 1 次印刷

字　　数：422 千字　　　　　　　　　　定　　价：75.00 元

ISBN 978-7-5130-5663-2

编 委 会

总　序

在习近平总书记新时代中国特色社会主义思想的领导下，按照十九大报告提出的倡导创新文化，强化知识产权创造、保护、运用的要求，国家知识产权局"十三五"期间继续组织开展专利分析普及推广项目，做好产业专利分析工作。

自专利分析普及推广项目启动以来，历年专利分析成果集结成册，对外出版发行。《产业专利分析报告》系列丛书出版以来，受到各行业广大读者的广泛欢迎，有力推动了各产业的技术创新和转型升级。

2017 年专利分析普及推广项目继续秉承"源于产业、依靠产业、推动产业"的工作原则，在综合考虑来自行业主管部门、行业协会、创新主体的众多需求后，最终选定了 6 个产业开展专利分析研究工作。这 6 个产业包括食品安全检测、关节机器人、先进储能材料、全息技术、智能制造和波浪发电，均属于我国科技创新和经济转型的核心产业。2017 年项目首次试点由社会研究力量承担的形式开展，在安徽省知识产权局、陕西省知识产权局和湖南省知识产权局的支持下，探索专利分析普及推广项目落地的路径。在多方努力下，形成了内容实、质量高、特色多、紧扣行业需求的 6 份专利分析报告。

2017 年度的产业专利分析报告在加强方法创新的基础上，进一步深化了专利申请人、产品与专利、市场与专利、标准与专利、专利诉讼等多个方面的研究，并在课题研究中得到了充分的应用和验证。例如全息技术课题对国内外重点专利申请人进行深入研究；关节机器人课题对产品和专利的关系进行深入分析；食品安全检测课题尝试进行对检测标准相关的专利分析。

2017 年度专利分析普及推广项目的研究得到了社会各界的广泛关

注和大力支持。来自社会各界的近百名行业和技术专家多次指导课题工作，为课题顺利开展做出贡献。行业协会和产业联盟在课题开展过程中提供了极大的助力，安徽省知识产权局、陕西省知识产权局和湖南省知识产权局给予了大力支持，在此一并表示感谢。《产业专利分析报告》（第 59～64 册）凝聚社会各界智慧，旨在服务产业发展。希望各地方政府、各相关行业、相关企业以及科研院所能够充分发掘专利分析报告的应用价值，为专利信息利用提供工作指引，为行业政策研究提供有益参考，为行业技术创新提供有效支撑。

由于报告中专利文献的数据采集范围和专利分析工具的限制，加之研究人员水平有限，报告的数据、结论和建议仅供社会各界借鉴研究。

《产业专利分析报告》丛书编委会
2018 年 5 月

项目联系人

褚战星 62086064 18612188384 chuzhanxing@ sipo. gov. cn

全息技术专利分析研究团队

一、项目指导

国家知识产权局：张茂于　郑慧芬　白光清　韩秀成

二、项目管理

国家知识产权局专利局：雷春海　张小凤　褚战星　孙　琨

三、课题组

承 担 部 门：国家知识产权局专利局光电技术发明审查部

课 题 负 责 人：彭　燕

课 题 组 组 长：孙苏晋

课 题 组 成 员：聂泽锋　周　宇　崔双魁　杨　芳　周忠丽
刘亚利　屈云霞　钟　宇　高　宇　刘长莉
张　华

四、研究分工

数据检索：周　宇　崔双魁　聂泽锋　孙苏晋　钟　宇　高　宇
刘长莉　屈云霞

数据清理：崔双魁　周　宇　张　华　孙苏晋　聂泽锋　杨　芳
周忠丽　刘亚利　高　宇　屈云霞　刘长莉　钟　宇

数据标引：聂泽锋　杨　芳　钟　宇　孙苏晋　张　华　周忠丽
崔双魁　高　宇　屈云霞　刘长莉　刘亚利

图表制作：杨　芳　聂泽锋　周　宇　崔双魁　周忠丽　屈云霞
钟　宇　高　宇　张　华　孙苏晋　刘亚利　刘长莉

报告执笔：崔双魁　聂泽锋　周　宇　杨　芳　周忠丽　屈云霞
高　宇　钟　宇　刘长莉　张　华　孙苏晋　刘亚利

报告统稿：周　宇　孙苏晋　崔双魁　聂泽锋

报告编辑：周　宇　孙苏晋　崔双魁　聂泽锋

报告审校：彭　燕　孙苏晋　周　宇　崔双魁　聂泽锋

五、报告撰稿

孙苏晋：主要执笔第 1 章、第 4 章第 4.2.1 节、第 6 章第 6.4 节、第 9 章第 9.1.1 节、第 9.2.1 节、第 10 章第 10.1.1 节、第 11 章，参与执笔第 4 章第 4.3 节

周　宇：主要执笔第 2 章第 2.1、2.3 节、第 3 章第 3.1、3.3 节、第 4 章第 4.2.3 节、第 4.5 节、第 6 章第 6.1 节、第 6.2 节、第 6.3 节、第 6.5 节、第 9 章第 9.1.3 节、第 9.1.6 节、第 10 章第 10.1.3 节，参与执笔第 1 章、第 2 章第 2.6 节、第 3 章第 3.6 节、第 11 章

崔双魁：主要执笔第 2 章第 2.5 节、第 3 章第 3.5 节、第 5 章第 5.2.3 节、第 5.3 节、第 8 章第 8.1 节～第 8.2 节、第 8.4 节、第 10 章第 10.2 节，参与执笔第 1 章、第 2 章第 2.6 节、第 3 章第 3.6 节、第 11 章

聂泽锋：主要执笔第 3 章第 3.4 节、第 5 章第 5.1 节、第 5.2.1 节、第 7 章第 7.2 节、第 7.5 节，参与执笔第 1 章、第 3 章第 3.6 节、第 7 章第 7.1.3 节、第 7.1.4 节、第 11 章

杨　芳：主要执笔第 2 章第 2.4.1 节、第 7 章第 7.4 节、第 9 章第 9.1.5 节、第 10 章第 10.1.5 节，参与执笔第 2 章第 2.6 节、第 4 章第 4.3 节

周忠丽：主要执笔第 9 章第 9.1.4 节、第 9.2.2 节、第 9.2.3 节、第 9.2.4 节、第 9.2.5 节、第 10 章第 10.1.4 节，参与执笔第 4 章第 4.3 节、第 6 章第 6.4 节

刘亚利：主要执笔第 4 章第 4.1 节、第 7 章第 7.1 节，参与执笔第 11 章

屈云霞：主要执笔第 5 章第 5.2.2 节、第 8 章第 8.3 节、第 9 章第 9.3.1 节、第 9.3.5 节，参与执笔第 8 章第 8.2 节

钟　宇：主要执笔第 2 章第 2.4.2 节、第 5 章第 5.2.4 节、第 5.2.5 节、第 7 章第 7.3 节，参与执笔第 2 章第 2.6 节

高　宇：主要执笔第 2 章 2.2 节、第 8 章第 8.3 节、第 9 章第 9.3.2 节、

第 9.3.6 节，参与执笔第 8 章第 8.4 节，参与执笔第 2 章第 2.6 节

刘长莉：主要执笔第 3 章第 3.2 节、第 8 章第 8.3 节、第 9 章第 9.3.3
节、第 9.3.4 节，参与执笔第 3 章第 3.6 节

张　华：主要执笔第 4 章第 4.2.2 节、第 4.3 节、第 4.4 节、第 9 章第
9.1.2 节、第 10 章第 10.1.2 节，参与执笔第 4 章第 4.1 节

六、指导专家

技术专家（按姓氏拼音排序）

陈林森　苏州苏大维格光电科技股份有限公司

郭振鹏　京东方科技集团股份有限公司

乔　文　苏州苏大维格光电科技股份有限公司

孙庆成　青岛泰谷光电工程技术有限公司

魏　伟　京东方科技集团股份有限公司

赵　星　南开大学现代光学研究所

专利分析专家

李宗韦　北京佰腾聚智咨询有限公司

王　超　国家知识产权局专利局光电技术发明审查部

七、合作单位（排序不分先后）

北京佰腾聚智咨询有限公司

京东方科技集团股份有限公司

青岛泰谷光电工程技术有限公司

苏州苏大维格光电科技股份有限公司

目　录

第1章 绪 论

1.1 研究背景

  全息术（Holography）是利用光的干涉和衍射原理，将携带物体信息的光波以干涉图的形式记录下来，并且在一定条件下使其再现，形成原物体逼真的立体像（见图1-1-1）。由于记录了物体的全部信息，包括振幅和相位，因此称为全息术。

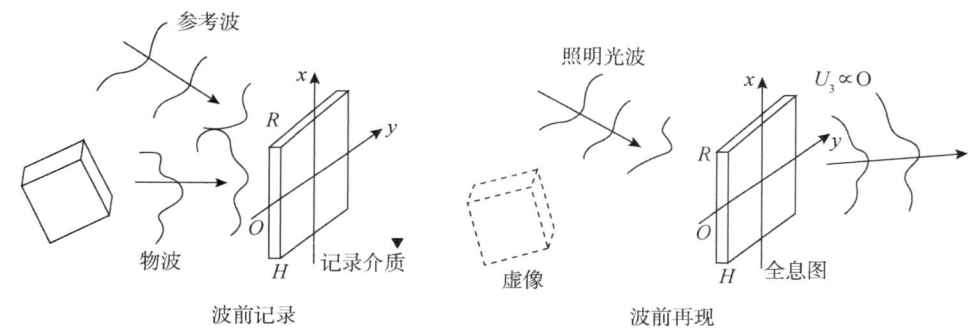

图1-1-1 全息术原理

  根据全息图的记录手段和再现方式的不同，一般将全息技术分为三类：光学全息（Optical Holography）、计算全息（Computer Generated Holography）和数字全息（Digital Holography）。全息概念最初由英国帝国理工学院的匈牙利科学家丹尼斯·盖柏（Dennis Gabor）于1948年提出，由于记录和再现都是利用光学照明来实现，也被称为光学全息。计算全息最早由A. W. Lohmann在1965年提出，它是利用计算机模拟光的传播，通过计算机编码形成全息图，再现的方式可以是光学再现，也可以是计算机模拟。数字全息最早由J. W. Goodman和R. W. Lawrence于1967年提出，它采用CCD等图像传感器取代传统干板来记录全息图，全息图以二维数据的形式存储在计算机中，再现过程由计算机通过算法模拟光学衍射实现，即实现了全息图的数字记录和数字再现。

  从全息图的记录和再现所依赖的光源性质出发，光学全息的发展历程大致可以分为四个阶段。

  （1）第一代光学全息：即萌芽时期，这一阶段采用汞灯作光源，记录同轴全息图，该全息图像由于"孪生像"的问题而无法形成高质量的物体图像，这是因为全息术需要高度相干性及高强度的光源，因而，这一技术在20世纪50年代期间发展缓慢；

  （2）第二代光学全息：随着1960年激光器的问世，相干光的问题得到解决，同时，1962 年，美国科学家 E. 利思（Emmett Leith）和乌帕特尼克斯（J. Upatnieks）将旁视雷达的原理应用到光学全息术中，进而提出离轴全息的概念和记录方法，有效解决再现物像的"孪生像"问题，使得全息技术的研究发展突飞猛进，这一阶段采用激光记录、激光再现的离轴全息图；

（3）第三代光学全息：这一阶段能够采用激光记录、白光再现的全息图，称为第三代光学全息，主要包括白光反射全息、像全息、彩虹全息、真彩色全息及合成全息等；

（4）第四代光学全息为能够用白光记录、白光再现的全息图。

计算全息和数字全息的发展历程类似，由于当时受到计算机技术和电子技术等条件的制约，一直没有重大进展。直到近 20 年来，随着计算机技术和 CCD、CMOS 等高质量图像传感器件的高速发展，数字全息和计算全息技术才得以快速发展和广泛应用。计算全息的典型事件有 1967 年 D. P. Paris 引入快速傅里叶变换和 2009 年 Seung – Cheol Kim 提出新查找表算法，大大提高了计算速度；2007 年，Remo Ziegler 第一次系统地提出了全息图表征及合成的整体流程，使得产生、处理和渲染由计算机合成或由实物产生的三维物体全息图成为可能。数字全息的典型事件有 1994 年 U. Schnars 等首次通过 CCD 摄像机成功获取全息图。

现今，光学全息、计算全息和数字全息技术迅猛发展，特别是在全息存储、全息检测、全息显示、全息光学元件、全息防伪等方面，为信息内容安全及海量存储等信息技术领域、生物细胞监测等生物医学领域以及三维显示应用领域的发展提供了强有力的保障。在我国系列"十三五"发展规划中，多次提及全息相关技术发展的规划。例如，要加大空间感知等基础性技术研发力度，加快全息成像等核心技术创新发展，要加强全息显示等新技术的基础研发和前沿布局；要突破真三维呈现等一批关键技术等。

然而，全息技术在各个应用领域的发展还极不平衡。在全息防伪领域，目前产业化比较成熟，在全息检测、全息光学元件等应用领域，目前初步实现产业化，在日常的产品防伪、专业的无损检测等方面都具有广泛应用。在全息存储、全息显示等应用领域，因其理论性强和受相关材料、技术、计算能力、市场竞争力等方面的制约，主要还处于实验室研究阶段。在国际上专门从事全息存储或全息显示的公司有 INPHASE、OPTWARE、AKONIA、SEEREAL 等，同时，还有索尼、日立、三星等存储或显示行业的巨头公司也在进行相关技术的研究，中国以高校和科研院所为主，目前中国企业有京东方在全息显示方面、青岛泰谷光电工程在全息存储方面从事相关产品的研发并申请专利。

1.2　技术分解

如表 1 – 2 – 1 所示，课题组基于全息技术的不同应用领域对全息技术进行了技术分解。

表 1－2－1 全息技术分解表

一级分支	二级分支	三级分支	四级分支
全息技术应用	全息存储	页面式	同轴
			离轴
		微全息	—
	全息检测	干涉计量	—
		显微	—
		生化检测	—
		光谱分析	—
		声全息	—
	全息显示	动态全息显示	人眼追踪
		静态全息显示	—
	全息光学元件	全息光栅	结构改进
			工艺改进
			材料改进
			其他改进
		全息透镜	结构改进
			工艺改进
			材料改进
			其他改进
		全息滤光片	结构改进
			工艺改进
			材料改进
			其他改进
		其他用途	结构改进
			工艺改进
			材料改进
			其他改进
	全息防伪	常规全息防伪	—
		多通道防伪	—
		隐形加密防伪	—
		计算点阵全息	—
		双层全息防伪	—
		荧光加密全息	—
		动态编码防伪	

1.3 研究方法

　　本书通过研究专利文献和非专利文献，听取行业专家意见，到企业实地调研等多种形式，对全息技术及其发展历史和相关产业现状以及企业需求等都有了初步了解。在此基础上，结合各种专利文献分类体系、多个国内外专利数据库的特点，确定研究对象的技术分解表，并在不同的应用领域根据其发展水平的不同，选择最值得关注的部分，如重点申请人、技术转让、重点专利等，进行专利检索和法律状态检索；通过对检索到的专利文献数据进一步加工整理，形成专利分析的数据样本；通过对数据样本的相关专利信息深入分析，从专利的全球态势、中国态势、重点技术、主要申请人等角度出发对全息存储、全息检测、全息显示、全息光学元件和全息防伪五个主要应用领域的专利技术进行分析研究，理清技术发展脉络，明确技术研发方向和热点问题，为企业的技术研发和专利战略布局提供参考意见，帮助提高相关行业或企业的专利运用水平。

1.3.1 数据库选用

　　（1）文献来源

　　本书采用的专利文献主要来自国家知识产权局的专利检索及分析系统（www. pss - system. gov. cn）、北京合享智慧科技有限公司的 INCOPAT 科技创新情报平台（www. incopat. com）（以下简称"合享智慧"）以及智慧芽的专利数据库（www. zhihuiya. com/zhuanlijiansuo）（以下简称"智慧芽"）。

　　采用的非专利文献主要来自中国知识资源总库（CNKI）系列数据库、百度搜索引擎。

　　（2）法律状态查询

　　各类专利文献的法律状态数据来自合享智慧和智慧芽。

　　（3）引用频次查询

　　引文数据来自合享智慧和智慧芽。

　　（4）专利运用数据来源

　　全息技术领域的全球合作申请、专利转让、许可、质押、收购等数据来自合享智慧和智慧芽。

1.3.2 数据处理方式

　　（1）去　　噪

　　一般来说，任何一个检索式都不可避免地引入噪声数据。检索数据通过去噪处理可以提高查准率。在数据库中利用分类号和关键词检索专利文献，主要从四个方面产生噪声：第一，数据库自身特点引入噪声，例如摘要库与全文库在数据完整性上的差别；第二，分类号带来噪声，例如分类不准或者副分类引入噪声；第三，关键词带来噪声，例如一个关键词被多个领域共同使用引入噪声；第四，行业术语不规范带来的噪声，例如"全息"一词经常被非全息技术相关领域使用，甚至还存在一些所谓的全息或伪全息。

数据去噪处理主要采取在满足查全率要求的前提下先使用检索工具批量去噪，下载数据后人工阅读逐篇去噪的方式。利用检索工具进行批量去噪时，课题组会对清理出来的"噪声数据"再次进行分析，找回被误清理的有效文献，直至达到满意的去噪效果。

基于噪声来源，课题组确定了以下批量去噪策略：第一，直接利用关键词去噪；第二，利用临近算符、同在算符、频率算符限定关键词；第三，分类号检索去噪，针对不同噪声率的分类号使用不同的策略去噪；第四，利用不同数据库具有不同字段的特点，通过转库操作进行去噪。

（2）标　　引

数据标引是指根据不同的分析目标，对原始数据中的记录加入相应的标识，从而增加额外的数据项来进行特定分析的过程。通常数据标引是数据处理的最后一步，根据不同的分析目的与分析项目，确定用于图表制作与统计分析的规范数据。在标引过程中，标引字段包括常规标引字段与自定义标引字段。自定义标引字段主要包括技术分支和技术功效。

标引的方法包括检索批量自动标引和人工阅读手动标引。其中，批量自动标引适用于文献量大的情况，人工阅读手动标引则在文献量在可读范围时使用。基于文献量的考虑，本书全部文献针对不同技术发展情况分别采用了其中一种或多种方式。

本书对技术分支和技术功效采用了多人同步进行人工阅读手动标引。在进行标引之前先统一标引标准。例如，为便于数据的统计分析，课题组在标引技术分支时采用唯一性原则，每一件专利文献仅被标引为一个技术分支；标引技术功效时采用客观性原则，每一件专利文献有几个技术功效就标引几个技术功效。在人工标引的同时进行人工去噪。

（3）归一化

由于不同数据库的数据格式存在差异，某些数据库在加工录入数据时可能存在差错，不同国家、地区或组织对申请人的要求有差别等原因，课题检索中获得的原始样本数据格式并不统一，需要进行归一化处理，以便满足后续的统计分析要求。数据项归一化主要包括：分类号、日期格式、公开号的规范化，申请人国别的处理，申请人名称的去重和归一化，发明人名称统一化等。课题组认为涉及申请人名称合并、申请人关系确定、申请人国籍认定等方面的规范至关重要。在申请人规范中主要考虑以下情况：第一，申请人名称的表述差异，对于外国公司的名称翻译不一致，例如INPHASE 的译名有"英法塞""同相"等。对申请人名称的处理方式在不同数据库之间也存在差异，对于一家公司提出的申请在同一数据库中也可能出现多种名称，有完全缩写的，有部分缩写的和使用全称的情况，课题组对申请人名称进行统一；第二，总公司与子公司，总公司及其下属的子公司可能在同一领域都有相关申请，应当将子公司和母公司合并为一个申请人，例如株式会社日立制作所和日立民用电子株式会社；第三，合资公司，由几个出资方共同组成各子公司的专利申请，一般将其归属于股份最大的出资方；第四，对于已经发生重组兼并的公司，重组兼并前申请的专利，需要按照重组兼并后的公司名称进行整理；第五，申请人为个人的美国申请，美国专利法规定申请人只能为个人，而申请人为个人的美国申请通常情况下实际申请人是该个人申请人所在的公司，此时需要将个人申请人替换为公司名称，实际的公司名称一般可以通过同族专利文献来确定。本书均使用归一化后的申请人名称，申请人的名称归一化约定详见附录。

1.3.3　数据范围

全息技术各分支数据检索截止时间和数量如表1-3-1所示。

表1-3-1　全息技术各分支数据检索截止时间和数量

技术分支	检索截止时间	全球申请量
全息存储	2017年9月21日	4059项
全息检测	2017年8月21日	4046项
全息显示	2017年9月30日	1014项
全息光学元件	2017年11月9日	6380项
全息防伪	2017年10月12日	8294项

关于各分支的数据范围确定方式如下：

（1）全息存储分支

全息存储分支相关国际专利分类较为单一和准确，在此基础上，通过初步数据范围的总量分析以及文献、企业调研结果，确定了相关重点申请人，并在此基础上进一步针对相关重点申请人补全检索集合，从而确定了全息存储分支的全球专利申请为4059项，检索截止日期为2017年9月21日，其中国专利申请在此基础上确定。

（2）全息检测分支

课题组在查阅了大量相关资料的基础上，首先确定研究范围，理清相关概念；随后大致评估检索难度和数据量。

基于摸底结果，首先对中国的相关专利申请数据进行人工筛选，并且从应用领域、测量方式或手段等方面进行初步的人工标引，然后对全球的相关专利申请数据进行总体分析，最后基于初步标引结果，选取近年来发展迅猛的全息显微技术作为重点技术，通过人工标引对其进行详细的功效分解。经过查全和查准评估后，确定了全息检测相关的全球专利申请4046项，中国相关专利申请472项，检索截止日期为2017年08月21日。

（3）全息显示分支

生活宣传中的"全息显示"实际上并没有直接利用全息图来产生图像，不属于课题组所要研究分析的对象。这是因为直接利用全息图来进行实时显示成本较高，特别是大视场角的实时显示对于显示器的像素分辨率以及计算能力的要求又远远超出当前的技术水平。其中又以显示器的像素分辨率要求为重，当前民用主流显示器为1080P、

2K、4K 分辨率的显示器，其中分辨率最高的显示器为 4K 显示，大约 2×10^7 个像素，以 40 寸显示屏为例，距离大视场角的实时显示所需要的 10^{12} 个像素的数量要求差距极大。就目前的技术水平而言，以追踪眼球的方式减少对像素分辨率及运算的要求，这是最有可能实现的一种实时三维全息显示。

因此，本书将全息显示分支的研究对象限定为追踪眼球类型的实时三维全息显示。

（4）全息光学元件分支

课题组在查阅大量相关资料的基础上，初步检索了专利文献，并大致评估了检索难度和数据量。检索结果发现，全球专利数据量很大，既不宜人工筛选又无法通过检索有效去除噪声。主要原因是，全息光学元件应用广泛，不同应用之间差别较大，导致无法构建有效的去噪检索策略。

针对这种情况，课题组重点从中国专利着手，以期尽可能深入地把握全息光学元件的相关技术脉络。在检索中不仅考虑全息光学元件本身所对应的 IPC 专利分类号 G02B5/32，而且考虑全息光学元件的制作工艺和主要用途，利用相关专利分类号结合关键词进行检索及初步去噪，得到 2670 项相关专利申请；进一步通过人工筛选得到 425 件改进涉及全息光学元件本身的高度相关专利申请，合并同族专利后得到 397 项，通过人工标引完成功效分解。中国相关专利申请的检索截止日期为 2017 年 9 月 30 日。

从全球专利和日本专利两个重要方面出发，尽可能全面地把握全息光学元件在全球和日本的整体发展趋势。这是因为考虑到日本在全息光学元件领域的领先地位和主导地位，并且日本专利分类号 F - Term 对全息光学元件有详细分解。经检索得出，日本和全球相关专利申请分别为 3601 项、6380 项，其检索截止日期分别为 2017 年 11 月 2 日、2017 年 11 月 9 日。

（5）全息防伪技术分支

以全息和防伪作为两个子要素进行关键词和分类号的扩展，对每个要素的关键词和分类号进行扩展，在构建完成后进行相"与"运算，获得了最终的数据集合，以获得的 8294 项、总计 13 771 件全球相关专利文献为基础进行研究；其中，中国相关专利为 3893 件。

1.3.4 数据质量评估

检索结果评估所使用的指标是查全率和查准率。全面而准确的检索结果是后续专利分析的基础，该评估结果是调整检索策略、能否终止检索的重要依据。查全率用来评价检索结果的全面性，即评价检索结果涵盖检索主体所有专利文献的程度；查准率用来衡量检索结果的准确性，即评价检索结果是否与检索主题密切相关。

查全率的评估通常在初步查全和去噪后进行，查准率的评估通常在查全工作结束后进行。经评估，本书各项关键技术中文专利文献查全率均超过 90%，外文专利文献查全率均超过 80%；同时，课题组采取人工去噪、检索去噪等方式对检索结果进一步处理，满足了研究需要的查准率，其中，针对重点研究对象的查准率经人工去噪后达到 100%，经检索去噪后的抽样查准率也超过 88%。

1.4　相关事项和约定

下面对文中出现的术语和约定作具体解释。

第一，同族专利。同一项发明创造在多个国家申请专利而产生的一组内容相同或基本相同的专利文献出版物，称为一个专利族或同族专利。从技术角度来看，属于同一专利族的多件申请可视为同一项技术。在本书中，针对技术和专利技术原创地分析时对同族专利进行合并统计，针对专利在国家、地区或组织的公开情况进行分析时采用的是各件专利进行单独统计。

第二，关于专利统计中的"项""件"和"个"的说明。

（1）项：同一项发明可能在多个国家、地区或组织提出专利申请，将这些相关的多件申请作为一条记录收录。在进行专利申请量统计时，对于数据库中以一族（这里的"族"指的是同族专利中的"族"）数据的形式出现的一系列专利文献，计算为"1项"。一般情况下，专利申请的项数对应于技术的数目。

（2）件：在进行专利申请量统计时，例如为了分析申请人在不同国家、地区或组织所提出的专利申请分布情况，将同族专利申请分开进行统计，所得到的结果对应于申请的件数。1项专利申请可能对应于1件或多件专利申请。

（3）个：在计算同族专利数量时，以公开号或公告号进行统计，对于1件申请在不同阶段（如公开、授权）产生的多个不同文件号，将合并计算。1件专利申请在统计同族专利数量时根据其产生的文件号个数，可能被计作1个或多个。

第三，近两年专利文献数据统计不完整导致申请量下降。在此次专利分析所采集的数据中，2016年后提出的专利申请统计数量比实际的申请量要少。一方面，PCT专利申请可能自申请日起30个月甚至更长时间之后才进入国家阶段，从而导致与之相对应的国家公布时间更晚；另一方面，中国发明专利申请通常自申请日起18个月（要求提前公布的申请除外）才能被公布。

第四，专利所属国家、地区或组织。本书中专利所属的国家、地区或组织是以专利申请的申请人的国别或地区确定，无法确定申请人国别或地区的以首次申请优先权国别或地区来确定，没有优先权的专利申请以该申请国别或地区确定。

第五，专利申请量趋势图中的年份。本书中申请量趋势图中的年份是指申请日或优先权日的年份。

第六，主要申请人约定。由于在不同数据库中存在同一申请人具有多种不同表达形式的情况，或者同一申请人在多个国家或地区拥有多家子公司，为了正确统计各申请人实际拥有的专利申请量，本书对各数据库中出现的主要申请人的不同形式进行了人工归并。有关申请人的归一化情况参见附录。

第2章 全息技术全球专利申请分析

2.1 全息存储

2.1.1 全球专利申请

全息存储涉及 1965 年至今的全球专利申请共 4059 项，其中，有 805 项向中国提交专利申请，占全息存储专利申请总量的 19.8%。在中国专利申请中，中国国内申请有 117 件，占中国专利申请的 14.5%，占全息存储专利申请总量的 2.9%。

如图 2-1-1 所示，从申请总量来看，全球有 80% 的专利申请未向中国提交，相关的技术也未在中国得到保护；中国国内申请比例较低，仅占专利申请总量的 2.9%，表明国内相关研究投入不多，尚处于起步阶段。

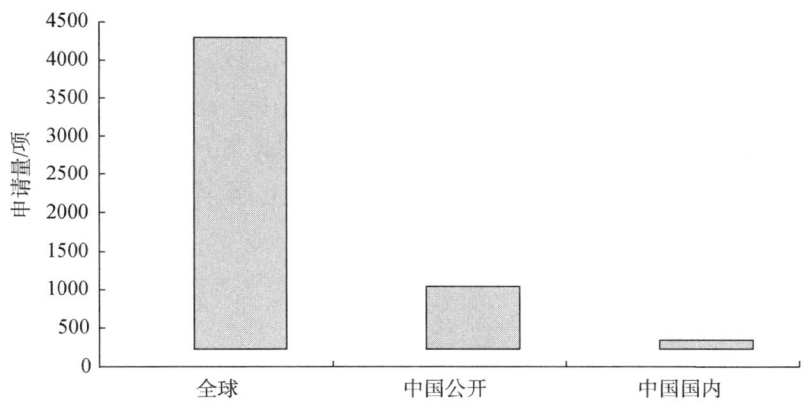

图 2-1-1 全息存储全球和中国专利申请量对比

2.1.2 申请趋势分析

如图 2-1-2 所示，以优先权日计算，自 1965 年以来，全息存储专利申请量的变化趋势大致可以分为四个阶段：1965～1978 年，期间发现光折变效应，光折变晶体全息存储成为研究热点，申请量出现一个小高峰，但是没有研制出实用的系统。1979～1988 年，申请量持续低迷。1989～2008 年，在光折变记录材料、激光器、空间光调制器和高性能光电探测器阵列 CCD 和 CMOS 方面所取得的实际进展促使研究者对实用化全息存储器技术和系统有良好的预期，并在存储方法和存储材料等方面纷纷加紧进行研究，期间研制出多项产品，很多大型公司投入研究，申请量出现一个大高峰。2009

年至今，申请量下降，可能与相关研制的产品未能在价格、驱动器体积上占有优势相关。

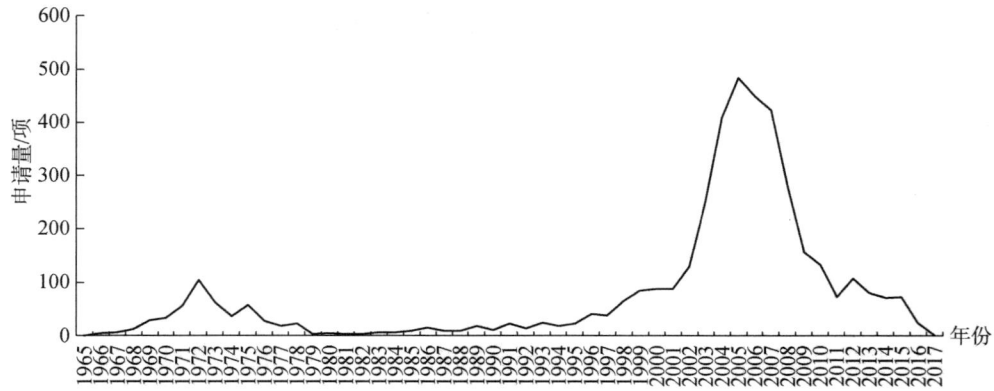

图 2 - 1 - 2　1965～2017 年全息存储全球专利申请年份变化趋势

2.1.3　申请区域分布分析

如图 2 - 1 - 3 所示，申请排名前 10 位的公开地和来源地相同，总公开量高于来源量的两倍，说明了每项同族专利平均在两个以上地区存在申请，具有一定的布局意识。由于公开量是按照同一项专利多件申请在相应申请地区归并后的公开数量统计，而来源量按照优先权统计，因此来源量相当于同族数，低于公开量。由于申请人往往会在所属国家、地区或组织进行申请，同时也会在想要寻求保护的地区进行申请，因此申请的主要公开地往往与主要来源地具有一定的一致性，这也反映了要寻求保护的主要保护地区。

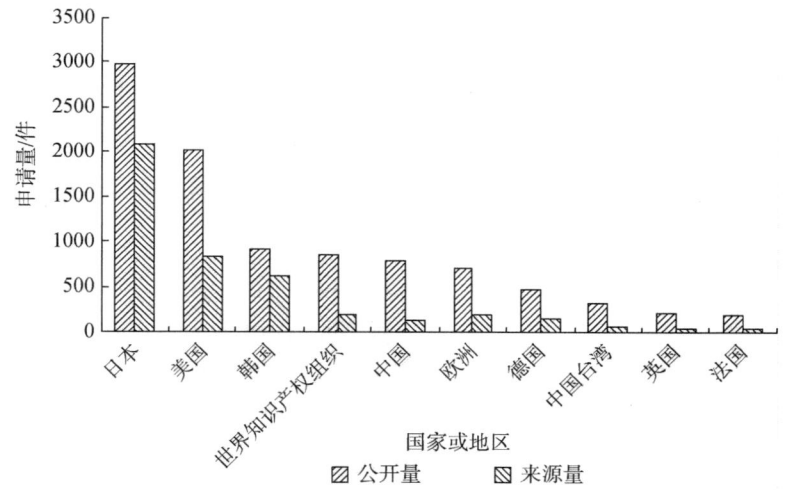

图 2 - 1 - 3　全息存储全球主要国家或地区公开量及来源量分布

日本作为最大的申请来源地，其公开量也是最多的，第二大申请来源地是美国，同时，美国作为世界主要的市场，其外来申请量也是最多的；韩国虽然在申请来源量上与美国接近，但外来申请量并不高；中国虽然申请来源量的数量在五局❶所属国家或地区中最低，低于韩国、欧洲和德国，但公开量却与韩国接近，高于欧洲，这表明，一方面中国是潜在的巨大消费市场，主要申请人对于在中国专利布局颇为重视，另一方面可能与中国加入世界贸易组织带来的市场活跃度有关。

2.1.4　申请人分析

如图 2 - 1 - 4 所示，在前 20 位申请人中，绝大多数为日本大型企业，其次为韩国、美国、欧洲等国家或地区的大型企业，绝大部分企业为大型跨国企业，这些企业在其他类型的存储器和/或其他电子通信方面等也有着广泛的研究，仅有 INPHASE、OPTWARE 两家属于专门研究全息存储的企业。这表明全息存储作为理论存储密度很高的存储方式，相关企业投入了大量研发。

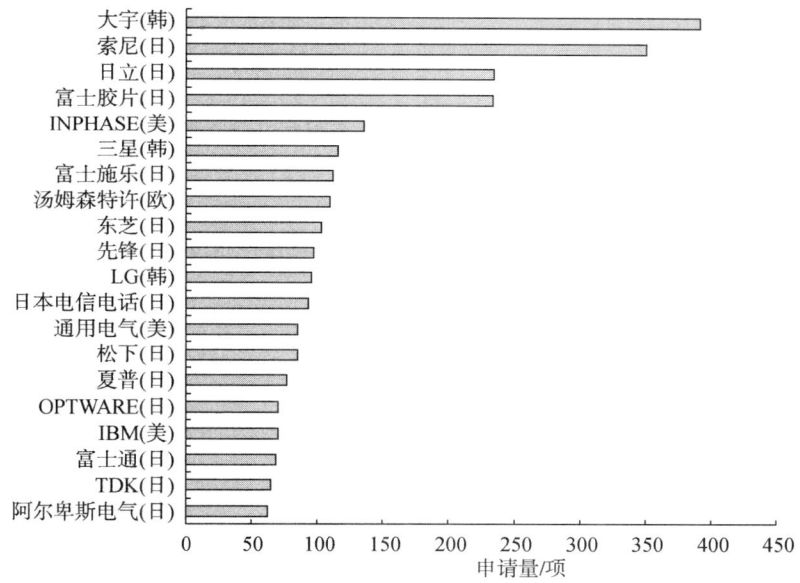

图 2 - 1 - 4　全息存储全球前 20 位申请人申请量排名

从图 2 - 1 - 5 可见，在 2011 年以后，全球前 20 位申请人大部分减少或不再研究全息存储，部分申请人继续进行申请，例如通用电气、索尼、LG 和三星等，仅有日立加大了相应的投入。

由于日韩企业专利申请的普遍特点为，对同一技术的专利布局，通常采取多角度方式进行专利申请，不能单纯地根据申请量的大小来确定其是否掌握实际重点技术。因此，为了进一步掌握重点技术申请人，一方面考虑全息存储实际产品出现的年代，另一方面考虑专利保护年限为 20 年，选择了 1990 年以后、被引证数排名前 100 名的申

---

❶　五局指美国、日本、韩国、中国和欧洲专利局。——编辑注

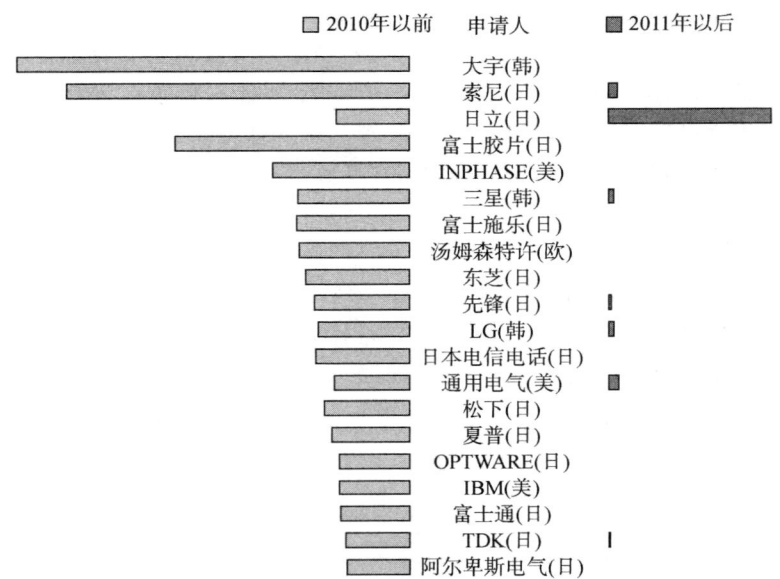

图 2 - 1 - 5　全息存储 2010 年以前和 2011 年以后主要申请人的申请量对比

请人排名作为参考，如表 2 - 1 - 1 所示。

表 2 - 1 - 1　1990 年以后被引证数排名前 11 名的专利申请人

排名	申请人	专利拥有量/项
1	INPHASE	10
2	OPTWARE	9
3	SIROS TECHNOLOGY	8
4	阿尔卡特	6
5	索尼	5
6	松下	5
7	TAMARACK STORAGE	4
8	通用电气	3
9	拜耳	3
10	TDK	3
11	加州理工学院	3

　　从表 2 - 1 - 1 可以看出，INPHASE、OPTWARE 是前两位且属于全球前 20 名申请人中专门研究全息存储的企业，结合非专利文献的信息可以确定，INPHASE、OPTWARE、通用电气作为全球前 20 名申请人的企业其研究重点分别在离轴页面、同轴页面、微全息等技术方面。

2.2　全息检测

通过对有关全息检测的全球专利进行检索和初步筛选，得到全息检测相关的专利申请为 4046 项，下面对这些专利申请进行分析。

2.2.1　全球专利申请分析

图 2 - 2 - 1 示出了全息检测技术全球专利申请趋势。随着知识经济的兴起和经济全球化不断加深，知识产权已经成为各国参与国际竞争的重要资源、对外投资的重要资本和国家发展战略的重要组成部分。可以看出，关于全息检测技术的专利申请的年申请量整体上呈现持续增长，近年来仍然有继续增长的趋势。

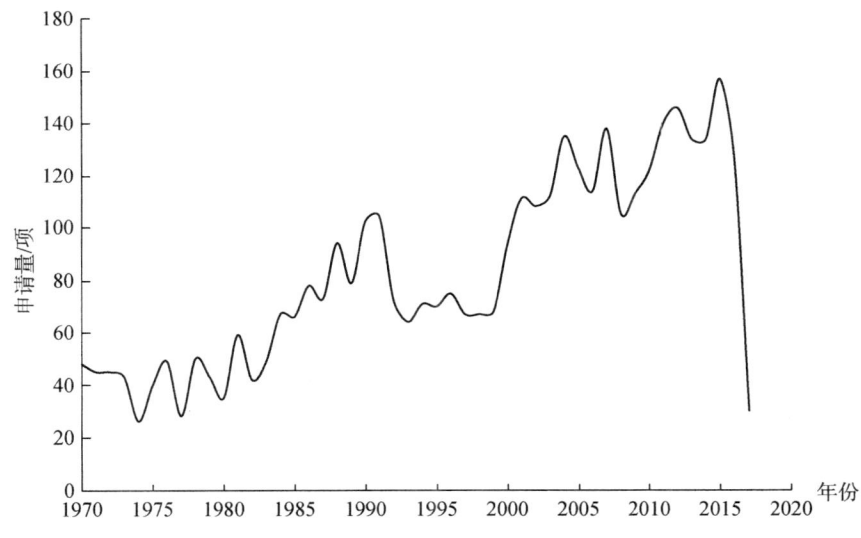

图 2 - 2 - 1　全息检测技术全球专利申请变化趋势

（1）平稳发展期（1970 ~ 1991 年）

具体来说，在 20 世纪 80 年代中期之前，有关全息检测技术的申请量增长比较平稳，每年都在 60 项以下。自 1984 年起，该领域的年专利申请量呈现增长态势，90 年代初期达到一个高峰，年申请量超过了 100 项，增长势头一直持续到 1991 年（104 项）。

（2）回落期（1992 ~ 1999 年）

该时期年申请量较前一阶段有所回落，但保持在一个稳定的水平，未出现较高的增长，年均申请量平均为 70 项。在这段时期，全球专利申请量都存在回落波动，全息检测技术的专利申请量也符合这一规律。

（3）快速增长期（2000 年至今）

2000 年有关全息检测技术专利年申请量开始回升，2001 年开始回到 100 项以上，并进入了一个快速增长期，一直持续到 2007 年。在经过 2008 年的短暂回调后，全息检测技术专利申请的年申请量继续进入新的稳定增长期，目前仍保持持续增长的趋势。可见，在全球范围内，全息检测技术仍然属于被持续关注的技术。

2.2.2 专利布局国家或地区分析

一项专利申请如果包含多件同族专利申请，首次申请所在的国家和地区通常是申请人所在的国家和地区，而专利文件公开的国家和地区通常体现了申请人专利布局的国家和地区。下面根据全球范围内全息检测技术专利申请的优先权号（无优先权号的使用最早申请号）所代表的国家或地区，分析了首次申请的国家或地区情况，这一定程度上体现了全息检测技术领域的技术输出的全球态势，如图 2-2-2 所示，从中可以看出，美国、日本、中国在全息检测技术的专利首次申请总量占据领先位置，德国、韩国、俄罗斯（含苏联）的专利申请总量也较高，排名前 10 位的国家的专利首次申请量占据总量的 90%。由此可以看出，上述几个国家在全息检测技术方面关注度较高，研发力度比较大，并积极将研发成果申请专利进行保护。

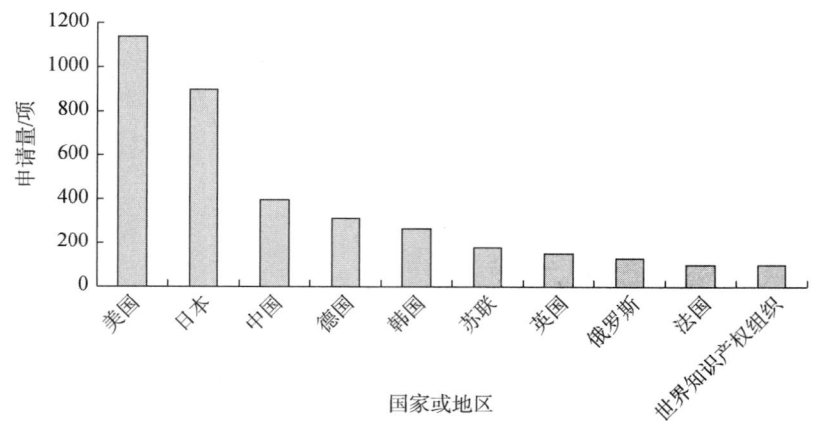

图 2-2-2 全息检测技术首次申请国家或地区分布

另外，同一项技术在首次申请之后，可能还会向多个国家、地区或组织提出申请，并以此获得更广泛范围内的保护。经统计，全息检测技术相关申请的同族专利（每个公开文本为 1 个）共计 20 930 个，从中可以得出全球范围内全息检测技术相关申请的平均同族数量约为 5.17 个，国内全息检测申请的同族专利数量约为 2.97 个，可见全息检测技术领域全球范围内国外申请人向多个国家申请的倾向高于国内同领域水平，说明国外申请人更加重视专利的全球布局。

2.2.3 申请人分析

图 2-2-3 示出了全息检测技术全球主要申请人的申请量情况。从图中可以看到，全息检测技术领域全球范围内申请人比较分散，前十位申请人所申请的专利总和只占到了全球总量的 10% 左右。在排名前 10 位申请人中，上海光机所进入前十，居领先地位，多家日本企业占据重要的份额。由于申请量整体比较分散，主要申请人申请量差

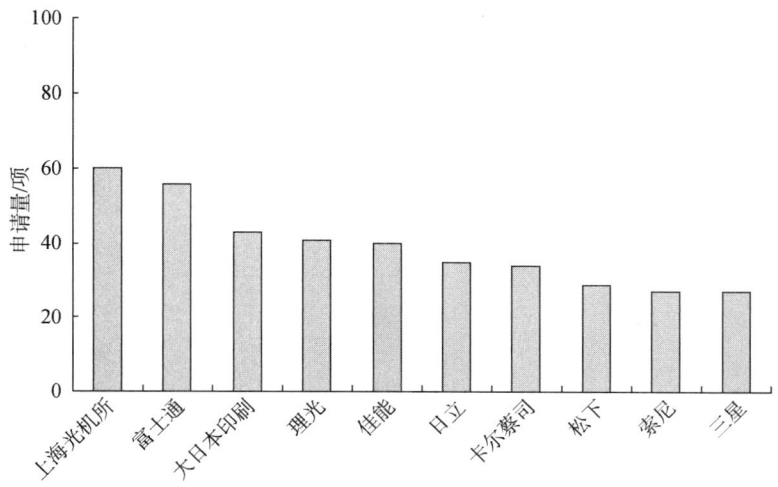

图 2 - 2 - 3 全息检测技术全球主要申请人申请量排名

距不是很大。同时，主要申请人随着全息检测技术发展的变化，在不同的年代变化显
著。图 2 - 2 - 4 ~ 图 2 - 2 - 6 分别示出了全息检测技术全球不同时期主要申请人的申请
变化情况。

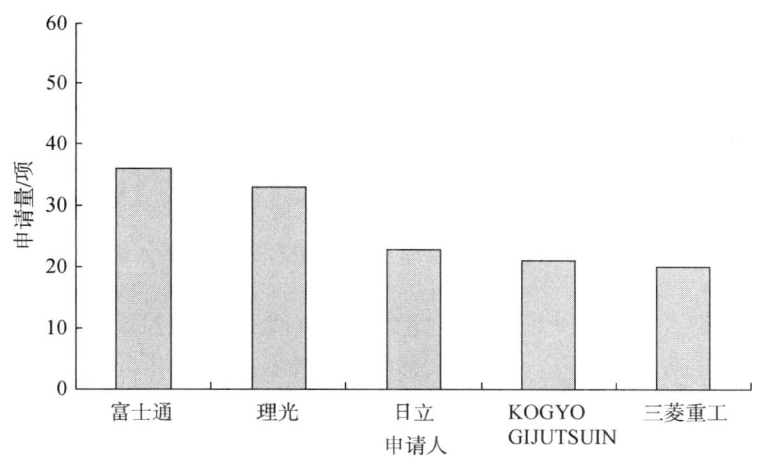

图 2 - 2 - 4 1970 ~ 1991 年全息检测技术主要申请人排名

在 1970 ~ 1991 年，尽管美国申请人的总申请量居第一位，但是申请人较分散，就
申请人而言，以富士通为代表的多家日本公司申请量处于领先地位，这一时期的全息
检测技术申请主要集中在日本大公司中。在 1992 ~ 1999 年，全球全息检测技术申请量总
体呈回落态势，总量不高，前几位申请人仍大多为日本公司，一定程度上体现了日本全
息检测行业整体的发展。同时，在这一时期德国博世公司也有一定的申请量。2000 年之
后，中国申请人提出了大量全息检测技术申请，其中，上海光机所的申请量一跃位于榜
首，近年来，北京航空航天大学也成为全球全息检测技术领域的重要申请人。

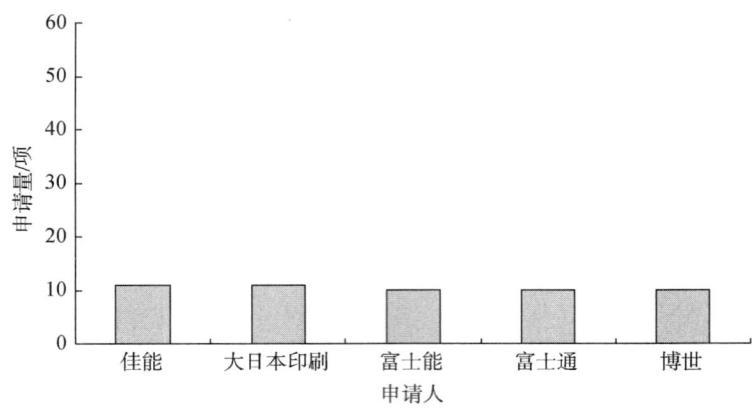

图 2 - 2 - 5   1992~1999 年全息检测技术主要申请人排名

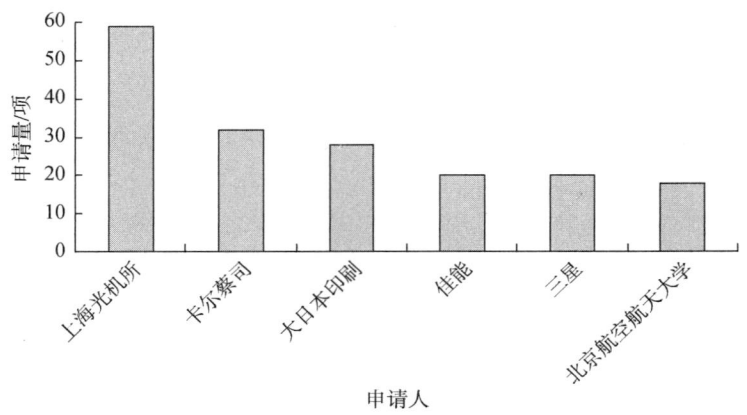

图 2 - 2 - 6   2000~2017 年全息检测技术主要申请人排名

但是中国申请人在其他国家和地区提交专利申请的比例较低，以 2015 年为例，中国申请人全球共申请专利 52 项，其中大部分是在中国国内提出的申请，其中 6 项在其他国家和地区也提交了申请，2 项向世界知识产权组织提交了专利申请。反映了国内申请人对在其他国家或组织提交申请的意识还有待提高。

近年来申请量的显著增长体现了国内科研院所对全息检测技术研究的重视，但是国内企业申请人申请数量总体上仍然较少，在全息检测技术的研发实力和技术积累方面，中国企业还需要不断完善和提高。

2.2.4 申请类型、法律状态和技术构成分析

在全球范围内，全息检测技术专利申请中，95% 为发明专利，体现了这项技术具有较高的科技含量。图 2 - 2 - 7 示出了自 1998 年以来全息检测技术相关专利申请的法律状态。在这些申请中，12.8% 的专利申请处于审查中；39.5% 的专利申请处于专利权有效状态；47.7% 处于失效状态，包括驳回和主动放弃。

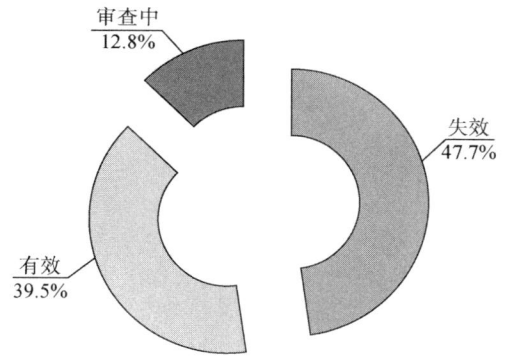

图 2 - 2 - 7　自 1998 年以来全息检测技术专利申请的法律状态分布

经过对这 4046 项全球相关申请的 IPC 大组和 CPC 细分进行统计，如图 2 - 2 - 8 和图 2 - 2 - 9 所示，全球全息检测技术主要分布在 G01B9、G03H1、G01B11 等分类号，这些分类都与全息检测的技术领域特点相关，包括了全息检测采用的测量手段和仪器设备。

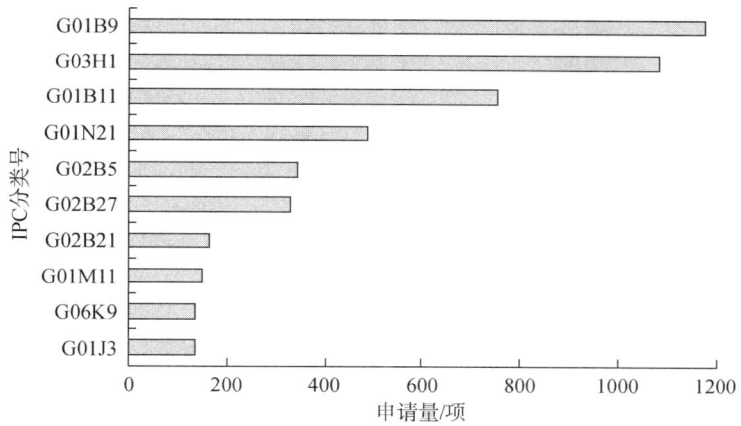

图 2 - 2 - 8　全球全息检测技术专利申请 IPC 分类前 10 位排名

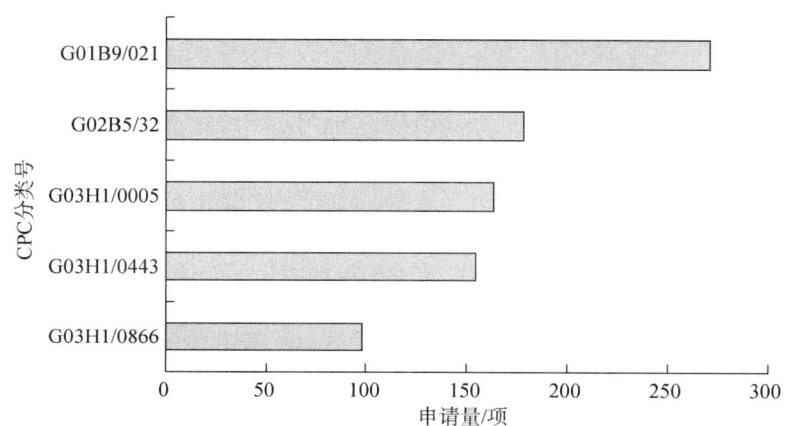

图 2 - 2 - 9　全球全息检测技术专利申请 CPC 分类前 5 位排名

图 2－2－10 显示了过去 20 年全球全息检测技术每年续费或放弃的专利数量（仅包括美国发明专利和中国专利数据。中国专利的续费和放弃信息更新至 2016 年 3 月）。从图中可以看到，全球全息检测技术领域的授权专利续费趋势随申请量总体增长而保持增长，但是近年来最后被专利权人放弃的专利数量变化不明显，体现了申请人对行业发展的信心。

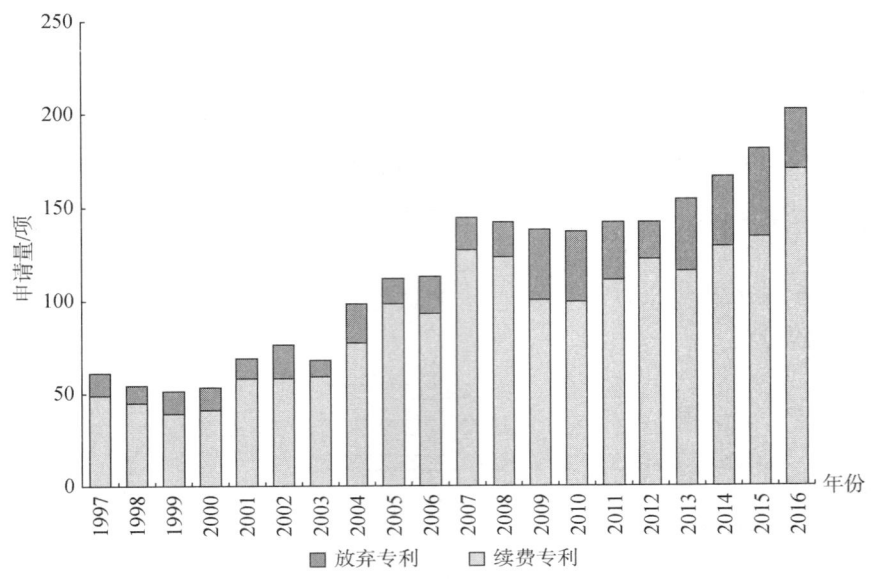

图 2－2－10　全球全息检测技术专利续费变化趋势

2.3　全息显示

由于三维显示领域对于全息显示的表述比较混乱，导致在采用常规的分类号结合关键词的方式获得的数据存在较高的噪音，所以，在采用 G03H 的全息分类号结合有关实时三维显示的关键词限定的同时，选定了以人眼追踪方式实现全息实时三维显示技术为主要研究对象，并将经筛查后确定的重点申请人涉及全息实时三维显示的专利纳入统计，获得 1014 项申请，然后，以人工逐一筛查的方式，对真正涉及人眼追踪的全息实时三维显示的专利进行筛选，仅得到 117 项专利。

2.3.1　全球专利申请

本章的专利申请数据来源于北京合享智慧科技有限公司的 incoPat 科技创新情报平台（www. incopat. com），涉及追踪眼球类型的实时三维全息显示的全球专利共 117 项。如图 2－3－1 所示，中国专利申请为 61 件，占专利申请总量的 52.1%。在中国专利申请中，中国国内申请为 7 件，占中国专利申请的 11.5%。在中国的相关专利申请均为发明专利申请，授权率较高，这表明该领域全球研发申请人比较集中，具有一定的原创性，市场前景可以预期。

从专利申请总量来看，涉及追踪眼球类型的实时三维全息显示的全球专利申请量较少，说明该技术的发展还存在瓶颈，例如，用于承载全息图的空间光调制器的分辨率有限，所需图像处理的数据量还相对较大，通过计算全息生成模拟真实场景的高品质数据源比较困难，且难以预先通过人眼追踪安排；由于需要通过不同颜色的相干光照射并分别存储，还要防止外界光线的干扰，导致可以拍摄的物体有限等问题，随着中国经济实力的提高以及巨大的消费市场潜力，相关技术的掌握者较为重视中国市场，中国企业需要注意相关专利的保护范围，同时也要加快自己的研发脚步；中国国内申请比例较低，仅占专利申请总量的 6.0%，一方面表明中国的研究投入不多，尚处于起步阶段，能够形成有效专利的技术不多，另一方面也表明中国企业、高校或个人的专利权保护意识还需要加强。

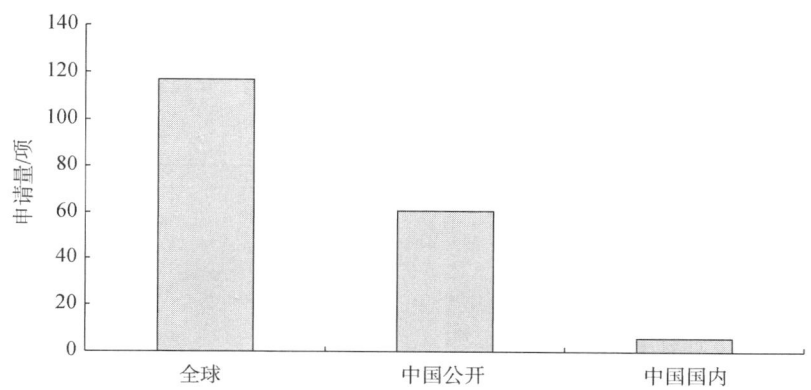

图 2 - 3 - 1　全息显示技术全球和中国专利申请对比

2.3.2　申请量趋势分析

如图 2 - 3 - 2 所示，涉及追踪眼球类型的实时三维全息显示自 2001 年才开始存在相关专利申请，起步较晚，在 2004 ～ 2007 年和 2012 ～ 2013 年出现了两个快速增长时期，这可能与全球经济的发展较好有关，因此，在需要高投入且短期内看不到效益的产业，其发展趋势通常与整个环境的经济发展趋势存在高度的一致性，当整体经济形势发展较好时，才能对相关行业投入更多的研发资金。

2.3.3　主要申请人

如图 2 - 3 - 3 所示，通过对全球专利申请人进行统计得出前 6 位申请人分别为：SEEREAL、LG、三星、韩国电子通信研究院、实景成像以及京东方。

其中，前 5 位申请人均为国外申请人，3 家为韩国公司，这与韩国在液晶面板显示以及电子制造产业在全球占有重要地位有关，全息显示属于显示的一种，韩国对该技术进行的相关研究较多。

由于实时三维全息显示技术难度较大，追踪眼球类型提出较晚，申请量大于两件的申请人不多，总计 6 家，韩国 3 家，卢森堡、以色列、中国各有 1 家。

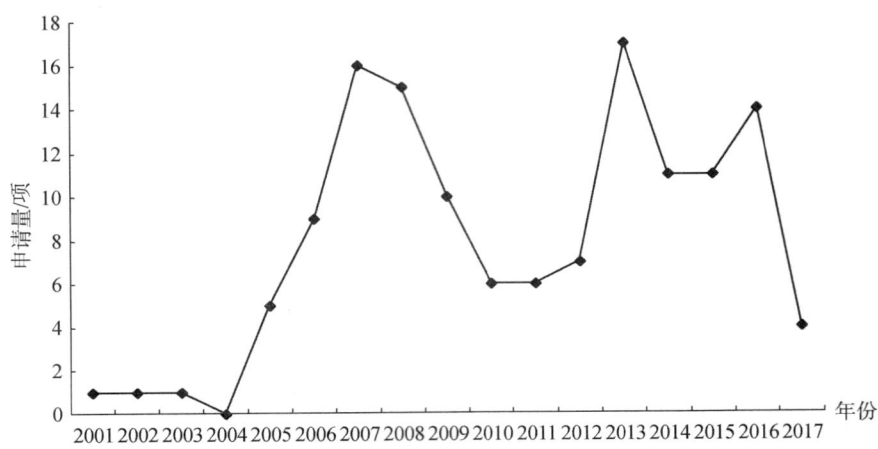

图 2 - 3 - 2　全息显示技术全球专利申请变化趋势

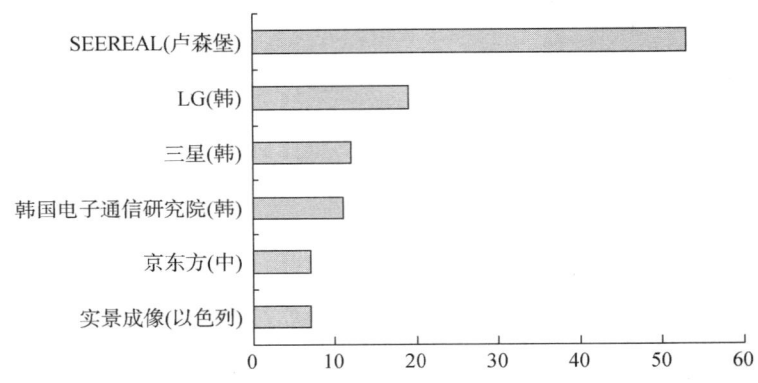

图 2 - 3 - 3　全息显示全球主要申请人排名

申请集中度较高，主要申请人 SEEREAL 申请量占总量的一半，处于领先地位。

进一步说明该项技术还亟待开发，值得国内相关企业投入研究，为将来在市场竞争中占据有利位置。

2.3.4　全球被引证数专利分析

如表 2 - 3 - 1 所示，绝大多数专利为 SEEREAL 申请或与其他公司共同申请，说明 SEEREAL 作为眼球追踪实现全息显示的提出者，在专利布局上较为全面，原创性较高，作为国内唯一进行这方面研究的京东方，在研究时需规避侵权风险。

表 2 - 3 - 1　全息显示技术全球被引证数前 20 位的专利

申请人	被引证次数/次	同族专利
SEEREAL	382	KR1020170038109A
SEEREAL	180	KR101277370B1

续表

申请人	被引证次数/次	同族专利
QINETIQ LTD	105	USRE043203E
实景成像	91	US8500284B2
SEEREAL	73	CN100578392C
SEEREAL	67	US20130222384A1
SEEREAL	67	WO2007099458A2
SEEREAL	63	US20110149018A1
SEEREAL	55	CN102483605B
SEEREAL	52	CN101371204B
SEEREAL	51	CN100498592C
SEEREAL	47	US7950802B2
SEEREAL	43	CN101167023B
SEEREAL	38	CN101743519B
实景成像	31	CN103558689A
SEEREAL	29	CN101681146B
SEEREAL、FRAUNHOFER GES FORSCHUNG	27	DE102007038872A1
SEEREAL	26	CN103384854B
SEEREAL	26	CN101681147B
SEEREAL	20	US20100289870A1
SEEREAL	20	WO2009135926A1

2.4　全息光学元件

关于全息光学元件，由于日本申请人占据了突出位置，因此本节从全球和日本角度进行专利态势分析。

2.4.1　全球专利态势分析

本节分析的数据范围为在 IPC 分类号 G02B5/32 下检索出的 103 个国家或地区的 6380 项扩展同族专利，共有 12 132 件专利。

本节主要分析全息光学元件全球专利申请和授权变化趋势、类型分布、法律状态分布、申请人国家和地区分布、主要发明人、主要申请人和专利续费/放弃趋势。

（1）专利申请和授权变化趋势分析

图 2－4－1 显示了全息光学元件领域全球近 20 年内年申请量及授权且有效的数量变化。

图 2 – 4 – 1　全息光学元件全球专利申请和授权且有效变化趋势

如图 2 – 4 – 1 所示，全息光学元件最早申请起始于 1958 年，直至 2000 年申请量一直处于整体上升趋势，自 1998 年开始该领域的专利申请量和授权维持量总体保持较高的水平，特别是 2000 年和 2001 年专利申请量均在 300 项左右。从图中可看出，全息光学元件领域全球专利申请处于比较活跃的状态。

（2）专利类型和法律状态分析

如图 2 – 4 – 2 所示，在该分类号下，发明的数量为 11914 件，占总量的 98%，实用新型的数量为 218 件，占总量的 2%。表明该分类号下的专利大部分属于技术含量较高的发明专利申请和工艺方面的改进。在专利法律状态方面，审查中的专利数量为 462 件，占总量的 4%，失效的专利数量为 7888 件，占总量的 76%，有效的专利数量为 2083 件，占总量的 20%。由此可见，有效的专利数量占比并不是特别高。

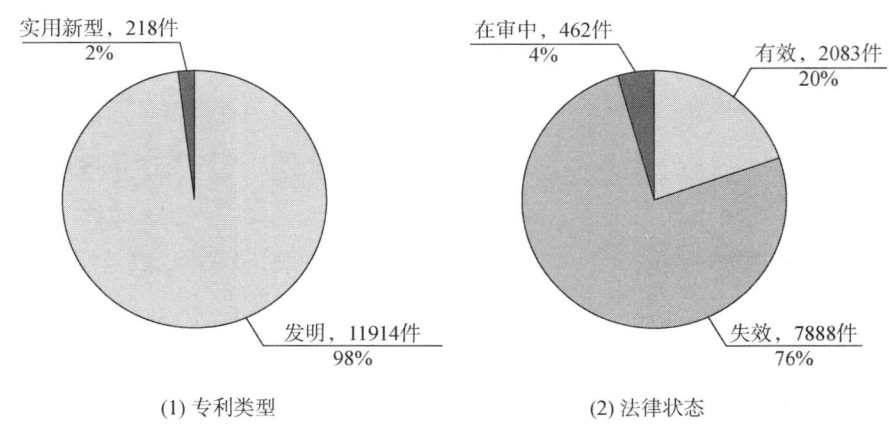

(1) 专利类型　　　　　　　　　　　(2) 法律状态

图 2 – 4 – 2　全息光学元件全球专利类型和专利法律状态分布

（3）申请人国家和地区分析

图 2 – 4 – 3 显示了全息光学元件领域全球国家和地区申请人分布，反映了全息光

学元件在不同国家和地区的发展状况。从图 2 – 4 – 3 可看出，全息光学元件领域的专利申请人主要分布于日本、美国、德国、韩国、英国、中国等国家，其中，日本和美国的申请占比最大，分别达到 34% 和 16%，这表明日本和美国在全息光学元件领域具有明显的优势地位。

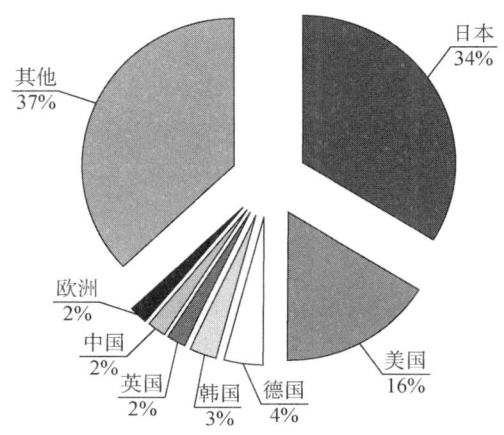

图 2 – 4 – 3　全息光学元件全球申请人国家和地区分布

（4）主要发明人

1）主要发明人专利项数分析

如图 2 – 4 – 4 所示，IKEDA HIROYUKI、YAMAGISHI FUMIO 以及 POPOVICH MI-LAN M. 的专利数量最多，均在 40 项以上，其中，IKEDA HIROYUKI 的发明项数接近 100 项，YAMAGISHI FUMIO 的发明项数也接近 60 项。

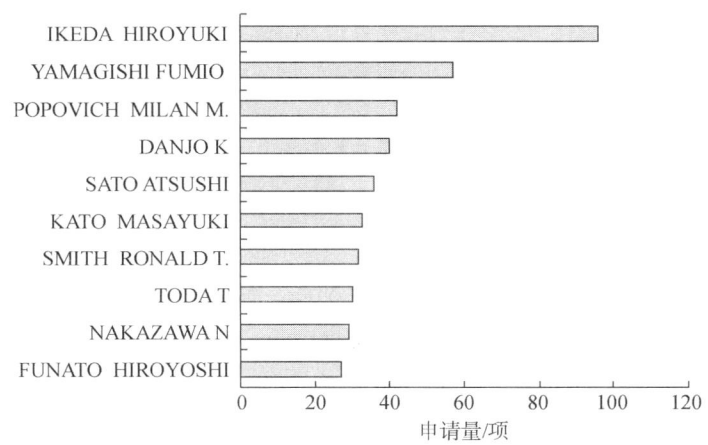

图 2 – 4 – 4　全息光学元件主要发明人专利项数分布

2）主要发明人专利申请年度变化分析

下面将对发明项数最多的两位申请人 IKEDA HIROYUKI 和 YAMAGISHI FUMIO 的

专利申请变化进行分析，如图 2-4-5 所示。

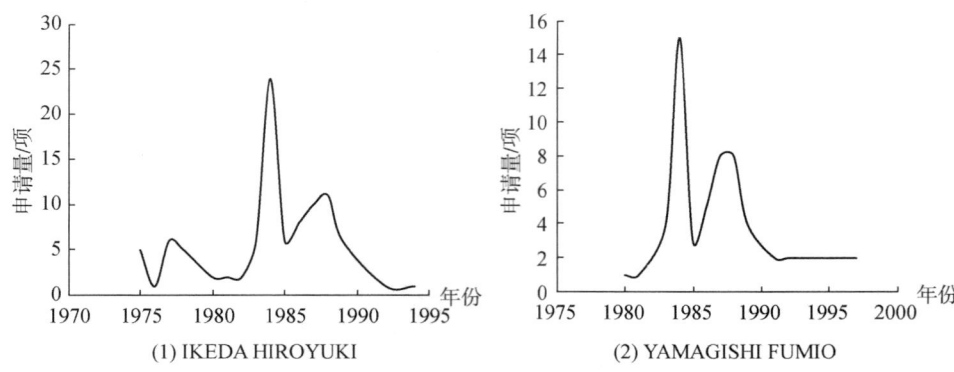

(1) IKEDA HIROYUKI   (2) YAMAGISHI FUMIO

图 2-4-5 全息光学元件主要发明人专利申请年度变化趋势

从图 2-4-5 中可看出，IKEDA HIROYUKI 和 YAMAGISHI FUMIO 的专利申请分别起始于 1975 年和 1980 年，终止于 1994 年和 1997 年，其申请量的高峰期均为 1984 年左右。这两位发明人在 2000 年后均不在该领域有任何专利申请。

（5）主要申请人分析

1）主要申请人申请量分析

下面对该技术领域内主要申请人专利申请量进行整体对比，如图 2-4-6 所示。

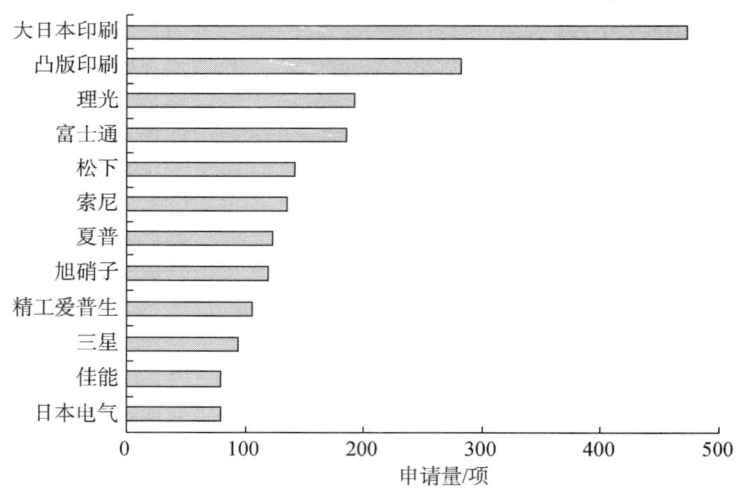

图 2-4-6 全息光学元件主要申请人专利申请量对比

从图 2-4-6 中可看出，该技术领域中专利量居前 4 位的申请人为大日本印刷、凸版印刷、理光和富士通，其中，大日本印刷的专利申请总项数接近 500 项，从申请人分布可以看出，日本公司在该领域中保持明显的技术领先优势。

2）部分申请人专利申请年度趋势分析

下面接着对申请量排名前 4 位的大日本印刷、凸版印刷、理光和富士通的专利申请年代趋势进行分析，如图 2 - 4 - 7 所示。

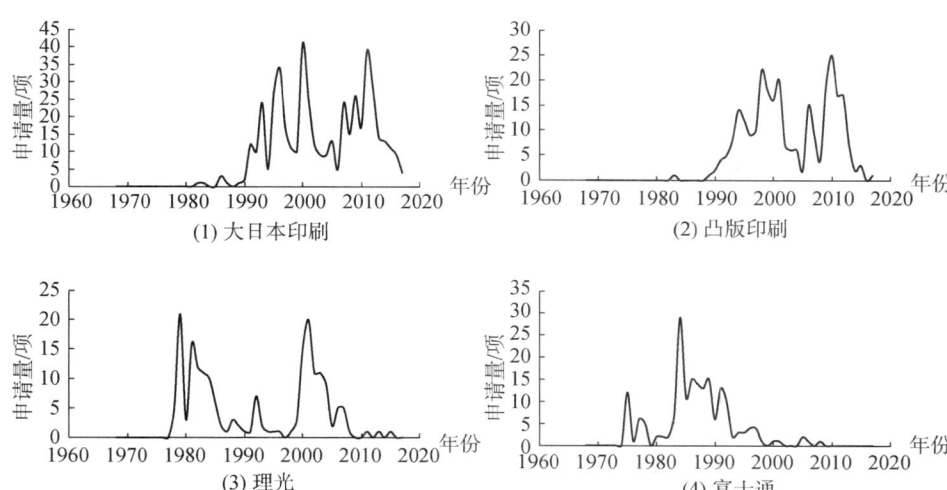

图 2 - 4 - 7 全息光学元件部分申请人专利申请年度趋势

从图 2 - 4 - 7 中可看出，富士通于 1975 年开始介入全息光学元件领域，理光于 1978 年开始介入该领域，大日本印刷和凸版印刷分别于 1982 年和 1983 年开始介入该领域。大日本印刷在 2000 年的专利申请量达到峰值并且 1990 年以后在该领域一直保持着较大的专利申请量，表明该公司在全息光学元件领域投入较大并保持较大的技术优势。凸版印刷自 1990 年以后一直保持较大的专利申请量，并在 2010 年达到峰值，表明凸版印刷近年来更加重视该领域的研发投入。理光在该领域的专利申请在 1979 年和 2001 年分别达到一个较高的水平，富士通该领域的专利申请量在 1984 年达到峰值，这两家公司近年来在该领域的专利申请量逐渐减少，表明这两家公司暂时不将研发的重心放在全息光学元件领域。

（6）专利续费/放弃趋势分析

图 2 - 4 - 8 显示了在近 20 年全息光学元件全球专利续费或放弃的数量，其中仅包括美国发明专利和中国专利数据，中国专利的续费和放弃信息更新至 2016 年 3 月。从图中可看出，全息光学元件领域的专利续费量自 1997 年开始一直处于整体上升趋势，续费专利数量一直保持在较高的水平，这表明相关企业或研究机构对全息光学元件的未来市场前景普遍保持较高的信心。

2.4.2 日本专利态势分析

（1）日本专利态势分析

截至检索数据的最后日期 2017 年 11 月 2 日，日本特许厅受理的涉及全息光学元件的专利申请共 3601 项。其自 1973 年至今的专利发展趋势如图 2 - 4 - 9 所示。

1973 年 4 月 17 日，富士胶片在日本提出了第一项涉及全息光学元件的专利申请，其代表专利为 JP1974130746A。从图 2 - 4 - 9 可以看出，自 1973 年至今，日本专利申请量的增长大致分为两个阶段：第一阶段是 1973 ~ 1990 年，全息光学元件领域的专利

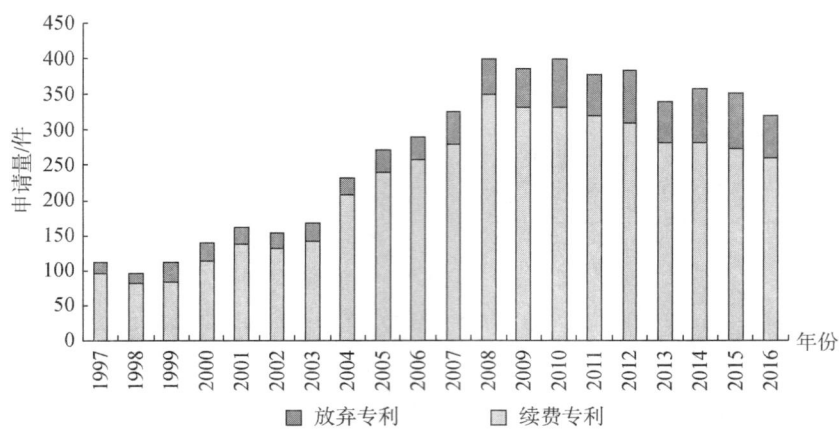

图 2 - 4 - 8　全息光学元件全球专利续费/放弃趋势

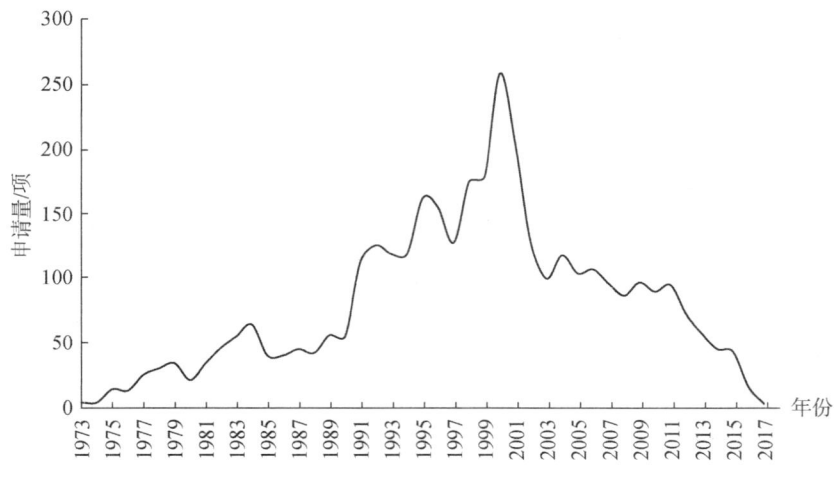

图 2 - 4 - 9　全息光学元件日本专利申请趋势

申请较少，尤其在 1973 年和 1974 年，年申请量不足 5 项；1975 年开始，申请量有小幅增长，但年申请量在 50 项左右；第二阶段为 1991 年至今，申请量显著增加，尤其是 1991～2000 年，呈明显上升趋势，在 2000 年达到最高峰 258 项，由此可见，该时期为全息光学元件领域的高速发展期；2001 年以后，申请量开始逐渐回落，2003～2011 年进入稳步发展期，年申请量在 100 项左右。之后有所下降，到 2015 年申请量仅为 43 项。

　　鉴于授权的发明专利申请的保护期限以及技术的更新换代，下面重点关注 1998 年至今的专利申请趋势。图 2 - 4 - 10 列出了 1998 年至今的年申请量，以及有效的年专利数量。由于统计专利的法律状态只能以同一个申请号作为一条记录，即以"件"为单位进行统计，因此申请量与第 1 章的约定稍有不同。例如，1998 年申请量为 188 件，其中被授权且维持有效的专利有 21 件，占当年申请量的 11%；2000 年申请量为 267

件，其中被授权且维持有效的专利有 40 件，占当年申请量的 15%。申请年份越早，申请人的维持成本越高，同时有效专利的价值也越高。

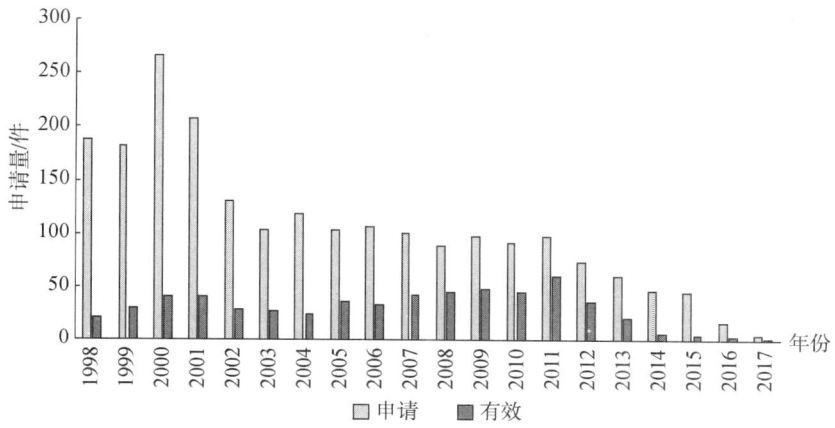

图 2 - 4 - 10　全息光学元件日本专利申请量与有效专利数量变化趋势

（2）日本专利申请类型和法律状态

1973 年至今，日本特许厅受理的 3752 件全息光学元件专利中，发明申请占总量的 97%，实用新型仅占总量的 3%（见图 2 - 4 - 11（1））。

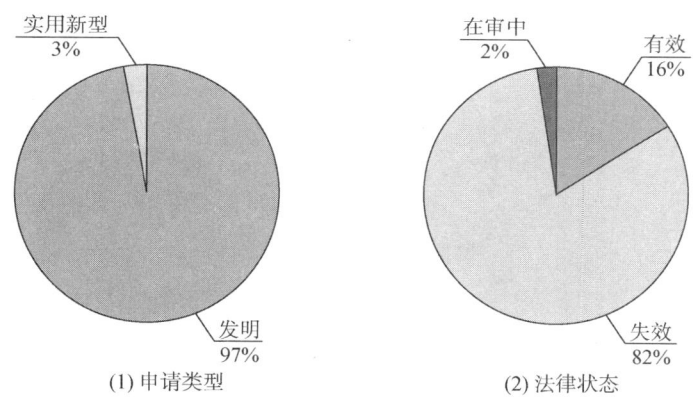

（1）申请类型　　　　　　　　（2）法律状态

图 2 - 4 - 11　全息光学元件日本专利申请类型和法律状态分布

通过对 3752 件专利的法律状态进行统计分析，其分析结果如图 2 - 4 - 11（2）所示，目前仅有 16% 的专利处于有效状态，82% 的专利已失效，2% 的专利处于审查中。

通过对有效专利进行分析，其中仅有 130 件专利申请进入中国并具有中国同族专利，其余专利均未进入中国且仍具有一定的技术价值，可为我国企业所用。

（3）日本申请的来源地和公开地

在日本特许厅公开的 3601 项专利中，如图 2 - 4 - 12 所示，其在其他国家或地区进行申请并公开的专利数量仅占一小部分，其在美国提交并公开了 750 项专利，占总量的 21%，在中国提交并公开了 304 项专利，占总量的 8%，可见，日本大多企业并未在

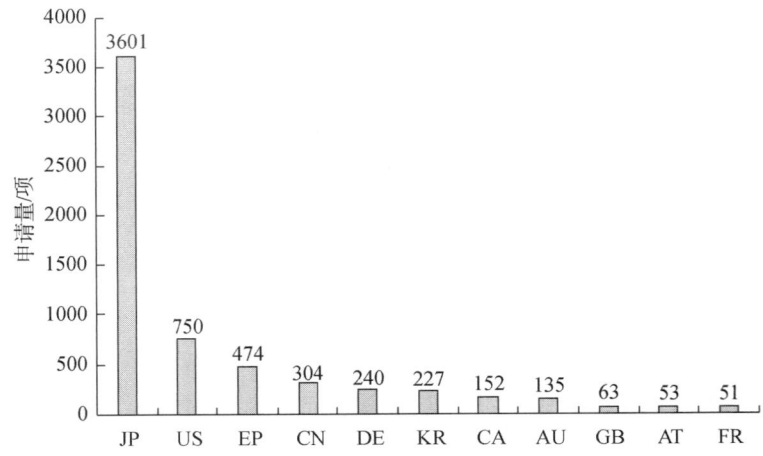

图 2 - 4 - 12　全息光学元件日本申请在主要国家或地区的专利分布

其他国家或地区进行过多的专利布局，主要立足于本国市场。

　　通过对日本申请的来源地进行统计发现，在 3601 项专利中，81% 的专利来自日本本国的企业或个人，超过了其他国家在日本申请的总和；美国企业或个人作为申请人在日本提交并公开的专利仅占总量的 9%，居第二位。一方面说明其他国家或地区的申请人未过多地在日本进行专利布局，另一方面也说明日本在全息光学元件这一技术领域本处于全球领先地位（见图 2 - 4 - 13）。

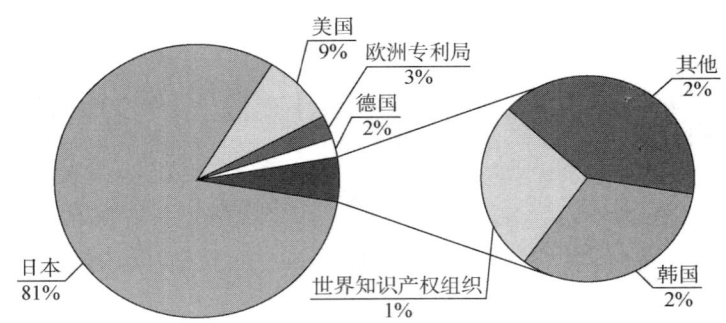

图 2 - 4 - 13　全息光学元件日本专利申请的来源地分布

　　（4）申请人分析

　　1）基于申请量进行分析

　　通过对申请人进行统计发现，在全息光学元件领域，在申请量排名前 15 位的申请人中，14 位申请人为日本企业，仅韩国三星作为国外企业排在第 11 位，在排名前 15 位的企业中，大日本印刷和凸版印刷的申请量处于绝对领先地位（见图 2 - 4 - 14）。

　　考虑到专利的时效性，课题组从 3601 项专利中，抽取 1998 ~ 2017 年提交的专利申请数据，统计申请量排名前 15 位的申请人在这 20 年中专利申请的公开趋势（见表 2 - 4 - 1）。从中发现，大日本印刷、凸版印刷两家日本企业的申请量一直处于业内

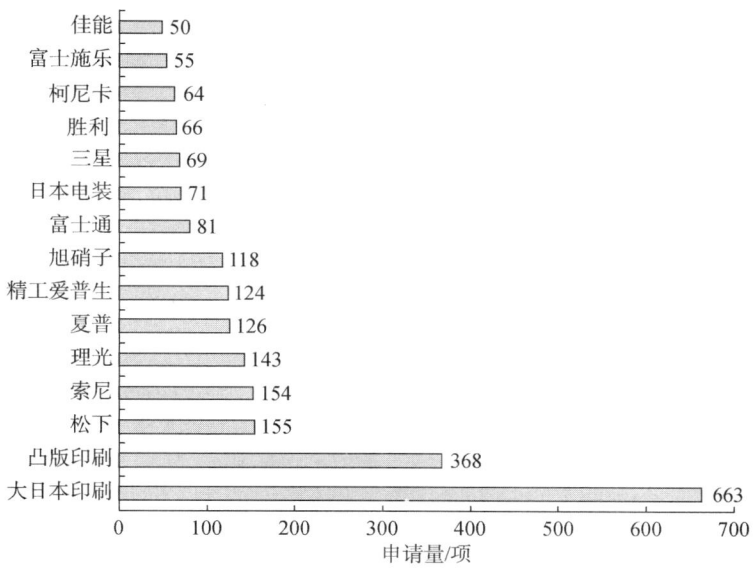

图 2 - 4 - 14   全息光学元件领域日本申请量前 15 位申请人排名

领先地位，而且这两家企业的公开趋势也较相似（见图 2 - 4 - 15）。除了 2000 年外，整个行业都处于高速发展期时，两家企业在 2012 ~ 2014 年申请量普遍下降的时期表现仍然不俗，其专利申请公开量相对其自身又形成了一个小高峰，而凸版印刷在 2008 年和 2011 年相对于大日本印刷还出现了小小的超越。

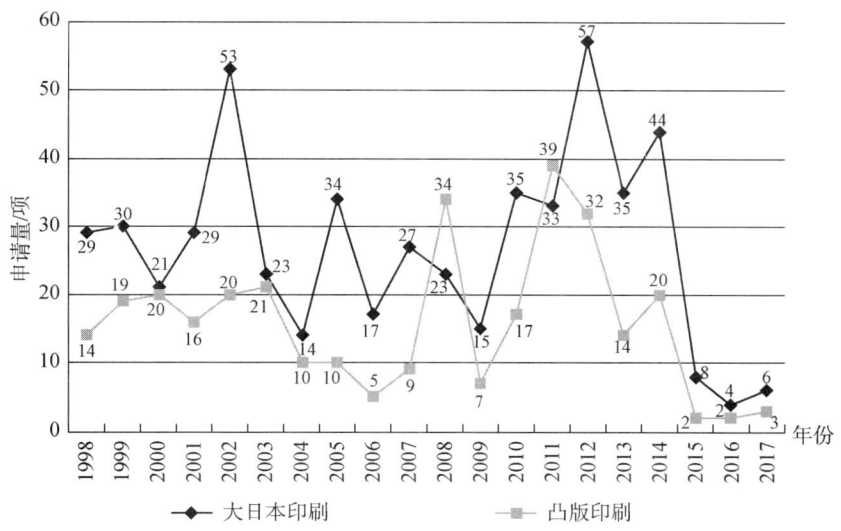

图 2 - 4 - 15   全息光学元件日本专利大日本印刷和凸版印刷专利公开趋势比较

表 2-4-1　1998~2017 年全息光学元件日本专利申请公开汇总

单位:项

申请人	1998	1999	2000	2001	2002	2003	2004	2005	2006	2007	2008	2009	2010	2011	2012	2013	2014	2015	2016	2017
大日本印刷	29	30	21	29	53	23	14	34	17	27	23	15	35	33	57	35	44	8	4	6
凸版印刷	14	19	20	16	20	21	10	10	5	9	34	7	17	39	32	14	20	2	2	3
松下	8	3	19	9	13	6	6	16	7	5	4	1	1	2	1	0	0	0	0	0
索尼	9	2	5	12	23	15	3	8	3	6	12	11	9	6	0	4	2	4	2	0
理光	0	0	3	9	28	23	15	11	7	1	13	1	0	0	2	0	0	0	1	0
夏普	9	6	9	11	20	11	8	5	3	0	0	1	0	3	2	0	0	0	0	0
精工爱普生	6	0	1	2	10	18	2	4	0	7	18	4	5	0	3	4	5	2	15	4
旭硝子	23	7	4	3	4	0	1	0	4	2	1	0	0	2	2	0	0	0	0	0
富士通	1	1	0	0	0	1	0	0	0	1	0	0	0	0	0	0	0	0	0	0
日本电装	3	9	3	0	9	7	0	1	0	0	0	0	0	0	0	0	0	0	0	0
三星	2	0	0	13	13	21	3	0	2	0	0	2	4	0	0	0	0	0	0	0
柯尼卡	0	0	0	0	1	1	2	0	25	13	9	6	5	1	0	0	0	0	0	0
胜利	1	12	24	15	7	0	0	0	0	1	0	0	0	0	0	0	0	0	0	0
富士施乐	10	4	8	2	3	2	2	0	0	0	0	2	4	7	5	1	0	0	0	0
佳能	2	0	5	6	1	1	2	2	0	2	0	4	5	2	0	0	0	0	0	0

排名第三位的松下在 2000 ~ 2005 年保持一定的专利申请公开量，自 2009 年开始，公开量明显下降，尤其是 2013 ~ 2017 年公开量为 0 项，可以推定，松下已逐渐放弃在全息光学元件方面的研究投入。与松下的公开趋势类似的还有理光、夏普、旭硝子、富士通、日本电装、三星、胜利、富士施乐和佳能 9 家企业，都是在 2000 ~ 2008 年处于相对活跃的时期，但在 2009 年以后公开量显著下降，尤其在近 5 年内，上述部分企业的申请量都为 0 项，可以看出这些企业逐渐退出了全息光学元件技术领域的研发。

柯尼卡在全息光学元件的申请量一直不高，即使是这一行业的高速发展期，柯尼卡的申请量均为 0 ~ 1 项，但在 2006 年突然异军突起，2006 年的申请量甚至超过了排名第一位的大日本印刷，但是好景不长，在 2009 年以后，申请量就明显下降，近 5 年的申请量也降至 0 项。

从近 5 年的数据来看，排名第四位的索尼和排名第七位的精工爱普生虽然总的申请量和公开量不高，但是仍然保持了少量但相对稳定的申请量，可见还未放弃这一技术领域的研发投入（见图 2 - 4 - 16）。

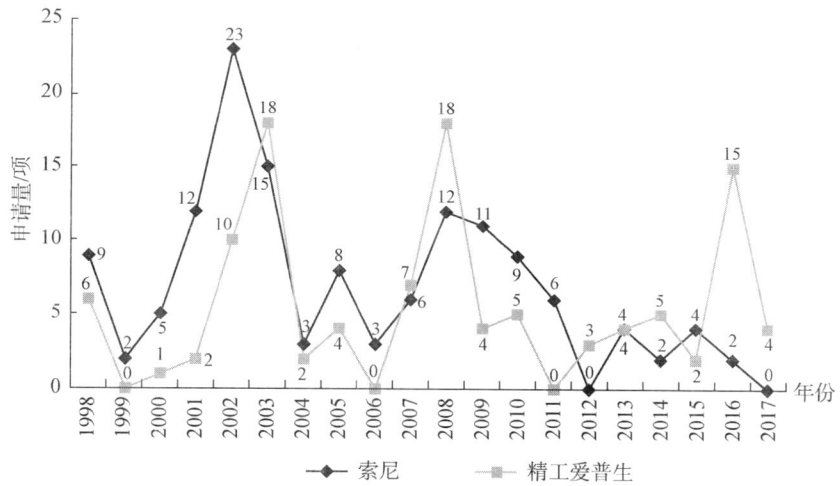

图 2 - 4 - 16   全息光学元件日本专利索尼和精工爱普生申请趋势比较

但是，结合全息光学元件的申请趋势可以看出，索尼和精工爱普生在近几年的申请量和公开量的增长仍不足以影响或改变日本专利申请总量整体下滑的趋势，这是因为大日本印刷和凸版印刷的申请量对整体趋势有着决定性的影响。

2）被引证频次分析

由于申请量和公开量并不能全面、准确地反映技术重点，下面以体现技术重要性的被引证次数为指标，确定日本特许厅公开的重点专利申请。设定被引证次数超过 100 次的专利申请作为这一领域的重点申请，统计拥有重点申请的申请人，明确各申请人重点申请的数量，得到前 16 位申请人的排名，如图 2 - 4 - 17 所示。

由此可以看出，虽然索尼的申请量不如大日本印刷、凸版印刷和松下，但是其还有较好的技术基础。即索尼在多数企业退出这一技术领域的近 5 年，仍然保持了少量但相对稳定的申请量，可见还未放弃这一技术领域的研发投入。而且，分析索尼持有

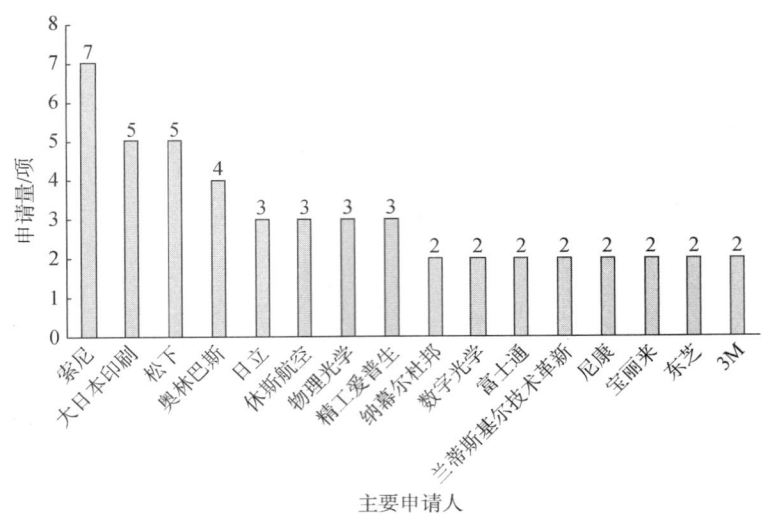

图 2 - 4 - 17　全息光学元件日本专利主要申请人排名

的 7 项重点专利申请，申请日在 1998 年（含）之后的专利共有 6 项，其中 5 项具有中国同族专利，分别为 CN101174028A、CN101655605A、CN101726857A、CN1440515A、CN1940610A，仅有 1 项 2001 年提出、公开号为 JP2002296680A 的申请，仅在日本、韩国、美国提出申请并公开，并未进入中国，由此可以看出，索尼比较重视中国的市场。

被引证次数超过 100 次的专利申请中，进入中国具有中国同族专利的仅 43 项，其余 57 项未进入中国的专利族，可以作为我国企业的研发基础。

当然，上文仅分析了被引证次数超过 100 次的专利申请，如果考虑到早期的申请，即使是已被授权的专利申请也已过有效期，且技术内容极有可能已属于本领域的公知常识或已有了更好的替代方式，则将统计的数据范围限定在 1998 年（含）以后的申请，即将申请日在 1998 年（含）以后的专利申请作为集合，选取该集合中被引证次数超过 100 次的日本专利申请。经过统计分析，其中仅有 59 项专利具备中国同族专利，其余 41 项均为价值较高又未进入中国的专利，可以作为我国企业的研发突破点。

（5）日本重点申请人全球布局

结合前文的分析可知，日本企业和个人在全球的专利布局并不广泛，下面将对主要申请人的全球布局进行分析。大日本印刷和凸版印刷在申请总量上占据绝对优势，一直保持对全息光学元件的研究投入；索尼和精工爱普生虽然申请总量不大，但根据其近 5 年的专利申请趋势，以及重点专利申请的情况，也属于日本在全息光学元件技术领域较为重要的申请人。因此，将大日本印刷、凸版印刷、索尼和精工爱普生定位为在全息光学元件技术领域的日本重要申请人，分析这 4 家日本企业在 1998 年之后在中国、日本、美国、韩国、欧洲的布局情况。

从图 2 - 4 - 18 可以看出，索尼、精工爱普生虽然申请总量远小于大日本印刷、凸版印刷，但是这两家企业较为重视全球专利布局。索尼在其申请总量远小于大日本印刷、凸版印刷的情况下，其专利申请进入中国、美国、韩国和欧洲的占比反而大于大

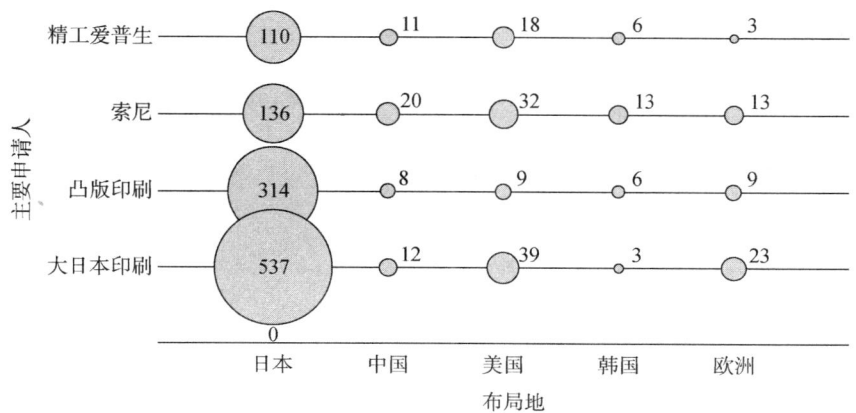

图 2 - 4 - 18　全息光学元件日本主要申请人专利布局

注: 圈内数字表示申请量, 单位为项。

日本印刷、凸版印刷。精工爱普生对中国和美国市场较为重视, 对韩国和欧洲市场的布局则相对弱化一些。

2.5　全息防伪

通过对全息防伪的全球专利进行检索, 并经初步筛查, 得到有关全息防伪的专利申请共 8294 项。

2.5.1　专利申请趋势分析

图 2 - 5 - 1 示出了全息防伪技术全球专利申请趋势。通过图 2 - 5 - 1 可以看出, 全息防伪技术专利申请发展整体呈上升趋势。在 1990 年之前, 全息防伪技术的申请量较小; 1991 ~ 2005 年是高速增长期, 其间申请量逐年快速增长, 保持高速的增长势头。从 2005 年开始, 进入平稳增长期, 其间年申请量保持在 700 ~ 800 项。

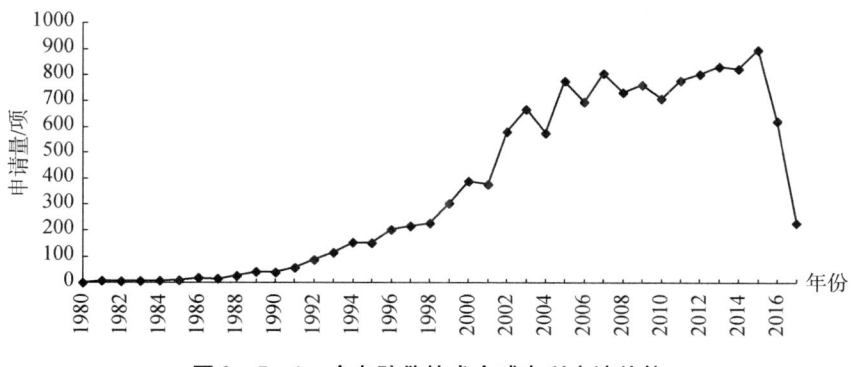

图 2 - 5 - 1　全息防伪技术全球专利申请趋势

2.5.2　首次申请国家或地区分析

图 2 – 5 – 2 示出了全息防伪技术全球首次专利申请的国家或地区分布。从图中可以看出，中国、美国和德国在全息防伪技术领域的专利申请量占据领先位置，尤其是中国专利的数量占据首位。由此可以看出，中国的全息防伪产业在全球专利布局方面具有一定优势。

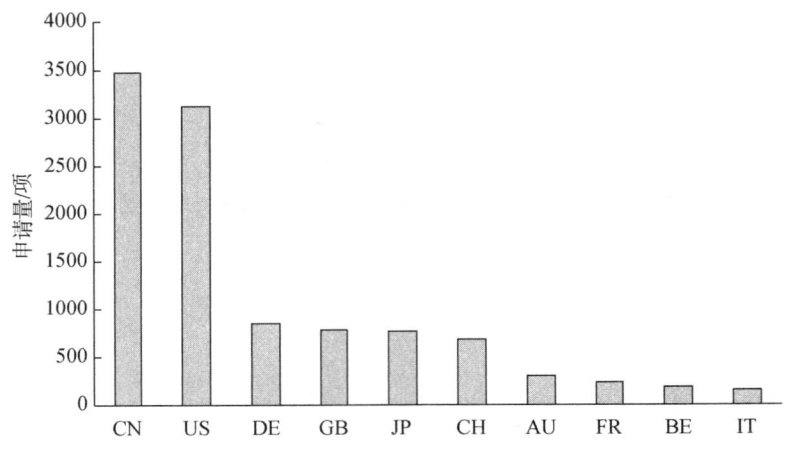

图 2 – 5 – 2　全息防伪技术全球首次专利申请国家或地区分布

2.5.3　申请人分析

图 2 – 5 – 3 示出了全息防伪技术全球主要申请人的申请量情况。从图中可以看到，大日本印刷、德拉鲁国际、凸版印刷等企业的申请量占据了前 3 位，这些公司对全息防伪方面的申请较大，显示出这些企业对全息防伪技术的关注度和研发实力。同样可以看到，这些申请人全部为企业，基本没有科研院校，表明了全息防伪技术已经全面进入了产业化阶段，大部分公司涉及金融防伪领域，即对钞票、票据等采用全息防伪手段，另外，涉及全息防伪技术的具体应用有与印刷结合，实现全息防伪产品的规模化生产。从前 11 位申请人的排名来看，中国只有两家公司进入，并且申请量较国外公司还存在一定差距，需要我们的企业继续努力，在研发实力和技术积累方面不断完善和提高。

2.5.4　申请类型及法律状态分析

图 2 – 5 – 4 示出了全息防伪领域全球专利申请的法律状态，其中，简单法律状态数据覆盖范围是：AT、AU、BR、CA、CH、CN、DE、EP、ES、FR、GB、HK、IT、JP、KR、NZ、RU、SE、TW、US。

根据图 2 – 5 – 4（1）可以看出，已经授权且有效的专利占总量的 37%，处于审查状态的专利占总量的 15%，失效专利占总量 48%。另外，通过与国内专利申请法律状态比较发现，两者的有效专利比例和失效专利比例相接近。

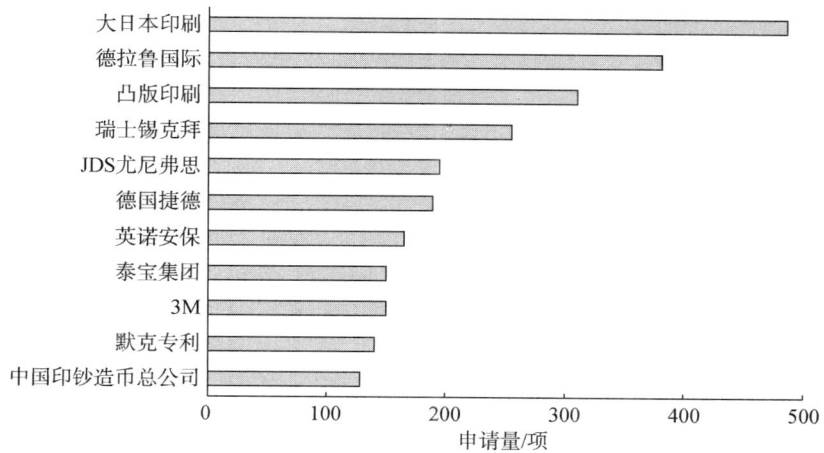

图 2 - 5 - 3　全息防伪技术全球主要申请人申请量排名

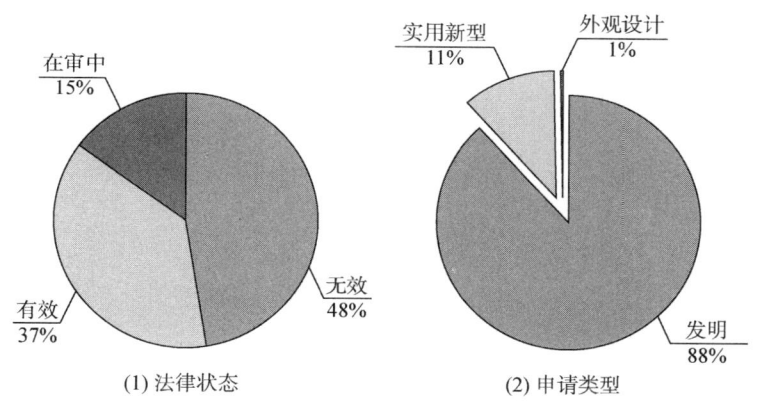

(1) 法律状态　　　　　　　(2) 申请类型

图 2 - 5 - 4　全息防伪技术全球专利申请法律状态和申请类型

从图 2 - 5 - 4（2）中可以看出，发明申请约占 88%，实用新型约占 11%，外观设计占比很小。说明在全球范围内发明专利所占比例还是很高的。

图 2 - 5 - 5 显示了专利续费和放弃的趋势，显示了在过去 20 年中每年续费或放弃的专利数量。

通过了解该技术领域内续费和放弃专利的趋势有利于了解全息防伪领域的专利利用情况。其中，放弃的专利表示申请人不再利用这项技术或看不到投资回报率，决定停止投资。续费的专利代表该专利值得继续投资。从图中可以看到，续费专利随着时间的增加逐年增加，而放弃专利的增长趋势明显小于续费专利的增长趋势，表明申请人对授权专利价值的认可。

图 2 - 5 - 6 列出了全息防伪技术全球专利申请的 IPC 分类分布，从中可以看出，申请主要集中在 B42D 和 G06K，由此可见，全息防伪的专利申请主要集中在印刷、广告、标签等方面，与人们日常生活中经常面对的防伪领域相对应。

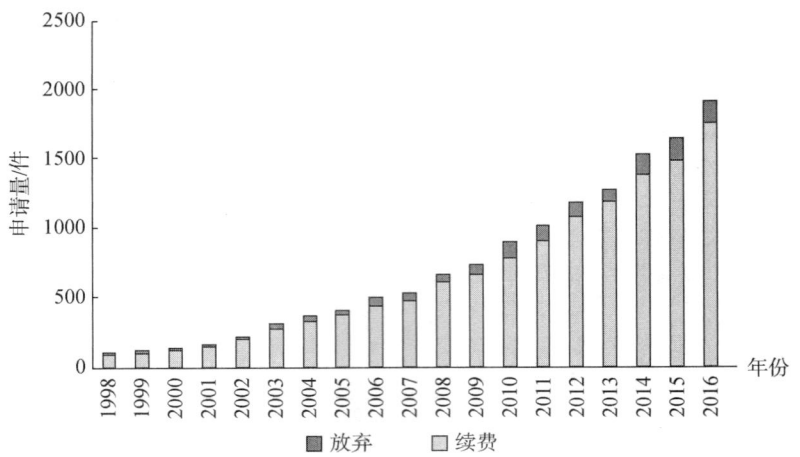

图 2 - 5 - 5　全息防伪技术全球专利续费和放弃的变化趋势分布

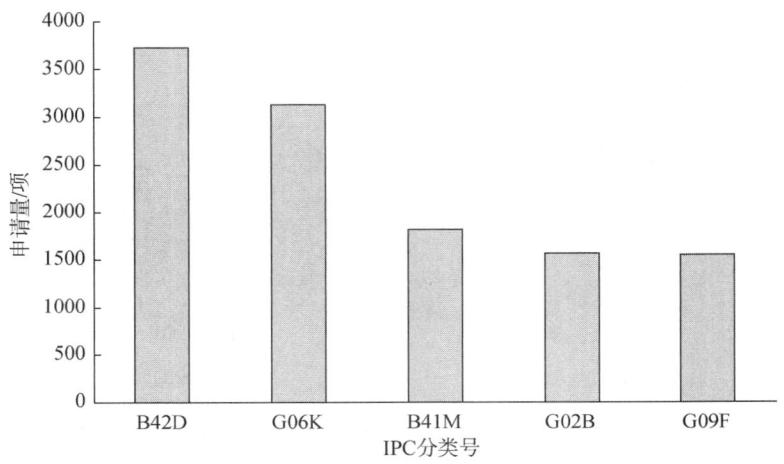

图 2 - 5 - 6　全息防伪技术全球专利的技术分类分布

2.6　小　　结

通过以上对全息存储、全息检测、全息显示、全息光学元件以及全息防伪五个技术分支的全球专利申请分析，得出如下结论。

在全息存储技术领域，从申请总量来看，全球有80%的申请未向中国提交，表明了相关技术未在中国得到保护，可以供中国企业研发参考；中国来源申请比例较低，仅占专利申请总量的2.9%，表明相关研究投入不多，尚处于起步阶段。从申请态势来看，在研制出多项全息存储产品后，专利申请量开始下降，作为理论存储密度很高的存储方式，在全息存储技术研究的高峰期，大量相关企业投入研发，产生了离轴页面、同轴页面、微全息三条技术路线，其代表企业分别是 INPHASE、OPTWARE、通用电气，另外，日立也是该技术领域比较活跃的公司，其中国专利申请排名前 2 位。

在全息检测技术领域，全球专利年申请量整体呈现持续增长，近年来仍然有继续增长的趋势，表明全息检测技术仍然属于被持续关注的技术方向。从申请国别看，美国、日本、中国是专利申请的大国，在这个领域的行业发展中处于领先地位。从申请人分布来看，全息检测技术领域全球申请人比较分散，申请量差异相对较小，没有具有绝对技术优势的申请人，国外申请人对全球专利布局的重视程度远高于国内申请人。在全球范围内，全息检测技术专利申请的 95% 为发明专利申请，表明全息检测技术属于研发门槛较高、技术含量较高的领域。

在全息显示技术领域，从申请总量分布来看，全球一半以上的申请在中国提交了申请，可见，相关申请人还是比较重视中国市场的，国内申请人在进行相关研究时，要注意该领域中国专利布局。从申请人国别来看，中国国内申请比例较低，仅占专利申请总量的 6.0%，且均为京东方的申请，表明目前在中国相关研究投入不多，尚处于起步阶段。由于实时三维全息显示技术难度较大，对软硬件的要求比较高，追踪眼球方式的全息显示技术提出较晚，投入相关研发的企业不多，专利申请量的变化趋势波动较大，说明该技术目前还属于早期的研发阶段，有一定实力和相关市场需求的企业可以适时投入该领域的研发。

在全息光学元件技术领域，从全球和日本专利态势分析中可以看出，第一，经过高速发展期之后，进入稳步发展期，在有效专利和续费趋势上呈现稳定态势；第二，发明专利占比非常高，同时失效专利占比也很高；第三，日本在全息光学元件领域处于世界领先地位，日本申请人主要立足于本土市场。

在全息防伪技术领域，从全球范围来看，排名前 10 位申请人主要是企业，科研机构的排名相对靠后，说明该技术领域中，企业已经占据了主导地位，这一现象明显有别于全息技术其他分支领域的研发应用情况。从专利申请国别来看，中国专利数量在全球居首，表明全球主要申请人对于中国市场的重视。对于授权专利，全球范围内的续费专利数量逐年增加，同时放弃专利的增长趋势明显小于续费专利的增长趋势，表明在全息防伪技术领域，专利对于企业在市场竞争中的重要性日益凸显。

第3章　全息技术中国专利申请分析

3.1　全息存储

3.1.1　专利申请趋势分析

　　从图3-1-1可以看出,自1992年以来,中国专利申请量的变化趋势与全球变化趋势相符,这与中国专利申请80%以上是外来申请相符。另外,中国专利申请中仅有1件为实用新型,其余均为发明专利申请,这体现了全息存储领域较高的技术要求和发明水平。

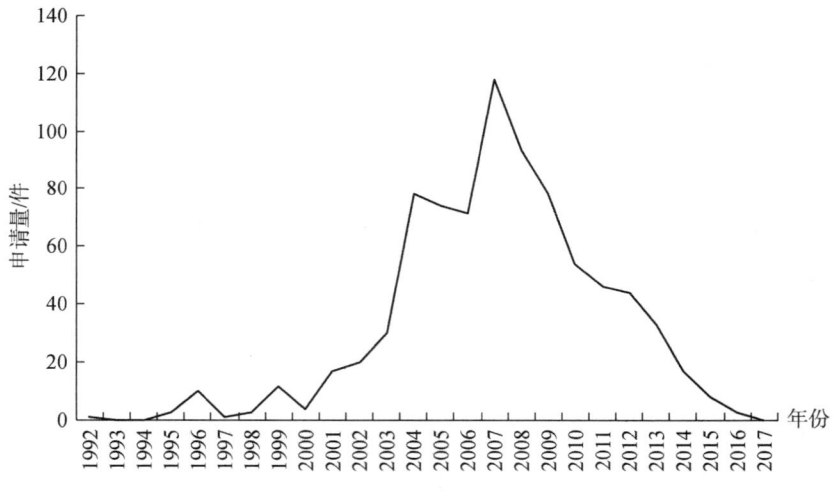

图3-1-1　全息存储技术中国专利申请变化趋势

3.1.2　申请人分析

　　从图3-1-2可知,中国前20位申请人中绝大部分为外来申请,中国申请人仅有清华大学和台湾建兴电子,且排名相对靠后,这与中国专利申请80%以上是外来申请相一致。

　　根据图3-1-2,索尼、日立为中国申请量排名的前两位,同时,索尼、日立也是全球申请量排名前20位的申请人,日立为目前最为活跃的申请人,通过分析排专利文献可以发现,索尼、日立可作为中国申请的申请人代表,随后针对其在中国申请的具体情况展开分析。

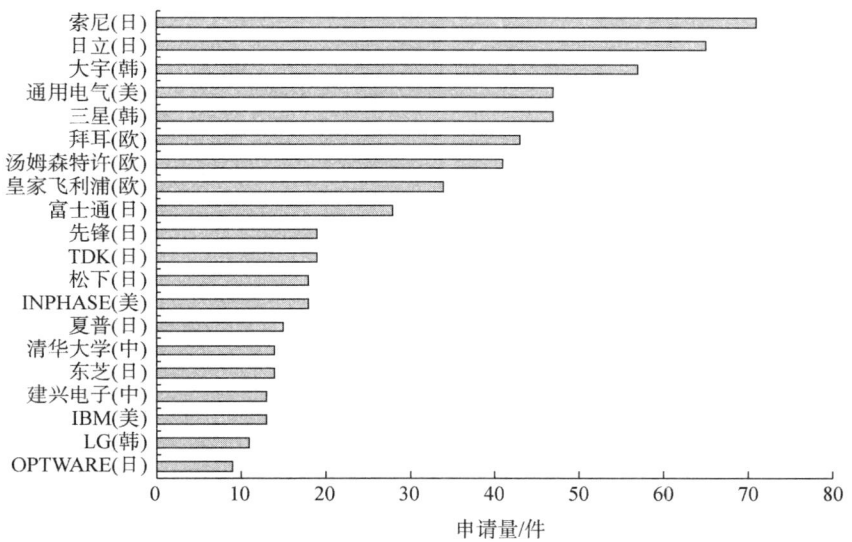

图 3 - 1 - 2　全息存储技术中国前 20 位申请人申请量排名

3.1.3　申请类型和法律状态分析

根据图 3 - 1 - 3 可知，全息存储技术的发明专利申请为主，授权率也较高，这体现了全息存储技术领域较高的技术要求和发明水平，另外，授权申请中有效专利仅有 17%，这表明全息存储技术遇到一定障碍而未能产生直接的收益，导致部分申请人放弃了专利权。

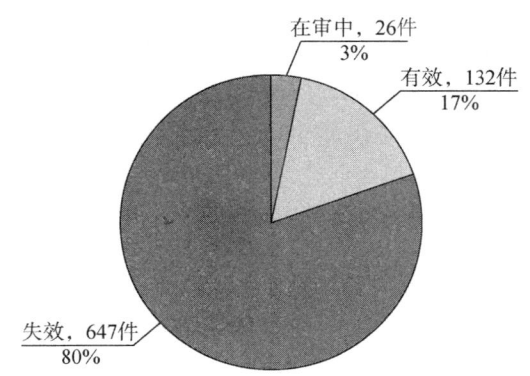

图 3 - 1 - 3　全息存储技术中国专利申请法律状态占比

3.1.4　中国国内申请人分析

根据表 3 - 1 - 1，中国国内排名前 10 位申请人中：7 位申请人为高校和研究所，其中，清华大学金国藩院士、曹良才教授，北京工业大学陶世荃教授、王大勇教授等发明人的专利申请量较多，企业申请人共有 3 位，其中两位来自中国台湾，这与普通光盘光存储技术的发展相关。

表 3 - 1 - 1　全息存储技术中国申请量排名前 10 位申请人专利汇总　单位：件

排名	申请人	申请量/件	类型
1	清华大学	14	高校
2	建兴电子	12	企业
3	北京工业大学	7	高校
4	上海光机所	6	研究所
5	交大思源基金会	6	其他
6	青岛泰谷光电工程	5	企业
7	南开大学	3	高校
8	哈尔滨工业大学	3	高校
9	精碟科技	3	企业
10	西北工业大学	3	高校

3.2　全息检测

3.2.1　专利申请趋势分析

图 3 - 2 - 1 示出了全息检测技术中国专利申请趋势，可以看出，自中国专利法实施以来，全息检测领域的专利申请长期处于很低的水平。从 1999 年起，全息检测中国专利申请量呈上升趋势，同时出现两个高峰期。第一个高峰期是 2003～2004 年，这两年的申请量分别是 27 件和 29 件。第二个高峰期是在 2010 年以后，其中，2011 年为 47 件，2015 年和 2016 年分别为 51 件和 49 件。申请量整体呈平稳上升势头预示出整个行业比较受到重视，仍然属于研究热点。

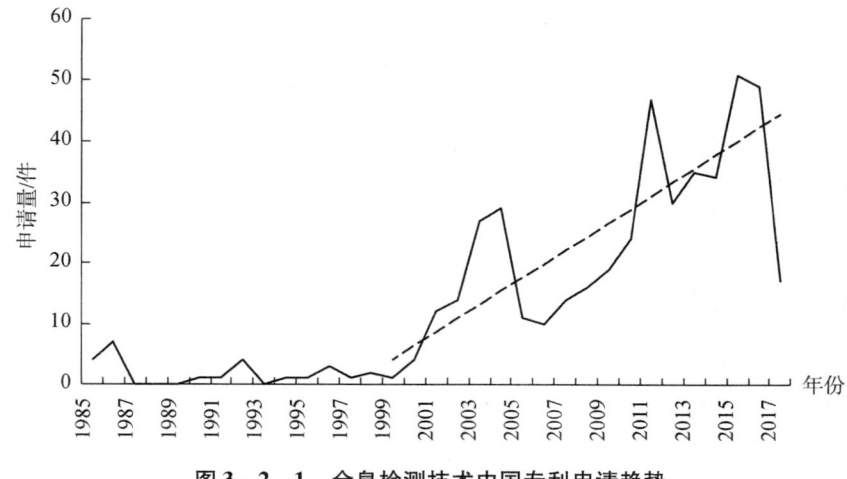

图 3 - 2 - 1　全息检测技术中国专利申请趋势

3.2.2　区域申请分析

全息检测技术领域中国专利申请中，各省区市申请分布不均。如图3-2-2所示，申请量主要分布在上海，其次是北京。申请量的分布也表明了技术区域的分布，上海能够成为全息检测专利申请的领头羊得益于该市的科研实力，同时也与上海市的知识产权保护意识较强有关。

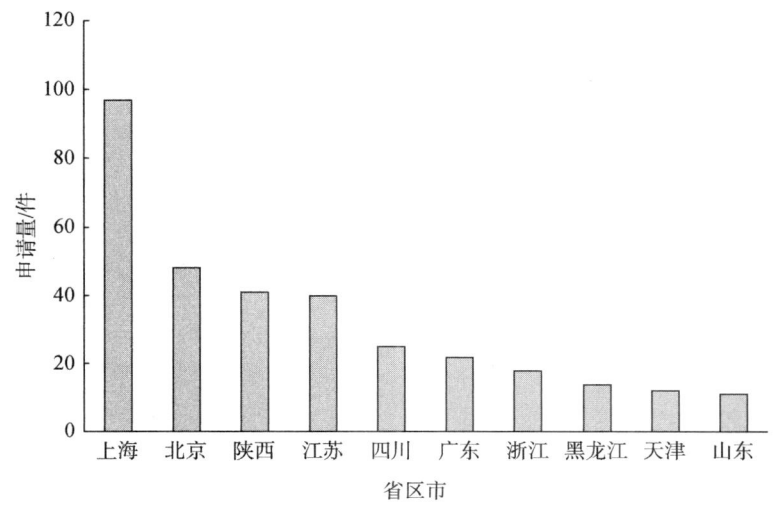

图3-2-2　全息检测技术专利申请中国地区分布

从图3-2-3来看，全息检测技术领域的申请人所在地区逐渐呈现多样化。从早期上海的一枝独秀，到近年四川、江苏、陕西、北京的逐步赶超，说明越来越多的地区开始投入这一领域的研究。

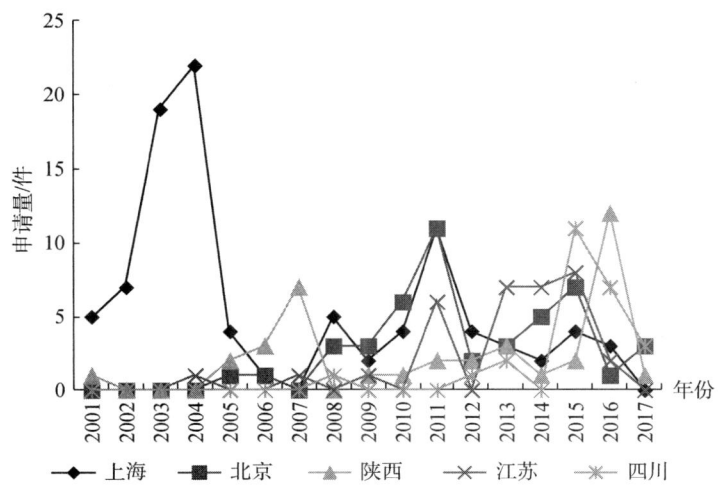

图3-2-3　全息检测技术中国各省区市申请趋势

3.2.3　国内和国外申请人分析

在全息检测技术中国专利申请的申请人中，国内申请人提交的申请量占有绝对的优势，如图3-2-4所示，国内申请人的申请量占据全部申请量的82.42%，国外申请则占据了17.58%的份额。国外申请人以美国和日本为主，分别达到了4.66%和3.60%，明显领先于其他国家或地区的申请人，这也反映出美国和日本对全息检测领域的重视。

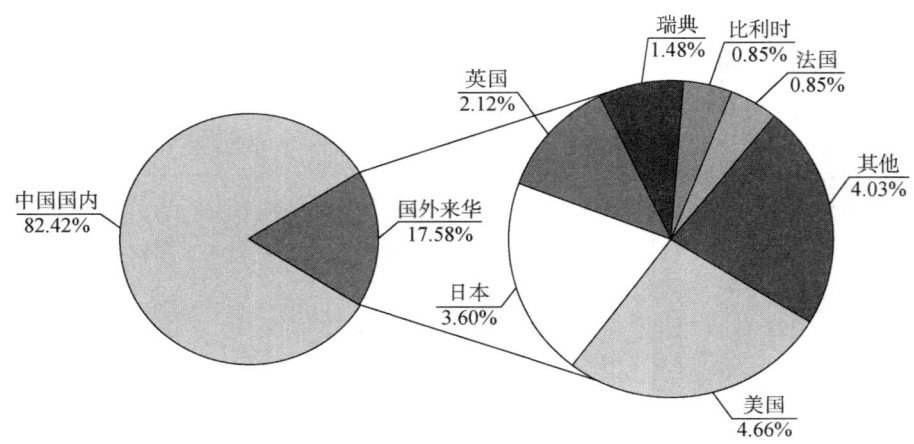

图3-2-4　全息检测技术中国申请国内和国外申请人分布

在申请人的类型构成上，如图3-2-5所示，大学申请人的申请量占据了该领域申请总量的一半，研究所申请人的占比接近1/4，企业申请人的占比仅有21.56%。全息检测技术领域中国前11位主要申请人都是研究所和大学。

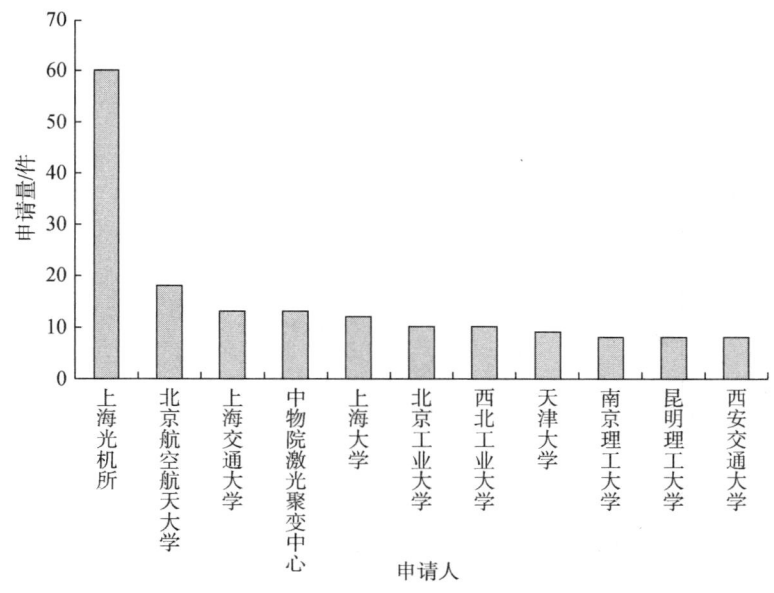

图3-2-5　全息检测技术中国申请主要申请人排名

反映出该领域技术在国内还处于前期开发阶段，科研院所的申请量具有明显优势。相比之下，企业受限于自身发展战略的考量，研究成果不多，这在一定程度上说明全息检测技术的产业化还有一定距离。

如图 3 - 2 - 6 所示，在排名前 10 位的发明人中，前 5 名以及朱化凤都来自上海光机所，前 3 名发明人的申请量均在 50 件左右；肖文和潘峰来自北京航空航天大学，申请量分别为 17 件和 16 件；刘勇和姜宏振来自中国工程物理研究院激光聚变研究中心（以下简称"中物院激光聚变中心"），申请量均为 11 件。对比可知，这些主要发明人在全息检测技术领域做出的发明最多。

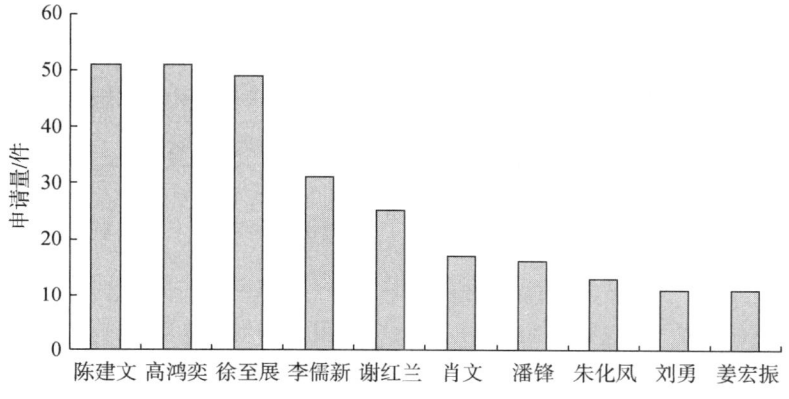

图 3 - 2 - 6　全息检测技术中国申请主要发明人排名

同时，这几位主要发明人所对应的专利申请人的申请量也表现出一定的特点，如图 3 - 2 - 7 所示。

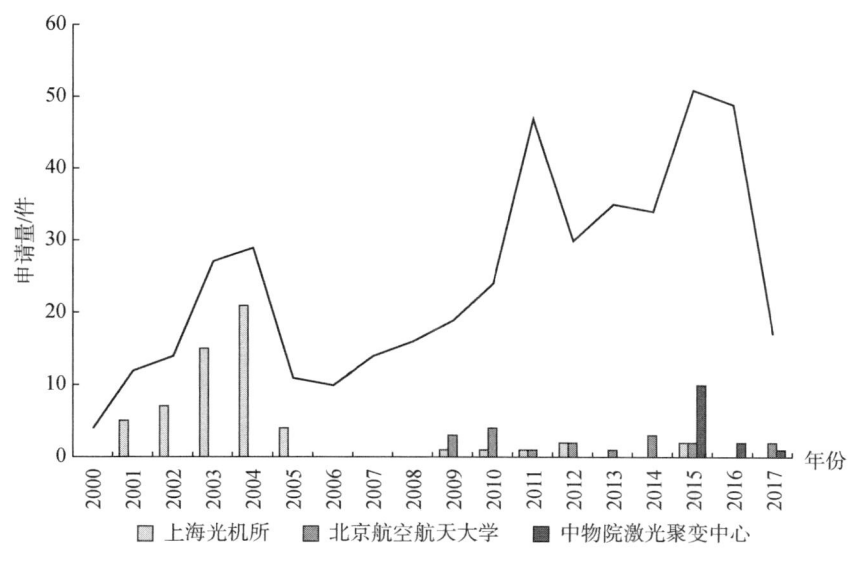

图 3 - 2 - 7　全息检测技术中国主要申请人申请趋势

申请人上海光机所国内申请量排名第一，其申请量从2001年起快速增长，在2004年达到高峰，直接推动了该领域中国申请量达到第一个高峰。但是2004年之后申请量显著下降，经过调查发现，主要原因是从事该领域研究的几个技术骨干不再从事这方面工作，使这一技术领域的研究大幅停滞甚至衰退。

虽然科研院所已经开始意识到申请专利保护研究成果，但在专利权的应用和产业化方面仍然处于较低的水平。表3-2-1统计了该领域发生权利转移的专利共有15件，其中6件专利的申请人是企业，4件专利的申请人是大学或研究所，5件专利的申请人是个人。可见，虽然科研院所在这一领域的申请量更多，但在专利运用方面不如企业活跃，尤其是申请量排名前10位的申请人没有任何一项权利转移的专利，这在一定程度上说明了科研院所在将专利成果产业化方面还有很大的进步空间。

表3-2-1 全息检测技术领域中国专利转移或专利申请情况

公开（公告）号	专利名称	变更前权利人	变更后权利人
CN105890543A	一种凹柱面及柱面发散镜的检测方法及装置	苏州大学	苏州大学张家港工业技术研究院
CN104523284B	一种基于全息纳米探测和微创组织液提取的血糖测量系统	佛山市南海区欧谱曼迪科技有限责任公司	苏州精观医疗科技有限公司
CN104534979B	一种多波长相移显微成像系统及方法	佛山市南海区欧谱曼迪科技有限责任公司	苏州精观医疗科技有限公司
CN103376072B	数字全息干涉和变频率投影条纹复合测量系统及方法	西安交通大学	西安交通大学、陕西恒通智能机器有限公司
CN102564927B	一种尿液全息检测方法及设备	北京普利生仪器有限公司	陈生
CN202110328U	全自动双CCD感光元件数字显微镜	姚斌	南京福怡科技发展股份有限公司
CN102122066B	全自动双CCD感光元件数字显微镜	姚斌	南京福怡科技发展股份有限公司
CN202075488U	双CCD感光元件生物数字显微镜	姚斌	南京福怡科技发展股份有限公司

续表

公开 (公告) 号	专利名称	变更前权利人	变更后权利人
CN102147523B	双 CCD 感光元件生物数字显微镜及其摄影图像处理方法	姚斌	南京福怡科技发展股份有限公司
CN101556187B	空调器噪声源可视化识别的统计最优近场声全息法及其操作方法	广东美的电器股份有限公司	美的集团股份有限公司
CN101344428B	声场的全空间变换方法	鸿远亚太科技（北京）有限公司	北京神州普惠科技有限公司
CN1971253B	数字全息显微测量装置	上海大学	江苏斯特郎电梯有限公司
CN1838911B	使用波长路由器从电磁波谱中测量分析物	C8 公司	C8 麦迪森瑟斯公司
CN1319486C	非侵入式葡萄糖计	乔纳森·格利茨	格鲁科威斯塔有限公司
CN1160569C	全封闭二极管阵列检测器及其控制方法	中国科学院大连化学物理研究所	大连依利特分析仪器有限公司

如图 3 - 2 - 8 所示，大学和科研院所每项专利申请的平均同族专利个数显著低于公司申请人。

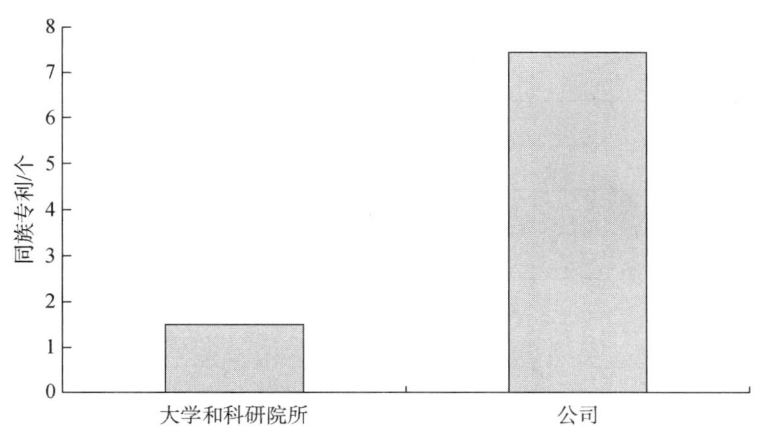

图 3 - 2 - 8　全息存储技术中国专利同族专利个数

表 3-2-2 是在多个国家和地区进行专利布局的 13 项中国专利。从申请人的国别来看，均为国外申请人，这不利于中国发明在全世界范围内得到普遍承认。从申请人的类型来看，这 13 项中国专利申请全部来自企业申请人，说明企业申请人更希望在多个国家和地区得到技术保护。

表 3-2-2　全息检测技术中国专利申请各地区布局情况

公开（公告）号	国家和地区数量/个	申请（专利权）人
CN101788458A	12	剑桥企业有限公司
CN1659430A	11	斯玛特全息摄影有限公司
CN104204767A	10	奥维奇奥成像系统股份有限公司
CN1659458A	10	斯玛特全息摄影有限公司
CN1578970A	9	恩莱因公司
CN103348215A	9	科学与工业研究理事会
CN101300479A	9	空中客车法国公司
CN1455870A	9	纽卡斯尔诺森伯兰大学
CN1214300C	8	UT-巴特勒有限责任公司
CN103827889A	8	奥维茨奥成像系统公司
CN102768182A	8	剑桥企业有限公司、斯玛特全息摄影有限公司
CN101319995A	8	精灵全息摄影有限公司
CN102317809B	8	麦克万技术有限公司

表 3-2-3 列出了被引用次数最多的 10 项专利申请。在 10 项专利申请中，6 项专利来自国内申请人，这个比例显然低于国内申请人占申请总量的比例。

表 3-2-3　全息检测技术中国被引用次数最多的 10 项专利申请

公开（公告）号	被引用次数	申请（专利权）人
CN200989826Y	17	中国兵器工业第二〇五研究所
CN102122063A	9	北京工业大学
CN1428594A	7	富士施乐株式会社
CN101852587A	7	浙江师范大学
CN1435675A	7	富士施乐株式会社
CN2153789Y	6	中国人民解放军工程兵工程学院
CN101178337A	6	中国科学院西安光学精密机械研究所
CN1695166A	6	恩莱因公司
CN1108384A	6	华中理工大学
CN101622526A	5	罗切斯特大学

虽然在过去几年中企业不是该领域的研发主力，但是也有一些公司对该领域的技

术发展做出贡献，并申请了一定数量的专利。图 3 - 2 - 9 列出了全息检测领域企业申请人申请量排名。

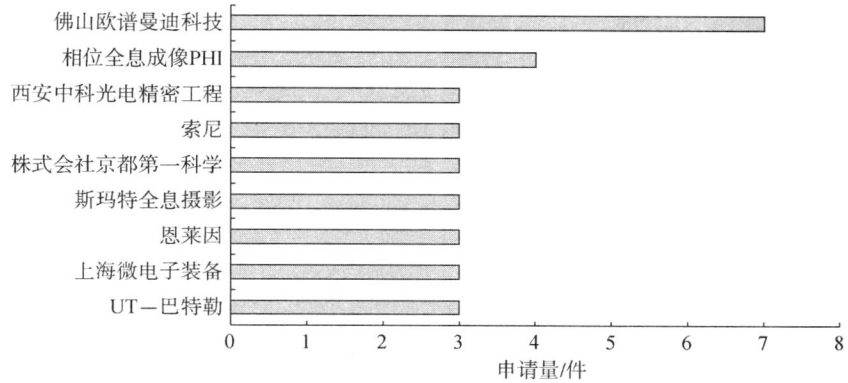

图 3 - 2 - 9　全息检测技术领域企业申请人申请量排名

如图 3 - 2 - 9 所示，申请量最多的 9 个企业申请人中，外国企业占据 2/3，表明在全息检测领域技术专利布局意识上，外国企业相对中国企业整体上处于优势地位，仅有一部分中国企业意识到专利布局的重要性。

3.2.4　申请类型和法律状态分析

科技竞争通常体现在专利竞争中，明确相关专利申请的法律状态，采取有效措施才能在竞争中占据优势。图 3 - 2 - 10 示出了全息检测技术领域中国专利申请的类型和法律状态分析。在该领域的申请中，发明专利申请几乎占据总申请量的 80%，实用新型占 20%。一方面，说明全息检测技术属于研发门槛较高、技术含量较高的领域，另一方面，也与发明和实用新型的保护客体差异有关，该领域技术涉及方法类改进较多，申请人为了保护方法类改进必须申请发明专利。由于发明专利占比较高，全息检测技术领域专利保护时间相对较长，为了避免专利侵权纠纷，在新技术研发等环节需要进行专利预警。在所有中国专利申请中，已经授权且有效的专利占总量的 29%，处于审查中的专利占总量的 18%，对于尚未授权的申请，由于专利保护范围的不确定性，需要对其多加关注，防止专利侵权。

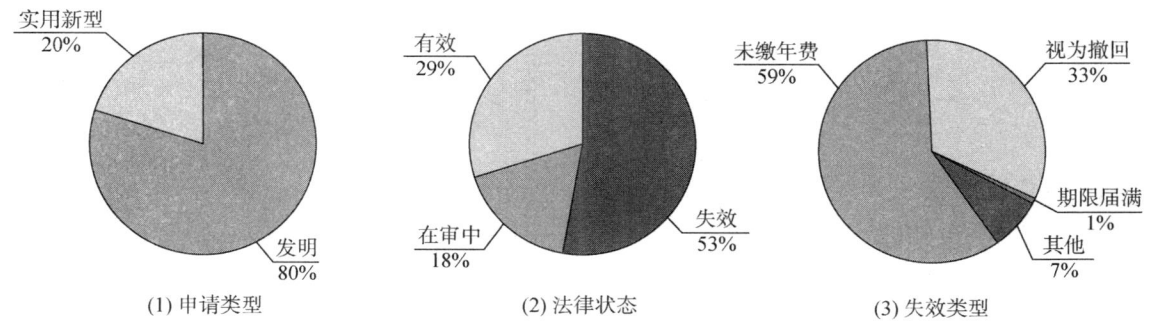

(1) 申请类型　　　　(2) 法律状态　　　　(3) 失效类型

图 3 - 2 - 10　全息检测技术中国专利类型和法律状态分析

在全息检测技术领域中，失效专利申请有251件，占到50%以上，其中，148件属于未缴纳年费而终止，82件为视为撤回，有2件是届满终止。这两件期限届满而失效的专利为：

（1）CN200989826Y，申请日为2006年12月13日，它是被引用次数最多的中国专利，专利权人为中国兵器工业第二〇五研究所。根据备案，该专利曾由专利权人给予西安维元光电技术有限公司独占许可，许可时间长达6年。可以推测该专利具有较高的价值。其技术内容如图3-2-11所示。

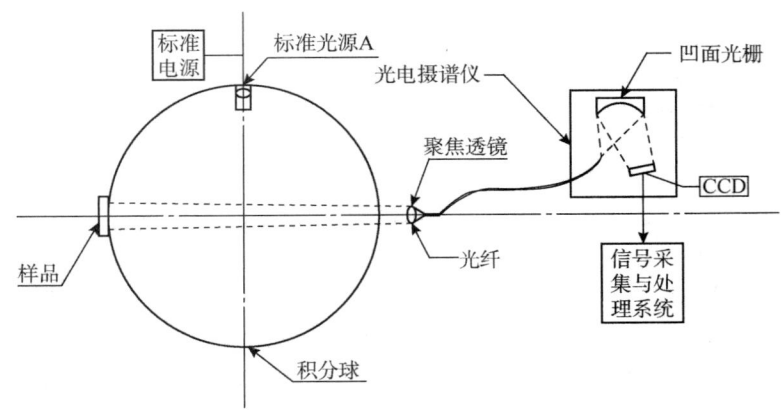

图3-2-11　CN200989826Y技术方案示意图

该专利要求保护一种光谱色彩分析仪，其具体包括照明系统、光电摄谱仪和信号采集与处理系统。主要技术特点是，照明系统采用由标准光源照明的积分球，积分球形成的漫反射光照射样品并由样品反射，反射光经聚焦透镜后由光纤传输到光电摄谱仪，被全息平场凹面光栅分光成一平直光谱线，进而由线阵CCD探测器所接收，信号采集与处理系统根据内置程序，对线阵CCD探测器的输出信号进行采集、存储及解算，最终获得样品的颜色参数并由显示屏输出。该专利具有小型化、智能化的特色，而且测色精度高、测色速度快，波长测量重复性好，具有很好的应用推广前景。

（2）CN2643335Y，申请日为2003年8月11日，专利权人为麦克奥迪实业集团有限公司。其技术内容如图3-2-12所示。

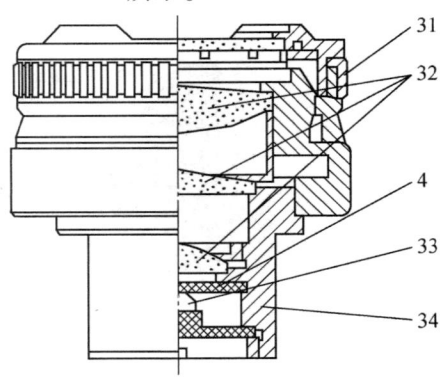

图3-2-12　CN2643335Y技术方案示意图

该专利提供一种显微镜的照明装置，包含聚光镜 1、集光镜 2，其中集光镜由可变光阑 31、集光镜片组 32、光源 33、集光镜座 34 组成；在聚光镜下方且位于光源的上方设有全息散射板 4，全息散射板 4 的轴心与光源 33、聚光镜 1、集光镜 2 镜片组轴心重合；光源 33 可为发光二极管。该专利的显微镜照明装置照明面积大且被照明面积上各点亮度一致。

3.2.5　中国专利续费/放弃趋势

全息检测技术领域的创新难度较高，获得专利权有一定难度，同时很多研发成果最后被专利权人放弃，有可能是专利权人出于自身发展战略的调整而放弃。但是也有少数专利经受了时间考验，体现了值得继续投资的价值，专利权人愿意长期持有以获取更多利益。图 3 – 2 – 13 列出了全息检测技术中国专利续费/放弃变化趋势，表明该领域专利续费的倾向开始增强。

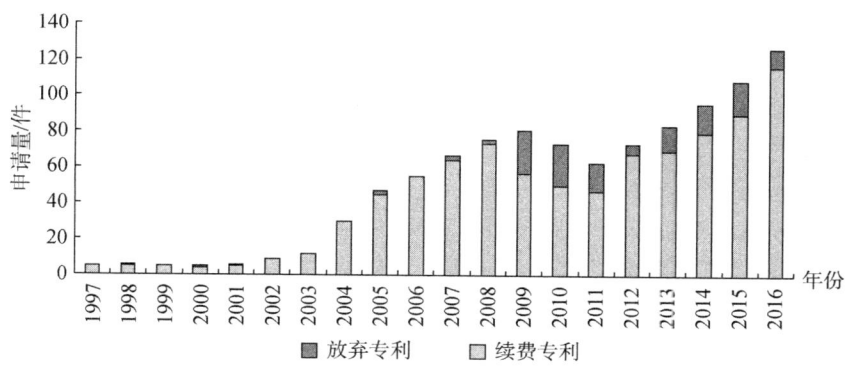

图 3 – 2 – 13　全息检测技术中国专利续费/放弃变化趋势

3.3　全息显示

3.3.1　专利申请趋势分析

如图 3 – 3 – 1 所示，涉及追踪眼球类型的实时三维全息显示自 2003 年才开始在中国有相关专利申请。中国专利申请趋势与全球趋势类似，说明大部分申请人对中国市场的重视。

3.3.2　主要申请人中国申请法律状态

（1）SEEREAL

如表 3 – 3 – 1 所示，SEEREAL 在中国提交的 21 件专利中，授权专利为 20 件，这一方面说明了 SEEREAL 在其技术发展方向上具有一定的特点，另一方面也说明了全息显示技术全球专利数量较少，形成专利技术的要求还有一定的差距。作为国内从事相关研发的人员，值得对 SEEREAL 的相关技术进行深入分析，发现其能够在现有技术水

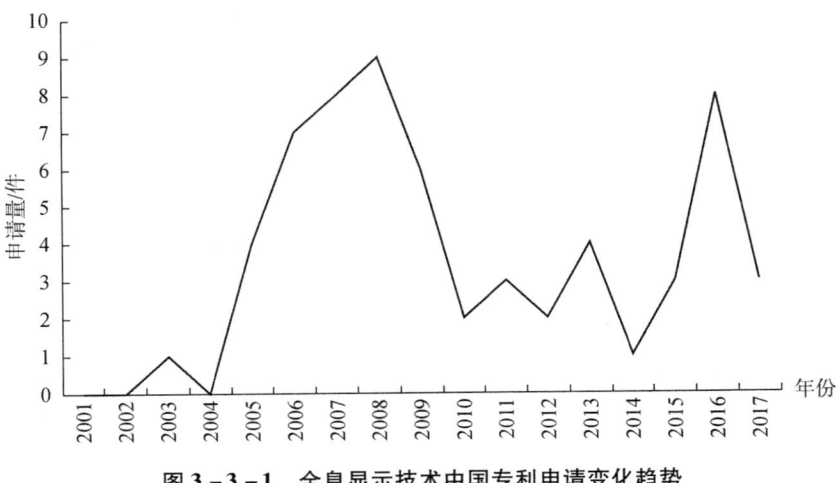

图 3 - 3 - 1　全息显示技术中国专利申请变化趋势

平下实现的预期可行性，在形成自己的相关成果时，需积极构建形成自己独特的技术专利壁垒，避免与 SEEREAL 已授权的专利技术方案存在明显的权利冲突。

　　值得注意的是，SEEREAL 授权的专利中，已经有 6 件处于失效状态，其内在原因目前尚不清楚，需要国内相关研发人员对其重点分析，避免在技术研发的道路上走弯路。这 6 件失效的专利公告号分别是 CN101681146B、CN101681147B、CN101743519B、CN101611355B、CN101490598B、CN101167023B。

表 3 - 3 - 1　SEEREAL 中国 21 件专利法律状态

公开号/公告号	申请日	结果	法律状态
CN102520604B	2003 - 11 - 11	授权	有效
CN101349889B	2003 - 11 - 11	授权	有效
CN100437393C	2003 - 11 - 11	授权	有效
CN100498592C	2005 - 09 - 07	授权	有效
CN101167023B	2006 - 04 - 25	授权	失效
CN100578392C	2006 - 05 - 05	授权	有效
CN101346674B	2006 - 12 - 20	授权	有效
CN101347003B	2006 - 12 - 20	授权	有效
CN101371204B	2007 - 01 - 15	授权	有效
CN101490598B	2007 - 02 - 06	授权	失效
CN101512445B	2007 - 08 - 31	授权	有效
CN101568889B	2007 - 10 - 26	授权	有效
CN101611355B	2008 - 01 - 29	授权	失效
CN101681145B	2008 - 05 - 15	授权	有效
CN101743519B	2008 - 05 - 16	授权	失效

续表

公开号/公告号	申请日	结果	法律状态
CN101681146B	2008 - 05 - 21	授权	失效
CN101681147B	2008 - 05 - 21	授权	失效
CN101960395A	2009 - 02 - 12	撤回	失效
CN102483605B	2010 - 06 - 18	授权	有效
CN103348285B	2011 - 12 - 09	授权	有效
CN103384854B	2011 - 12 - 21	授权	有效

（2）LG

如表 3 - 3 - 2 所示，LG 在涉及人眼追踪的全息显示方面，在中国申请的专利共有 7 件，经过分析发现，其中，4 件专利权有效，2 件在审查中，1 件驳回等复审中，可见，其在该领域的授权率还是比较高的，且申请人愿意保持其专利权有效。

表 3 - 3 - 2　LG 中国 7 件专利法律状态

公开号/公告号	申请日	结果	法律状态
CN103108207B	2012 - 11 - 13	授权	有效
CN103105634B	2012 - 11 - 15	授权	有效
CN103293935A	2013 - 02 - 22	驳回等复审中	审查中
CN103901678B	2013 - 08 - 19	授权	有效
CN104102062B	2013 - 12 - 24	授权	有效
CN105739280A	2015 - 08 - 24	待定	审查中
CN106896691A	2016 - 11 - 24	待定	审查中

（3）三　　星

如表 3 - 3 - 3 所示，三星涉及相关追踪全息显示方面的中国专利申请有 3 件，其公开号分别为：CN107087149A、CN106094488A、CN104181799A。

表 3 - 3 - 3　三星中国 3 件专利法律状态

公开号/公告号	申请日	结果	法律状态
CN104181799A	2014 - 05 - 15	待定	审查中
CN106094488A	2016 - 04 - 15	待定	审查中
CN107087149A	2017 - 02 - 06	待定	审查中

3.4　全息光学元件

关于中国全息光学元件专利申请，通过检索合并同族专利后得到2670项专利申请，经过人工筛选，得到397项涉及全息光学元件本身的高度相关专利申请，共计425件专利申请。

3.4.1　发展趋势分析

中国397项全息光学元件技术专利申请的专利申请量、专利授权量和发展趋势如图3－4－1所示。从中可以看出，大致可以分为三个阶段，1985～1997年为缓慢发展期，年申请量基本在5项以下，仅1987年有7项；1998～2005年为高速发展期，年申请量增长趋势比较陡峭，且平均值达到19项；2006年至今为稳步发展期，年申请量趋势呈稳定波动状态，2006～2015年的年申请量平均值接近19项。授权专利申请的发展趋势与专利申请趋势大体一致。

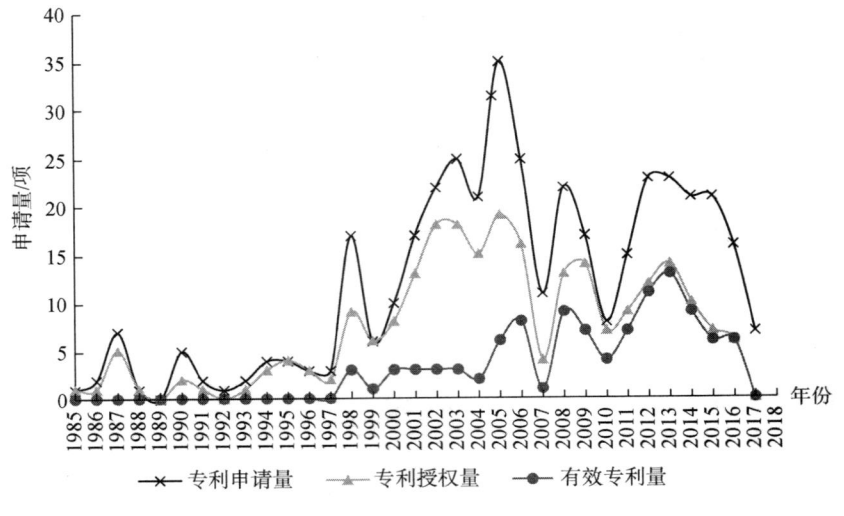

图3－4－1　全息光学元件技术中国专利申请的发展趋势

其中，关于专利申请的发展趋势，有五个峰值点值得关注。第一个申请高峰是1998年的17项专利，经核实主要来自诺瓦提斯公司（4项）、汤姆森许可公司（3项）和三星（2项）；第二个申请高峰是2003年，共有25项专利，主要来自上海光机所（6项）、三星（3项）、松下（3项）、上海理工大学（2项）、夏普（2项）、中国科学院长春光学精密机械与物理研究所（2项）；第三个申请高峰是2005年，高达35项，夏普（8项）、松下（5项）以及德国纳米产品工程（EPG）（2项）、日本先锋（2项）、上海理工大学（2项）、索尼（2项）；第四个申请高峰是2008年，共有22项专利，主要包括中国科学院长春光学精密机械与物理研究所（3项）以及夏普（2项）、三星（2项）、拜耳（2项）；第五个申请高峰是2012～2013年，均有23项专利，经核实主要来自中国科学院长春光学精密机械与物理研究所（8 项）、西安华科光电有限公司（4 项）、上海理工大学（3 项）、福州高意光学有限公司（3 项）、拜耳（3 项）。可见，高速发展期和稳步发展期不仅年申请量比较高，而且申请人也比较多样。

　　如前所述，高速发展期和稳步发展期的年申请量均较高，分析授权率有一定的意义。如图 3 - 4 - 2 所示，1998 ~ 2011 年，平均年授权率约为 70%，这从一定程度上反映了全息光学元件领域的专利申请创新高度。需要注意的是，自 2012 年起有部分专利申请仍在审中，因而不能反映真实情况。

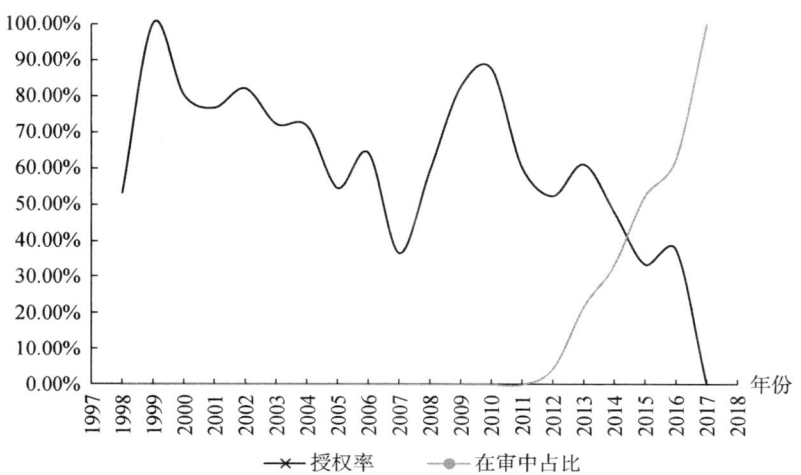

图 3 - 4 - 2　全息光学元件中国专利申请授权率变化趋势

3.4.2　专利类型

　　全息光学元件中国专利申请的类型如图 3 - 4 - 3 所示。从中可以看出，有 393 件为发明专利，占 92%，32 件为实用新型专利，仅占 8%。

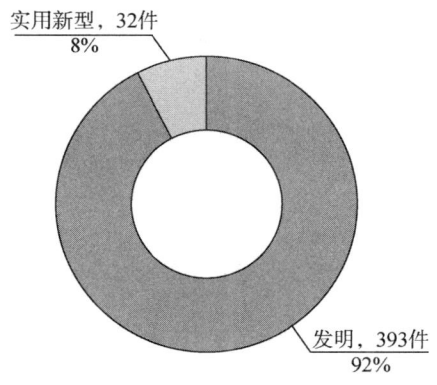

图 3 - 4 - 3　全息光学元件中国专利申请的专利类型分布

3.4.3　法律状态

全息光学元件中国专利申请的法律状态如图 3 - 4 - 4 所示。从中可以看出，其中有 257 件失效，占比 60%；仅有 127 件有效，占比为 30%；其余 41 件在审查中，占比为 10%。其中，这些失效专利主要是未缴年费、视为撤回，未缴年费的专利申请有 125 件，占 29%；视为撤回的专利申请有 95 件，占 22%。

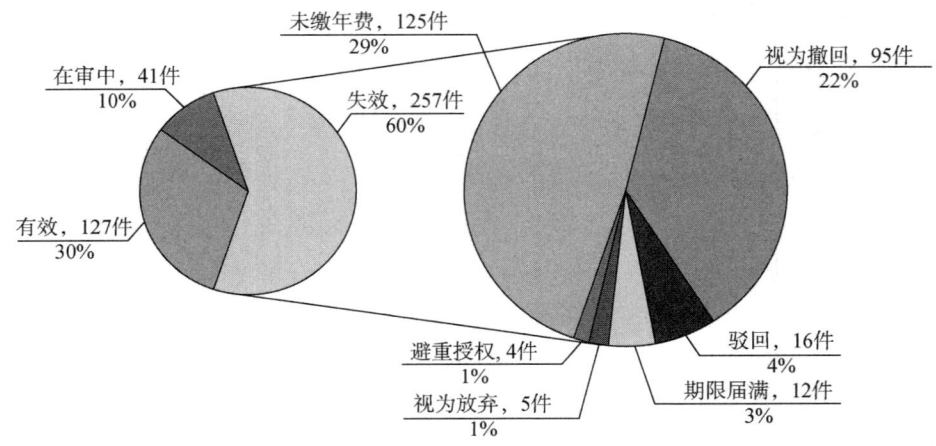

图 3 - 4 - 4　全息光学元件中国专利申请的法律状态

在 425 件中国专利申请中，有 269 件授权专利，占 63%。如图 3 - 4 - 5 所示，在这些授权专利中，有效专利有 127 件，占 47%；具体来看，这些授权专利失效的主要原因是未缴年费，有 125 件，占 47%；仅 12 件专利申请是期限届满，占 4%。

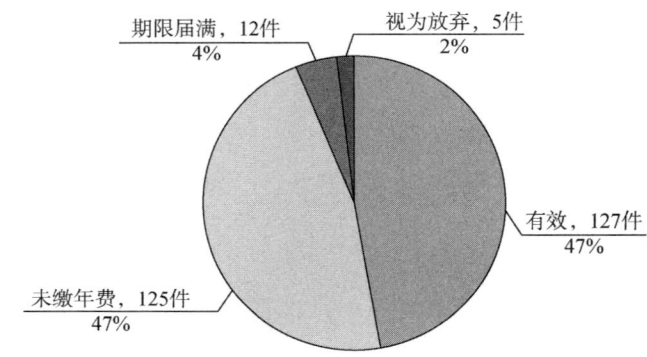

图 3 - 4 - 5　全息光学元件中国授权专利的法律状态

在 12 件期限届满失效的专利申请中，有 10 件发明专利，2 件实用新型专利，都很值得关注。表 3 - 4 - 1 列出了这些专利的主要著录项目信息。其中，CN1049500C、CN1079977C 进行过权利转移，当前申请（专利权）人分别为摩托罗拉移动公司、JVC建伍株式会社。

表3-4-1 全息光学元件领域中国专利期限届满失效专利汇总

公开（公告）号	申请日	专利名称	申请（专利权）人	专利类型
CN85205313U	1985-11-30	视觉锐度测定仪	陕西师范大学	实用新型
CN86101630A	1986-03-13	全息图	英国通用电气航空电子设备有限公司	发明
CN87201031U	1987-02-07	全息光栅制造装置	祝绍箕	实用新型
CN87100754A	1987-02-20	全息光栅和装有全息光栅的光学仪器	株式会社岛津制作所	发明
CN1019419B	1987-02-20	制作全息光栅的方法和设备	株式会社岛津制作所	发明
CN87101544A	1987-04-28	制作等间距环形全息光栅的方法	辽宁大学	发明
CN100369137C	1994-04-01	聚焦控制方法和光盘装置	松下电器产业株式会社	发明
CN1118803C	1994-04-01	光学透镜、光学头装置及光盘装置	松下电器产业株式会社	发明
CN100369136C	1994-04-01	光学头装置和光盘装置	松下电器产业株式会社	发明
CN1049063C	1994-06-02	光学头器件和光学信息装置	松下电器产业株式会社	发明
CN1049500C	1994-10-19	含有反射型全息光元件的液晶显示器	摩托罗拉公司	发明
CN1079977C	1996-05-27	整体光拾取器	日本胜利株式会社	发明

在425件全息光学元件中国专利申请中，进行过权利转移的专利申请仅27件，占比6%，有过许可备案的专利申请仅4件，占比不足1%（见表3-4-2和表3-4-3）。从中不难看出，在权利转移的27件专利申请中，外国申请有24件，中国申请仅有3件；许可备案的4件专利全部为中国申请人。也就是说，全息光学元件领域中国专利运用整体并不活跃。另外，这些专利主要涉及光学头、显示、光通信等热门领域以及材料、制作工艺等基础性专利。

表3－4－2　全息光学元件领域中国专利权利转移的专利汇总

公开(公告)号	专利名称	申请（专利权）人	当前申请(专利权)人
CN100376002C	兼容型光学拾取头和使用其的光学记录及/或重放装置	三星电子株式会社	东芝三星存储技术韩国株式会社
CN100423104C	光学器件及光拾波器装置	日本胜利株式会社	JVC建伍株式会社
CN101713923B	具有低交联密度的光聚合物配制剂	拜尔材料科学股份公司	科思创德国股份有限公司
CN101784836B	在上下半球表现出蝙蝠翼状发光强度分布的光控制设备	飞利浦电子公司	卢梅克控股公司
CN101840193B	一种制作全息光栅的方法	苏州大学	苏州同路光电科技有限公司
CN102376207B	LED立体显示屏及制作方法、显示系统和显示方法	深圳清研紫光科技有限公司	上海环鼎影视科技有限公司
CN104054027B	用于移动设备的透明显示器	微软公司	微软技术许可有限责任公司
CN1049500C	含有反射型全息光元件的液晶显示器	摩托罗拉公司	摩托罗拉移动公司
CN105683785A	用于反射式显示器的光再导向全息图	高通MEMS科技公司	追踪有限公司
CN1079977C	整体光拾取器	日本胜利株式会社	JVC建伍株式会社
CN1120483C	光拾取头	日本胜利株式会社	JVC建伍株式会社
CN1148595C	用于光学拾取头装置的物镜	三星电子株式会社	东芝三星存储技术韩国株式会社
CN1170382C	用于光通信终端站的光学设备及其制造方法	冲电气工业株式会社	OKI半导体株式会社
CN1186692C	高聚物全息感光材料的制备方法	上海朗创光电科技发展有限公司	上海天臣防伪技术股份有限公司

公开(公告)号	专利名称	申请(专利权)人	当前申请(专利权)人
CN1195297C	用于光学拾取头装置的物镜	三星电子株式会社	东芝三星存储技术韩国株式会社
CN1197065C	光学拾取头装置	三星电子株式会社	东芝三星存储技术韩国株式会社
CN1209759C	用于光学拾取头装置的物镜	三星电子株式会社	东芝三星存储技术韩国株式会社
CN1211790C	全息光学元件和采用该元件的光学拾取装置	LG电子株式会社	依奥诺赛普X控股有限责任公司
CN1214373C	光学拾取头装置	三星电子株式会社	东芝三星存储技术韩国株式会社
CN1218306C	光学拾取头装置	三星电子株式会社	东芝三星存储技术韩国株式会社
CN1222938C	光学拾取头装置	三星电子株式会社	东芝三星存储技术韩国株式会社
CN1249695C	使用两个波长光源组件的光学拾取器和校正位置差的方法	三星电子株式会社	东芝三星存储技术韩国株式会社
CN1252702C	用于光学拾取头装置的物镜	三星电子株式会社	东芝三星存储技术韩国株式会社
CN1266529C	背光单元	三星电子株式会社	三星显示有限公司
CN1279393C	背光单元	三星电子株式会社	三星显示有限公司
CN1295262C	显示高度光诱导双折射的均聚物	拜尔公司	科思创德国股份有限公司
CN1327383C	利用具有漫射体之光导管的扫描器	物理光学公司	鲁米尼特有限责任公司

表 3 - 4 - 3   全息光学元件领域中国专利许可备案专利汇总

公开(公告)号	专利名称	申请（专利权）人	专利类型	法律状态
CN100419465C	一种电控变焦光学成像系统制作方法	上海理工大学	发明	无效
CN101231362A	全息反射型光致聚合物干性薄膜的制备	李妤、张晓强	发明	无效
CN101718884B	平面全息光栅制作中光栅基底的零级光定位方法	中国科学院长春光学精密机械与物理研究所	发明	有效
CN103336418B	UV 拼版方法及装置	湖北兴龙包装材料有限责任公司	发明	有效

综合以上专利类型和法律状态可知，首先，全息光学元件的研发具有技术难度，专利类型以发明专利为主，大部分专利失效的原因是视为撤回或驳回，分别占22%、4%，因期限届满或避免重复授权而失效的专利申请很少，仅分别占3%、1%。这可能与全息光学元件所涉及的技术有关，它不仅涉及常规的结构、材料、工艺等方面，还涉及复杂的光学设计理论，且全息光学元件的用途很多。其次，分别有29%、1%的专利申请是由于未缴年费、视为放弃而失效，也就是说，有很多专利被专利权人视为不具有维持有效的价值。最后，关于专利类型以发明专利为主，这是由于全息光学元件的研发难度较高，申请发明专利保护更为合适，很多专利申请涉及工艺方面的改进，这种方法类的改进也更适合申请发明专利。

3.4.4　申请人区域分析

397 项全息光学元件中国专利申请的申请人区域分布如图 3 - 4 - 6 所示。从中可以看出，中国申请人的专利申请共计 205 项，占51%，外国申请人的专利申请共计 192项，占49%。其中，日本申请人占据首位，高达 90 项，占23%；韩国和美国申请人，分别有 35 项和 31 项。

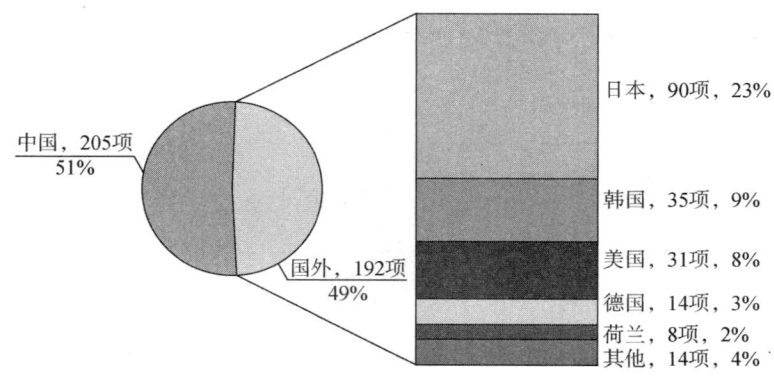

图 3 - 4 - 6   全息光学元件中国专利申请的申请人区域分布

经统计发现，国内申请人涉及 16 个省区市专利申请量情况如图 3 - 4 - 7 所示。从中可以看出，上海是领头羊，高达 45 件，江苏紧随其后，有 38 件，吉林居第三位，有 26 件，北京、福建、广东等是第三梯队。这些省市基本为中国经济发达地区和知识产权指数排名前 10 位的省市，2016 年中国区域知识产权指数排名前 10 位的省市依次是：北京、江苏、上海、广东、浙江、山东、天津、重庆、福建、安徽，这与其经济实力支撑密切相关，尤其是全息技术在很多应用领域尚处在实验室阶段或者初步产业化阶段，更需要有效的政策扶持以及雄厚的资金和人才支持。

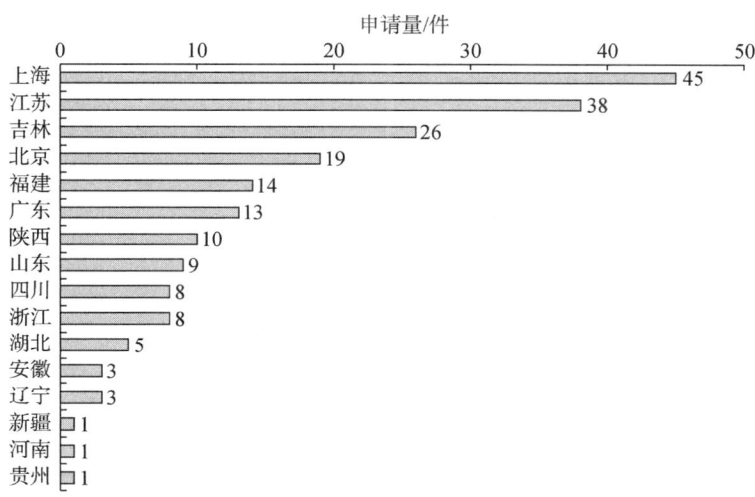

图 3 - 4 - 7　全息光学元件中国国内专利申请的申请人省区市分布

从上述分析可知，中国申请人和外国申请人的专利申请量相差不大。为了分析两者的不同，进一步统计了中国申请人和外国申请人的年申请量，如图 3 - 4 - 8 所示。从中不难看出，1985 ~ 1997 年为缓慢发展期，中国申请人和外国申请人均有少量专利申请；1998 ~ 2005 年为高速发展期，外国申请人的专利申请量有两个峰值，1998 年的峰值来自瑞士、美国、韩国申请人的申请，2005 年的峰值来自日本申请人的申请；

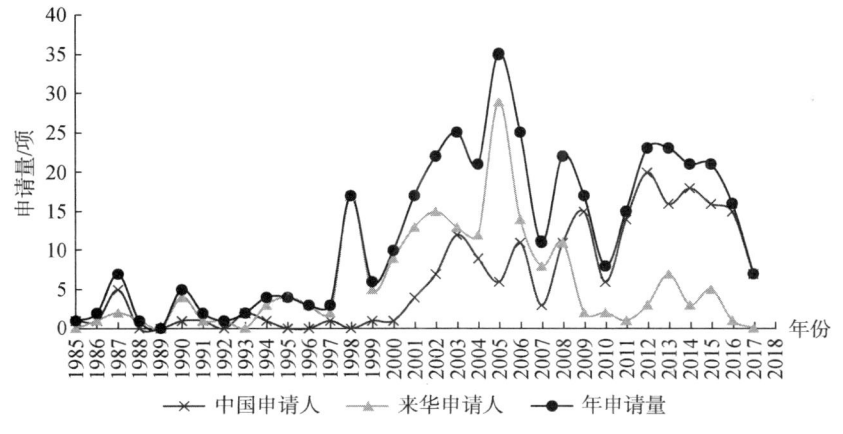

图 3 - 4 - 8　全息光学元件中国国内和来华专利申请的变化趋势

2006 年至今为稳步发展期，外国申请人呈下降态势，而中国申请人稳步上升，其中转折点在 2008 年，这一年国内和国外申请人申请量持平，之后，外国申请人再次进入缓慢发展阶段，而中国国内申请人则超越外国申请人稳步上升，近十年，中国申请人在全息光学元件领域明显更加活跃。

　　进一步分析排名前 3 位外国申请人的申请趋势，如图 3 - 4 - 9 所示，首先，日本申请人异常突出，日本申请人在 2005 年的 21 项申请带来了外国申请人的第二个申请高峰，并且日本申请人的专利申请明显集中于 2000 ~ 2008 年，均在 5 项以上；其次，韩国申请人的专利申请与日本申请人相比，虽然申请量少很多，但是趋势类似，也集中于 1997 ~ 2008 年，在 2002 年达到高峰，有 5 项；美国申请人虽然申请量不突出，但是缓慢发展一直持续至今。

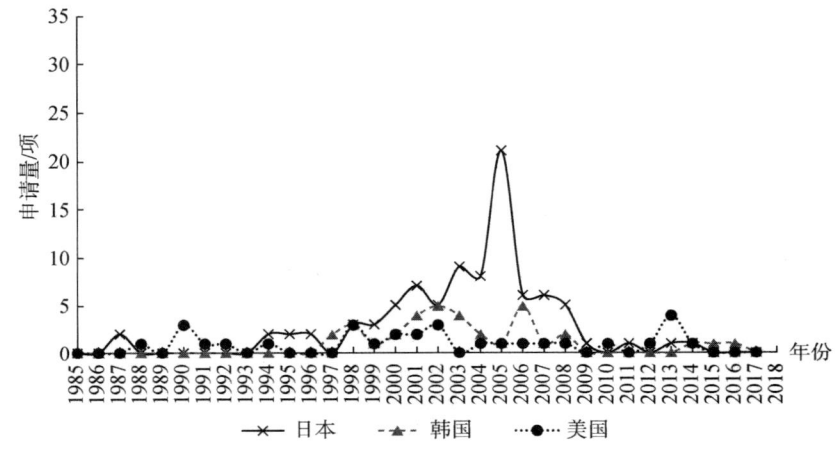

图 3 - 4 - 9　全息光学元件日、韩、美申请人的中国专利申请趋势

　　最后对中国前 4 位省市申请的专利申请量进行了统计分析，具体如图 3 - 4 - 10 和图 3 - 4 - 11 所示。在全息光学元件领域，首先，上海、北京的申请人很早就有涉猎，上海申请人的专利申请量较多，在 2003 年达到高峰，有 8 项，且在这一高峰后几年的申请量均有 5 项，随后波浪式下降；北京申请人的专利申请量较少，在 2013 ~ 2014 年有一小高峰，年申请量分别有 4 项、5 项；其次，江苏、吉林的申请人虽然涉猎较晚，但是呈波浪式的上升态势。

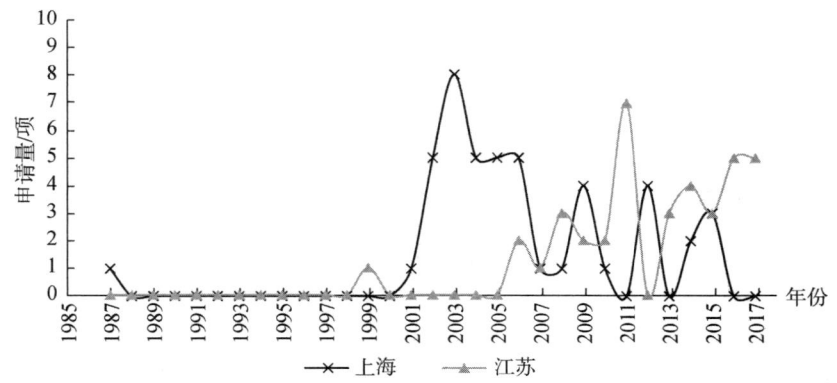

图 3 - 4 - 10　全息光学元件上海、江苏申请人的中国专利申请趋势

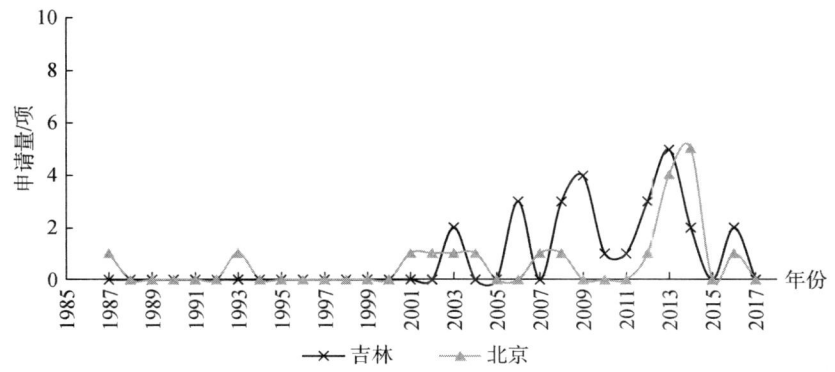

图 3 – 4 – 11　全息光学元件吉林和北京申请人的中国专利申请趋势

为了更深入了解这些省市的申请情况，首先查询了各省市的主要申请人情况。上海最主要申请人上海光机所有 18 项，上海理工大学以 13 项紧随其后，上海交通大学有 5 项。江苏最主要申请人是苏州大学，高达 24 项，东南大学有 7 项。吉林最主要申请人是中国科学院长春光学精密机械与物理研究所，高达 23 项。北京的主要申请人是北京理工大学和清华大学，各 5 项，中国科学院半导体研究所有 3 项。从中不难看出，这些省市在全息光学元件领域的科研力量还集中于高校和科研院所。在上述 9 位主要申请人中，仅苏州大学、清华大学、上海交通大学与公司有共同申请，苏州大学最多（4 项）；也就是说，在全息光学元件方面，仅有这 3 所大学具有一定的专利转化能力。对于这些省市的专利运用，上海理工大学有 1 项专利进行了许可备案，上海朗创光电科技发展有限公司有 1 项专利进行了权利转移，苏州大学有 1 项专利进行了权利转移，中国科学院长春光学精密机械与物理研究所有 1 项专利进行了许可备案，吉林的李好、张晓强有 1 项专利申请进行了许可备案。从中不难看出，在全息光学元件方面，即使是排名前 4 位的省市专利运用也不活跃。反映了中国在全息光学元件产业化方面任重道远，对此需要引起重视。

下面对这些省市的专利授权量、有效专利量和有效发明专利量的情况分析，如图 3 – 4 – 12 所示，上海的授权专利量最多，有 28 项；江苏有效专利量最多，有 18 项；有效专利的专利类型几乎都为发明专利，仅有 1 项实用新型专利。

综合上述可知，上海、北京作为知识产权强省市，在全息光学元件领域占据主要地位；江苏、吉林在全息光学元件领域兴起稍晚，但是科研实力也很强劲；不过，这些省市在全息光学元件领域的专利运用亟待加强。

3.4.5　主要申请人分析

全息光学元件领域中国专利主要申请人排名如图 3 – 4 – 13 所示。其中，三星排第一位，共有 31 项专利；苏州大学、长春光机所、松下、夏普、上海光机所属于第二梯队，申请均在 20 项左右；上海理工大学、拜耳、索尼、清华大学、西安华科光电、厦门大学、东南大学属于第三梯队，申请均在 10 项左右。从中不难看出，排名靠前的国内申请人几乎全为高校或研究所，其中仅有西安华科光电一家企业；排名

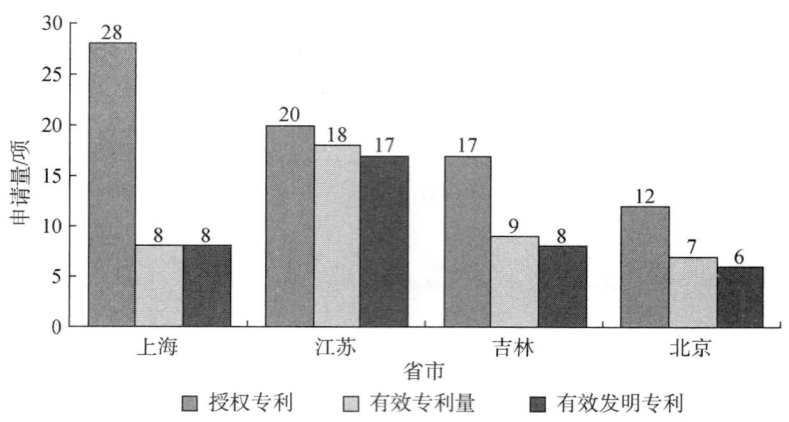

图3-4-12 全息光学元件上海、江苏、吉林、北京申请人的授权专利量、有效专利量及有效发明专利情况

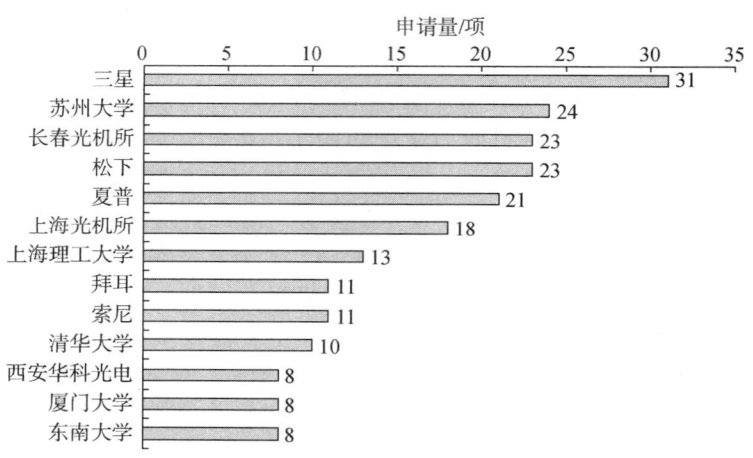

图3-4-13 全息光学元件中国专利申请主要申请人排名

靠前的国外申请人则全为国际知名企业。表明中国在全息光学元件产业化方面弱于外国。

　　进一步对中国专利主要申请人进行分析发现，苏州大学与苏州苏大维格光电科技股份有限公司有3项共同申请，与苏州苏大维格数码光学有限公司有1项共同申请；清华大学与北京振顺技术开发有限公司有1项共同申请；上海交通大学与上海春晓光电科技有限公司有1项共同申请；东南大学与浙江大学有1项共同申请。另外，苏州大学将1项专利权（CN101840193B，发明名称为"一种制作全息光栅的方法"）转让给苏州同路光电科技有限公司，上海理工大学、长春光机所各有1项许可备案。说明中国国内主要申请人已经认识到我国在全息光学元件产业化上的弱势，不仅与其他高校合作研发，而且与企业开展产学研合作。

　　考虑到排名前4位申请人中有两位国内申请人和两位国外申请人，且申请都在20

项以上，下面对其发展趋势进行研究。如图 3 - 4 - 14 所示，三星和松下主要集中于 1997 ~ 2008 年，对整体发展趋势的高速发展期起到了推动作用；苏州大学和长春光机所虽然最早分别在 1999 年、2003 年提交全息光学元件领域的专利申请，但是其申请主要集中于 2006 年以后。

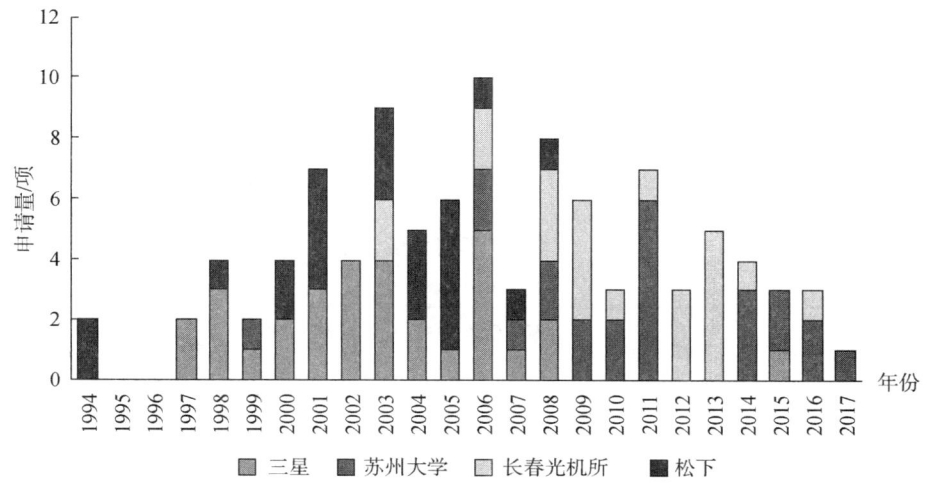

图 3 - 4 - 14　全息光学元件前 4 位主要申请人中国专利的申请量趋势

对于前 4 位中国专利申请人的专利申请情况具体分析发现，三星的 31 项专利主要集中于光学拾取头方向的全息光学元件改进，还有少量显示照明方向使用的全息光学元件改进，主要发明人有金泰敬、郑钟三、刘长勋、李哲雨、赵虔晧等；苏州大学的 24 项专利主要集中于全息光栅的工艺改进，还有少量涉及全息窄带带阻滤光片、全息波导镜片的工艺改进，主要发明人有吴建宏、李朝明、陈新荣等；松下的 23 项专利主要集中于光学拾取头方向使用的全息光学元件改进，主要发明人有金马庆明、百尾和雄、井岛新一、西本雅彦、西胁青儿等；长春光机所的 23 项专利主要集中于全息光栅的工艺改进，主要发明人有巴音贺希格、李文昊、齐向东等。

经查询，苏州大学拥有国内最大全息光学平台、最大口径全息曝光装置，长春光机所是我国第一批光栅刻画机和第一块衍射光栅的诞生地，在全息光栅方面具有优势。

下面从重要专利的角度进一步了解这 4 位主要申请人的技术情况。由于同族专利被引用次数、专利是否有效可从一定程度上反映申请人以及业内对其专利的重视程度，进一步考虑每位申请人涉及的全息光学元件具体应用领域不同，因此，主要基于同族专利被引用次数，其次基于是否有效以及技术分布，选取了 4 位主要申请人的重要专利，如表 3 - 4 - 4 所示。同时分析发现，苏州大学重要专利的同族专利数量多为 2 个或 3 个。

表 3-4-4　全息光学元件中国专利主要申请人的重要专利

申请人	公开号	申请日	专利名称	同族专利被引用次数	专利类型	简单法律状态
三星	CN1266529C	2003-11-03	背光单元	110	发明	有效
	CN1252702C	2001-09-11	用于光学拾取头装置的物镜	106	发明	有效
	CN1279393C	2003-05-23	背光单元	101	发明	有效
	CN100380477C	1998-02-13	可兼容不同厚度光记录介质的光拾取装置	67	发明	有效
	CN1257433C	2002-09-23	照明系统与采用此系统的投影机	59	发明	失效
	CN100474417C	2002-10-15	可兼容的光拾取器	59	发明	失效
苏州大学	CN101799569B	2010-03-17	一种制作凸面双闪耀光栅的方法	13	发明	有效
	CN101726779B	2009-12-03	一种制作全息双闪耀光栅的方法	12	发明	有效
	CN101840193B	2010-03-25	一种制作全息光栅的方法	9	发明	有效
	CN100437392C	2006-04-24	用控制装置稳定全息干涉条纹的方法及装置	7	发明	有效
	CN102360093A	2011-10-19	一种全息闪耀光栅制作方法	6	发明	失效
松下	CN1674117A	2001-07-07	光学摄像管、光盘及其信息处理装置	71	发明	失效
	CN100337278C	2003-11-25	光学元件、透镜、光头、光学信息装置及采用其的系统	57	发明	有效
	CN100501845C	2004-02-27	光头装置、使用该装置的光信息装置及光盘记录器	54	发明	有效
	CN1914556B	2005-01-26	光源装置和二维图像显示装置	49	发明	有效
	CN1049063C	1994-06-02	光学头器件和光学信息装置	41	发明	失效

续表

申请人	公开号	申请日	专利名称	同族专利被引用次数	专利类型	简单法律状态
长春光机所	CN101793988A	2009－12－31	一种在全息光栅制作光路中精确调整刻线密度的方法	7	发明	失效
	CN101819323B	2010－05－17	一种调整洛艾镜装置中洛艾镜与光栅基底垂直度的方法	4	发明	失效
	CN100489696C	2006－06－02	一种确定凹面全息光栅制作光路中两激光束夹角的方法	4	发明	失效
	CN101430395A	2008－12－29	一种全息光栅制作中曝光量的实时监测装置	4	发明	失效
	CN103064140B	2012－12－26	全息变间距光栅曝光光路的装调方法	2	发明	有效

3.4.6　主要发明人分析

全息光学元件领域中国专利主要发明人如图3-4-15所示。其中，吴建宏、李朝明、陈新荣来自苏州大学，巴音贺希格、李文昊、齐向东来自长春光机所，庄松林来自上海理工大学，刘立人、刘德安来自上海光机所，金泰敬来自三星。可以看出，这些发明人基本来自主要申请人。

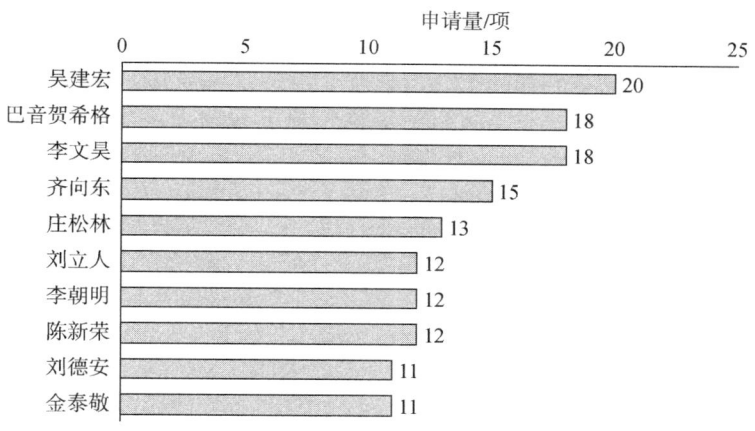

图3-4-15　全息光学元件中国专利申请主要发明人排名

由于前10位发明人中多人来自同一家研究所或企业，课题组在排名的基础上选取了各申请人排名最高的发明人进行深入分析。所选取的主要发明人的专利申请量趋势如图3-4-16所示，从中可以看出，苏州大学的吴建宏在全息光学元件领域研究持续时间最久，其次，是上海光机所的巴音贺希格和上海理工大学的庄松林，然后是三星的金泰敬，申请最少的是上海光机所的刘立人。

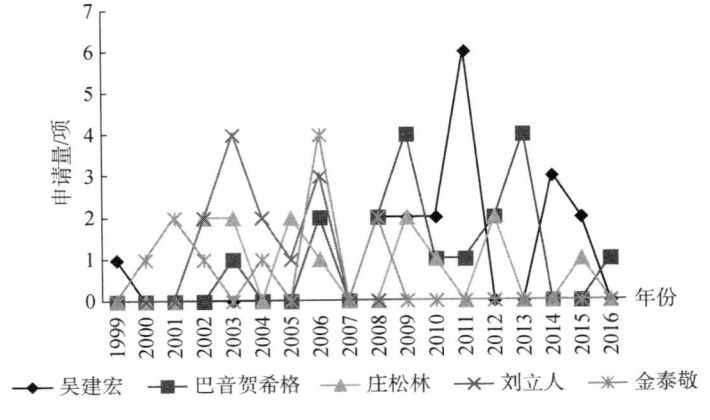

图 3 - 4 - 16　全息光学元件中国专利主要发明人的专利申请趋势

　　经查询，苏州大学的吴建宏曾主持完成国家攻关项目"全息光学元件在汽车工业中的应用"，主持并完成江苏省"宽带峰值反射全息的研究""非可见光波段全息滤光片""三维数字合成全息系统的研究"等项目，李朝明、陈新荣曾主持"大口径全息记录干涉光场多维主动稳定控制方法与技术研究""大口径、高阈值光栅制造研究"等国家项目。长春光机所的巴音贺希格主要从事光栅理论、光栅设计方法、光栅制作技术及光谱成像技术等方面的研究并主持大型高精度光栅制造专用设备研制工作，该所在2012年承担国家重大科学仪器设备开发"高端全息光栅研发"项目，该项目于2017年9月完成初步验收，不仅研制了低杂散光光栅、高分辨本领光栅、特种面型光栅、体全息光栅等11种全息光栅，而且在5家光谱分析仪器公司进行应用示范及产业化推广。上海理工大学的庄松林对非相干光学信息处理及彩虹全息技术作了全面系统的研究，被誉为"现代白光信息处理的主要贡献者之一"，他在物体的位相恢复研究中提出多种光学方法，在梯度折射率光学材料、光栅衍射矢量模态理论和高密度光存储技术等研究中取得突出的研究成果。上海光机所的刘立人在2012年入选美国光学学会刊物 *Applied Optics* 发表论文总数前50名科学家行列。一方面，这些专家为我国全息光学元件的发展发挥了重要作用，他们及其科研团队非常值得关注；另一方面，说明了科研团队的稳定和持续性非常重要。

3.5　全息防伪

3.5.1　专利申请分析

　　专利申请量的变化反映了相关研发主体对技术的研发投入和技术关注度的变化趋势。图3 - 5 - 1列出了中国全息防伪领域申请变化趋势，可以看出，全息防伪领域专利申请量总体呈现稳步上升的态势，与全球申请趋势相类似，在1990年之前，申请量很小，从

1991 年开始，专利申请量保持了快速的增长，2001 ~ 2008 年为第一个发展高峰期，该发展高峰保持了较长的时期，期间，年申请量保持在 100 ~ 200 件，2009 年以后，全息防伪领域申请量达到了第二个发展高峰期，申请量在短短两年时间内实现了翻番，达到了年申请量近 300 件，经分析认为，2010 年之后，全息技术有了新的突破，对全息技术的发展关注越来越多，专利申请量也持续增加，全息防伪技术同步保持了发展。

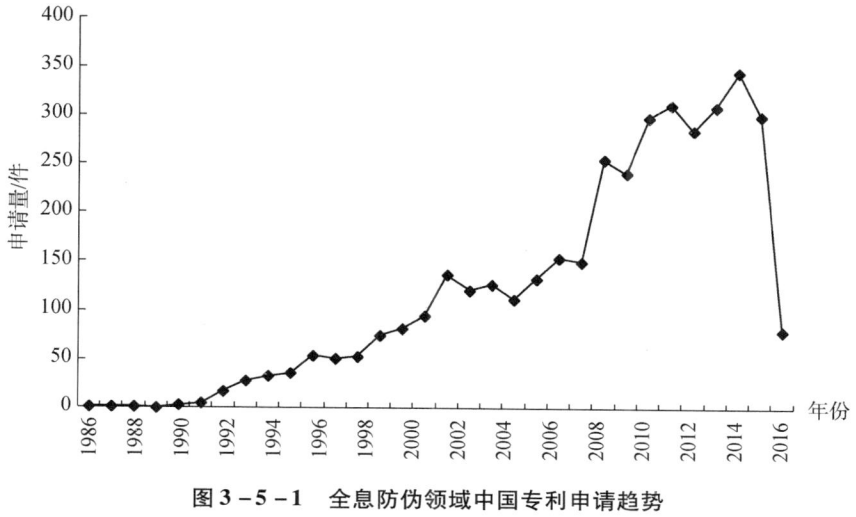

图 3 – 5 – 1　全息防伪领域中国专利申请趋势

3.5.2　国内省市专利分析

　　在全息防伪领域中国专利申请中，各省市申请分布不均。如图 3 – 5 – 2 所示，申请量主要分布在广东、北京、上海。申请量的分布从一定程度上反映该区域在全息防伪技术领域的研发实力，作为国内经济发达的区域，上述 3 个省市对于全息防伪技术的需求和研发比较重视，表明了全息防伪技术的发展与经济的发展需求有一定的关系。同时，山东、江苏、湖北有几家企业和大学在全息防伪领域申请量较多，其全国排名相对靠前。

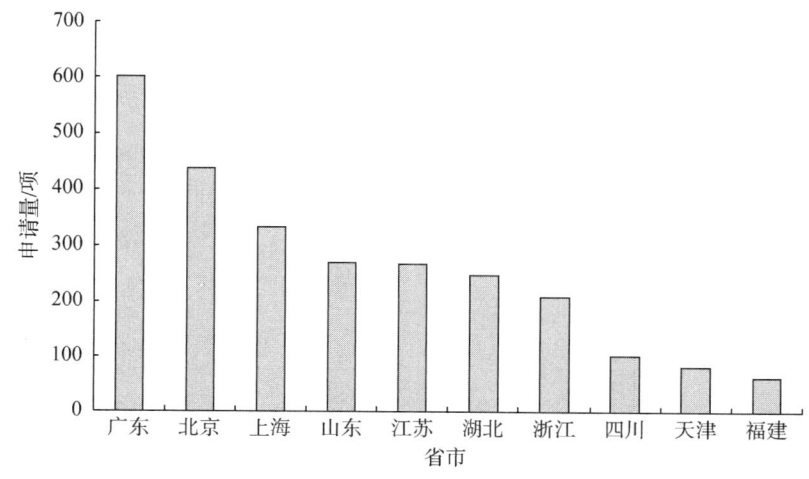

图 3 – 5 – 2　全息防伪领域中国专利申请省市分布

3.5.3　申请人分析

在全息防伪领域中国专利申请的申请人中，国内申请人提交的申请量占有绝对的优势，如图3-5-3所示，其占据全部申请量的82%。其中，申请人以企业居多，表明全息防伪技术的发展已经进入产业阶段，诸多大学通过参股企业进行科研成果产业化的转化，在全息技术发展的同时也促进了防伪技术的进步，反过来也激励了科技的研发投入和进步。

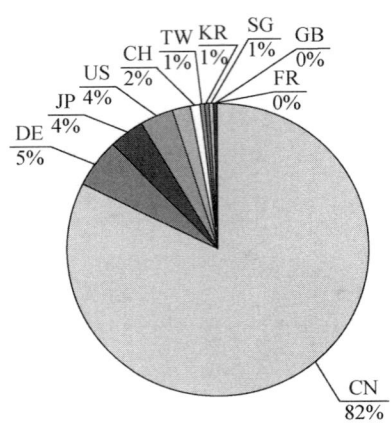

图3-5-3　全息防伪技术中国来华专利申请国家或地区分布

图3-5-4示出了中国专利主要申请人在全息防伪领域的专利申请量排名情况。可以看出全息防伪领域中国专利前10位申请人都是企业。其中，武汉华工图像技术开发有限公司（以下简称"武汉华工"）专利包括了与华中科技大学的合作申请，苏大维格专利包括了与苏州大学的合作申请，上述两所大学在相应企业中均占有一定的股份，学校与企业之间存在一定的科研成果转化关系。反映了该领域技术在国内进入企业主导的产业化阶段。

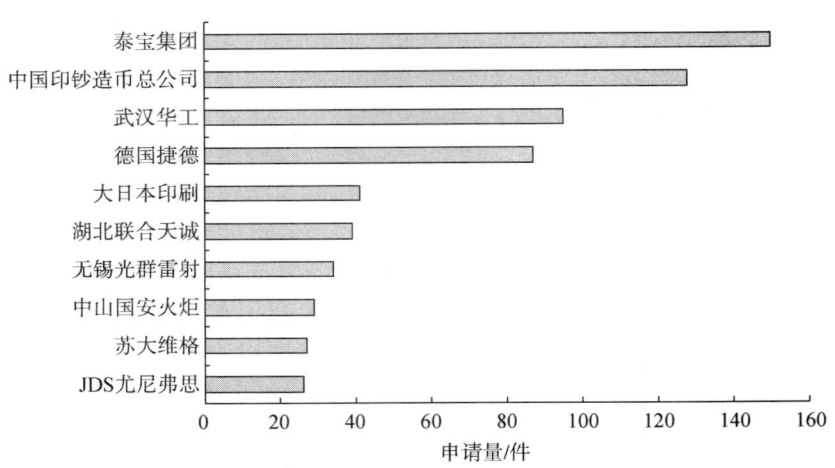

图3-5-4　全息防伪技术中国专利主要申请人排名

3.5.4　申请类型及法律状态分析

图 3-5-5 示出了全息防伪领域中国专利申请的申请类型和法律状态。

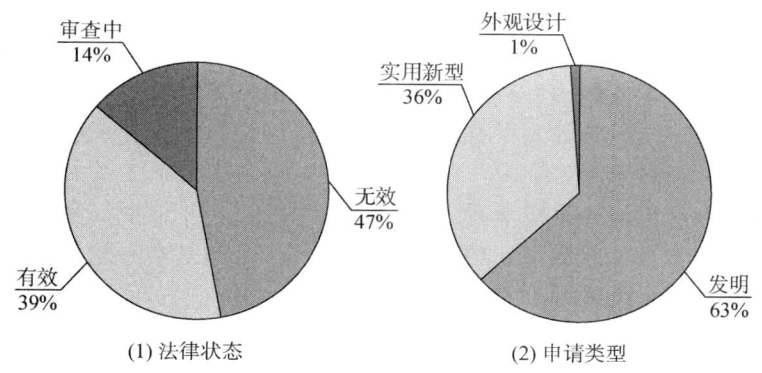

(1) 法律状态　　　　　　　　(2) 申请类型

图 3-5-5　全息防伪中国申请法律状态和申请类型

根据图 3-5-5 可以看出，授权且有效专利占总量的 39%，审查中的专利占总量的 14%，全息防伪领域失效专利占总量的 47%。

全息防伪领域中国专利申请的申请类型中。发明专利申请占总量的 63%，实用新型占总量的 36%。随着近年来全息防伪技术的普及和成熟，实用新型的申请占比较大，这是由于实用新型的审查周期短，能够较快获得保护。因此，为了避免专利侵权纠纷，需要规避已申请的专利。

3.5.5　技术分支分析

图 3-5-6 列出了中国专利申请的 IPC 分类情况，从中可以看出，申请主要集中在 G09F、G06K、B41M 以及 B42D 等分类号下，且全息防伪领域主要涉及印刷、广告、标签等方面，与人们日常生活息息相关。

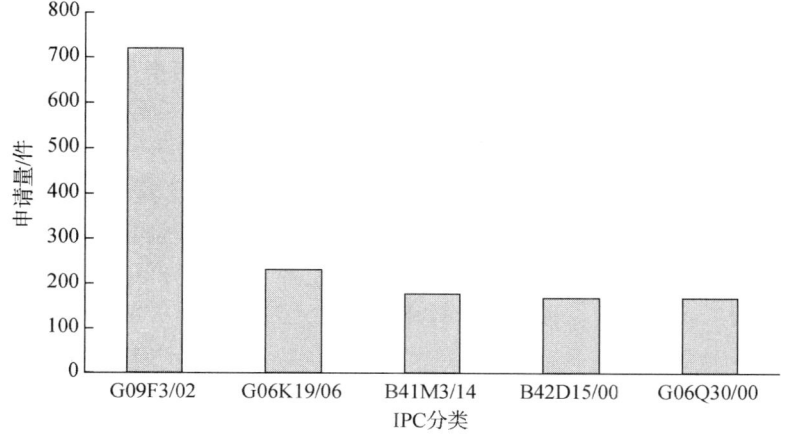

图 3-5-6　全息防伪技术中国专利申请 IPC 分布

3.6 小　　结

通过对全息存储、全息检测、全息显示、全息光学元件以及全息防伪5个技术分支的中国专利申请趋势、申请人、发明人、区域申请等分析，得出如下结论。

在全息存储技术领域中国专利申请中，主要申请人来自日本和韩国，其次是来自美国和欧洲，来自中国的申请人仅有清华大学和台湾建兴电子，表明中国在该领域相关研究投入不多，尚处于起步阶段。在中国申请人排名中，绝大部分为科研院所，仅有一家企业。从专利申请的类型来看，绝大多数为发明，并且授权率较高，说明该领域的技术要求和技术含量较高。在申请量趋势上，与全球基本一致，说明全息存储技术目前还没有取得重大突破。

在全息检测技术领域，从1999年起，该领域的申请量整体呈上升趋势，研发比较活跃。在申请人方面，该领域专利申请主要来自国内申请人，特别是大学和科研院所。在发明人方面，大学和科研院所申请人所提交的申请主要来自少数几位发明人。国内申请人需要进一步实现研究成果的产业化，大学和科研院所应积极寻求与企业合作，通过许可、转让、共同申请等方式实现成果转化。

在全息显示技术领域，中国申请趋势与全球申请趋势类似，说明主要申请人对中国市场的重视。中国申请仍以SEEREAL为主，且SEEREAL掌握大量有效专利；LG也掌握少量有效专利，中国仅有京东方一家企业有相关专利申请。国内从事相关研发的人员，需要对相关技术进行深入分析，可通过规避设计、合作、授权等方式避免专利侵权。

在全息光学元件技术领域，中国专利在申请趋势、专利类型和法律状态方面与全球态势基本一致。国内外申请人申请量平分秋色，但是国外申请人起步早，近十年呈下降态势，中国申请人整体起步较晚，但近十年来呈上升态势。在具体技术分支上，国内外申请人各有侧重，中国申请人侧重于全息光栅方面，外国申请人以日韩企业申请人为主，侧重于光学头、显示等领域内使用的全息光学元件。建议我国申请人进一步加强产学研合作，加大国外专利布局。

在全息防伪技术领域，从申请量来看，全息防伪技术国内申请量呈现持续性增长，与全球申请趋势类似，尤其是在2008年以后，中国申请量增长势头迅猛，明显好于同期全球申请量增长势头。从申请人类别来看，全息防伪技术前10位申请人以企业为主，可以看出，全息防伪领域的专利申请，企业为主，表明了这一领域的产业化成熟度明显优于其他技术领域。同时，通过专利申请类型来看，国内企业在发明、实用新型、外观设计等专利申请上均有布局，说明国内企业不仅充分认识到专利在技术研发保护方面的作用，而且，能够根据相应技术的保护力度选择相应的专利保护类型。

第4章 全息存储重点技术分析

4.1 概 况

4.1.1 技术背景

预测到 2018 年，整个世界的数据总量将会达到 44ZB。伴随着数据量的剧增，对数据的存储需求也开始急需提高。

当今主流的存储方式包括半导体存储、磁存储和光存储 3 种。半导体存储是以半导体电路作为存储媒体的存储方式。磁存储是利用磁记录的方法来存储数据的存储方式。光存储是一种通过光学的方法读写数据的存储方式。其中，光存储被视为最有潜质的后起之秀。

根据访问频度，数据可分为热数据、温数据和冷数据。现实中，全球数据中心 80% 的数据是需要长时间或永久性保存的冷数据。半导体存储作为长期存储的介质显然不妥；磁带式磁存储则读取慢、耗能多、寿命短；硬盘式磁存储由于其物理特性，使用寿命短和安全性低使得它不适合作为长久存储的介质。从长远来看，光盘式光存储有着可靠性强、维护成本低、可数十年保存等优点，因此，光存储是进行数据长期安全存储的最好选择。近些年，随着激光组件、材料科学、精细加工技术的日新月异，光存储在密度容量、操作智能化、功能多样化等方面的潜能得以大幅提升。

光盘式光存储，例如 CD、DVD 和 BD，已成为当代社会不可缺少的信息载体，但是这些光盘均是二维的远场光存储技术，将数据按位的形式记录在介质盘的表面，能分辨的最小记录符尺寸受到远场光学衍射极限的限制。为了进一步提高盘的存储密度和容量，基本方法就是减小记录符的尺寸和间距，目前，蓝光光盘（BD）已经把记录符尺寸减小到了远场记录的极限，其存储密度可以达到 $17/in^2$。多层记录可以进一步增加存储容量，但会使提高数据读出速率的难度加大。因此，BD 实际的存储容量限制为 100G，数据传输速率为 $15\sim20M/s$。

4.1.2 全息存储概念和产业概况

如果将光存储技术从二维发展到三维，则存储密度和存储容量都将得到大幅度提高。光学全息存储技术是三维光存储技术的一个重要发展方向。与其他存储技术相比，光学全息存储在存储容量方面有巨大的优势，其存储容量理论上限可以达到 V/λ^3（V 为存储材料体积，λ 为记录光波长），再加上全息图具有冗余度高、数据可并行读取、读取速率快等独特优点（由于光盘全息存储一般页存储位置体积也较小，所以冗余度高是相对普通光盘而言；另外，全息存储位存储冗余度与普通光盘类似。单纯微全息存储不具备并行读取、读取速率快的优点），全息存储技术被认为是颇具潜力的下一代海量信息存储技术（见图4-1-1）。

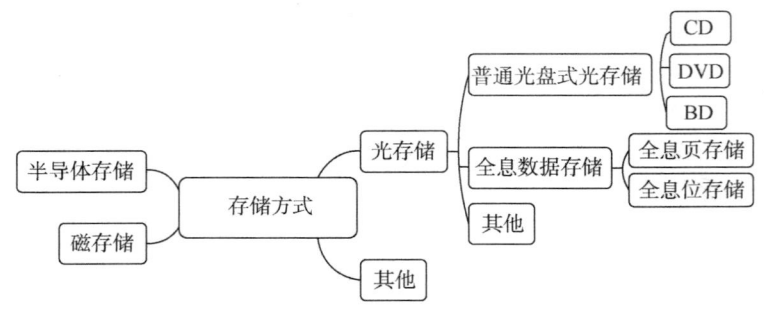

图4-1-1 存储方式具体分支结构图

光电子技术的发展为全息存储器提供了高性能的半导体激光器、液晶空间光调制器、CCD探测器阵列等核心元器件，全息存储技术领域的理论、方法和材料的研究进展使全息存储技术日趋成熟，全息存储器的应用领域也日益拓宽。

4.1.3 全息存储技术发展历程

20世纪40年代末，Gabor提出了全息术的设想，并于1948年获得了第一张全息图及其再现的图像。但是，其采用共轴记录技术形成的"孪生像"无法被分别观察和记录，且没有足够强的相干辐射光源。

20世纪60年代初，激光器的出现使全息术应用于图像存储成为可能，激光因其良好的单色性成为制作全息图最理想的光源（US2770166A）。

1962年，美国科学家E. 利思（Emmett Leith）和乌帕特尼克斯（J. Upatnieks）等发明了离轴全息记录技术，同时应用激光作为记录光源，消除了"孪生像"，使不同衍射级的图像分离开，在系统中采用空间匹配滤波器消除杂散光，这些改进对全息技术进入实用阶段起着重要的作用。1963年，美国科学家Pieter J. Van Heerden提出利用全息术存储数据的概念。

（1）国外以光折变晶体作为存储材料的研究

20世纪60年代末发现光折变效应以后，在光折变晶体中进行全息存储一度成为热点。

1968年，Chen等认识到"光损伤"材料是一种优质的光数据存储材料，并首次在铌酸锂晶体内进行全息存储（US3544189A）。1975年，美国RCA公司首次报道了在1cm³的铌酸锂晶体中存储500幅全息图的实验。

进入20世纪80年代后，光计算的热潮又重新激发起对光全息存储的研究兴趣。全息存储技术在光计算领域，如光学神经网络、光互连，以及在模式识别和自动控制等领域中有广阔的应用前景。这一时期的研究工作主要集中在存储方法和存储材料方面，同时，全息存储器（系统）也开始向实用化迈进。

美国Northrop公司于1991年在1cm³掺铁铌酸锂晶体中存储并高保真再现了500幅

高分辨率军用车辆全息图。1992 年，在同样的铌酸锂晶体中存储全息图达到 1000 幅，并将其无任何错误地复制到数字计算机的存储器（US5648856A）。

1994 年，美国加州理工学院的 Geofrrey W. Burr 等人在 $1cm^3$ 掺铁铌酸锂晶体中记录了 10 000 幅全息图，同年，斯坦福大学的 Hesselink 博士领导的研究小组把经压缩的数字化图像视频数据存储在一个全息存储器中，同时再现了这些数据且图像质量无显著下降（US5550779A）。

1995 年，美国政府高级研究项目局（DARPA）、IBM 公司的 Almaden 研究中心、Rockwell 科学中心、加州理工学院、斯坦福大学、卡内基梅隆大学等 12 家单位联合成立了协作组织并在美国国家存储工业联合会（NSIC）支持下，投资约 7000 万美元，实施了光折变信息存储材料（PRISM）和全息数据存储系统（HDSS）项目。

1997 年是全息存储技术取得重大突破的一年：美国加州理工学院的 Demetri Psaltis 教授领导的研究小组为晶体存储系统专门设计了一种集光电调制器、探测器及数据缓存器于一体的硅集成电路，利用该电路实现了一种小型紧凑化、具有动态刷新功能的原形全息存储系统（US5959747A）；同年，加州理工学院 Psaltis 教授的研究小组使用球面参考光通过在厚度为 1mm 的 Fe：$LiNbO_3$ 晶体上获得面密度为 $100bits/\mu m^2$ 的全息存储。1998 年，Bell 实验室利用相关复用技术在 Fe：$LiNbO_3$ 中的存储面密度超过了 $350bits/\mu m^2$。

SRI 国际公司和 Rockwell 科学中心的科学家研制出一种新型掺杂的铌酸锂晶体（Pr：Fe：$LiNbO_3$），其特殊的能级结构可以实现双色光子选通存储（Two - colorgated storage）（US3922061A），该材料不但可以利用半导体激光器为系统光源，而且有效地克服了以往晶体存储器中读出光对已记录全息图的擦除作用：利用该材料，斯坦福大学与 Rockwell 科学中心合作已实现了全光无损读出的数字全息存储系统；IBM 公司的 Almaden 研究中心对以白光作为这种新型记录材料的泵浦选通光已作了初步的定量研究。

Rockwell 科学中心还与美国加州理工学院合作，对存储在铌酸锶钡（SBN）光折变晶体中的 1000 幅全息图进行电固化定影，实现了记录信息的长期保存。1999 年，美国加州理工学院利用空间 - 复用技术，在同一块掺铁铌酸锂晶体中存储了 26 000 幅全息图（US5671073A、US5483365A、US5550779A）。

2001 年，IBM 公司 Almaden 研究中心的 G. W. Burr 等人在掺铁铌酸锂晶体中的部分体积中进行了 1000 幅全息图像的存取，其中每幅图包含 1×10^6 pixels，实现了 $250Gpixels/in^2$ 高密度存储的实验研究成果。

（2）全息存储在系统产品上的研究和进展

在全息存储研究的历史中，随着对存储材料的不断研究以及对全息存储实用性和商品市场化的追求，全息存储的概念实质一直在不断发展和变化。到 21 世纪初，微全息存储技术的研究致力于发展与传统光盘伺服系统兼容的盘式存储系统。

2002 年 4 月，美国 INPHASE 演示了使用全息记录媒体的录像系统 Tapestry，记录容量达到 100GB，数据传输速率为 160Mbit/s（US5838650A、US6103454A）。

2002 年 10 月，美国 Aprilis 公司公布了大容量、高性能的全息存储介质，成为可移动存储器市场第一个商用存储介质，可在120mm的标准盘片上实现200GB存储容量和200MB/s的读出速率。

2003年，Tverdokhleb等提出在掺铁的铌酸锂晶体中进行多层微全息存储，他们采用了同轴多阶相移和多层记录的方法来提高存储密度，在8mm×8mm×0.9mm的晶体材料中记录了50层透射式的微全息图，相邻层间隔为12μm，每层全息图用8阶相移编码进行复用，材料的最大折射率调制度为3×10^{-3}。

2004年，光存储系统会议（ODS）上，日本的OPTWARE宣布成功开发出世界上最大容量的全息通用光盘HVD（Holograhpic Versatile Disc），容量达到1024GB。该光盘的结构与传统的光盘类似，记录光源为绿色激光，采用偏振同轴全息（Polarized Collinear Holography）技术，控制参考光束与信号光束的偏振面，使之可以合成一束光来照射介质，所应用的光盘结构与传统的光盘类似，即具有反射层的预格式化盘片（具有伺服信息），并在数据层和反射层之间加入分色镜面层来提高信号质量，从而成功地将传统的光盘技术与全息记录技术结合在一起（JP4200026B2）。

著名的标准化制定组织——欧洲计算机制造商协会（ECMA）成立第44技术委员会（TC44）以制定全息存储系统（Holographic Information Storage，HIS）的标准，该技术以日本OPTWARE的同轴技术（Collinear）为基础。TC44完成了4个标准的制定：容量达200GB的可录全息通用光盘（Holographic Versatile Disc，HVD）、容量达100GB的只读型HVD、容量达30GB的全息通用存储卡（Holographic Versatile Cards，HVC）和用于只读型HVD光盘的光盘匣。

2005年1月，INPHASE宣称开发出世界上第一款全息存储驱动器原型机。该设备能够提供高达1.6TB的存储容量，并且将会使得全息存储技术真正走向商用市场。INPHASE称此款原型驱动器将会是公司今后全息驱动器的基础，其单碟容量为200GB~1.6TB。

2005年7月，OPTWARE将这种革命性的新一代碟片所记录的影片在一系列会议上进行了公映，第一次实现了数字影片的录制与播放，标志着全息数字存储系统走向商业化。

2005年，McLeod等提出了一种微全息多层存储盘的系统构型，在标准的光盘读写驱动系统内增加一个（额外的）置于记录材料下方的反射元件和一个置于数据探测器前的共焦针孔，可以在快速旋转的全息光致聚合物盘中实现微全息图的多层记录和读出，在实验室实现了125μm厚的光致聚合物材料中存储140GB的数据信息量。实验证明微全息存储可以达到与页面式存储相同量级的读出速率，同时预言在1mm厚的材料中可实现1TB的存储容量（US6020985A）。

2006年，Yang等将高斯光斑尺寸减小到1μm，焦深为20μm，实验验证了利用两台激光器和窄带光源在400~650nm的光谱范围内实现波长复用的微全息存储，读出过程采用白光照明再现，微光谱计作为探测器可同时读出不同波长对应的衍射峰值。实验证明在该材料里利用可见光（400~650nm）可实现15bit的复用度（US2007086309A1）。

2008年，索尼的Miyamoto等提出了一种微全息存储系统的构型，同样采用405nm

的激光器和两束相向传播的高斯光束干涉的形式，但是其轨道寻址伺服系统和自动聚焦控制伺服装置实现了系统在全息图写入和读出过程中的动态控制。系统的数值孔径是 0.51，可实现的轨道间距为 1.1μm，每层可以实现 1.9GB 的存储容量，层间距为 25μm。尽管其轨道间寻址的线速度还比较小，层间距也比较大，但该系统有可能实现 10 层存储。该系统主要的优势体现在对再现信息的探测精度方面。

2009 年 4 月，第一张 500G 全息光盘在通用电气的实验室诞生。此前，市面上的光盘存储的容量上限不超过 30G。2009 年，美国通用电气研究中心（GE）的微全息存储研究组研制出了微全息存储系统，基于新开发的光致聚合物材料，以 405nm 的脉冲激光器作为记录光源，在 120mm 大小的光盘上实现 500GB 的存储容量，其静态实验测试系统原理被教科书《光学体全息技术及应用》引用（相关专利最早于 2005 年提出申请，并于 2009 年发表了文章）。该系统采用 405nm 的脉冲激光器作为记录光源，利用两束相向传播的光束干涉实现全息图的记录，用于聚焦信号光束的透镜和存储材料都置于三维调节台上以实现信息的复用存储，数据接收采用共焦探测的方式（US2010302927A1、CN102272835A、CN102272837A、CN101770782A、CN101783148A、CN101866658A、 CN101794587A、 CN101814301A、 CN102005213A、 CN102005220A、CN102005222A、 US2011080823A1、 US2011081602A1、 CN102243879A、 CN102399456A、CN102456360A、CN102456359A、CN102467923A、CN102467924A）。

2010 年，日本电气的 Katayama 等对波长与角度组合复用技术进行实验研究，实验给出了单点 10bit 的复用度，其中，波长复用度为 2（即包含两个波长复用），对应于每个波长记录时，角度复用度为 5。Katayama 等还提出了采用页面式全息存储中的调制码（如 2∶4 码、9∶16 码）对波长和角度进行编码，可充分利用材料的动态范围，增加存储的容量和密度。如果将上述技术与位移复用技术组合，有望在适当减少记录层数的情形下，实现微全息存储太字节（TB）量级的存储容量（WO2011065458A1）。

（3）国内以光折变晶体作为存储材料的研究

我国在全息存储的研究工作起步较晚，在"七五""八五"期间，国内有 10 余所重点高校和中科院研究所先后进行了光学全息存储技术的研究，并获得国家基金和国家重点科技攻关项目的支持。在"九五""十五"期间，全息存储技术相关研究进一步得到了"863 计划"和"973 计划"的重点支持，如图 4 - 1 - 2 和图 4 - 1 - 3 所示。

由清华大学联合北京工业大学、中国科技大学、南开大学、哈尔滨工业大学、华中科技大学等大学和一些科研机构，从光电器件、记录材料、记录通道和信号处理等方面全方位展开了对国家重点基础研究发展规划项目"新型超高密度、超快速光存储于处理的基础研究"的协同攻关该项目。该项目取得的一些原创性成果达到了国际领先水平，使我国在此领域的原始性创新能力有所提升，为发展具有我国独立知识产权的超高密度、超大容量信息存储系统提供了必要的技术储备，并为我国光盘工业实现产品的自我技术更新换代，提高国际竞争力奠定了一定的基础。

1999 年，清华大学在一块铌酸锂晶体中实现了 1000 幅图像的存储；1999 年，南开大学使用小型化半导体激光器在 1cm³ 铌酸锂晶体中实现了 500 幅的图像存储；2000

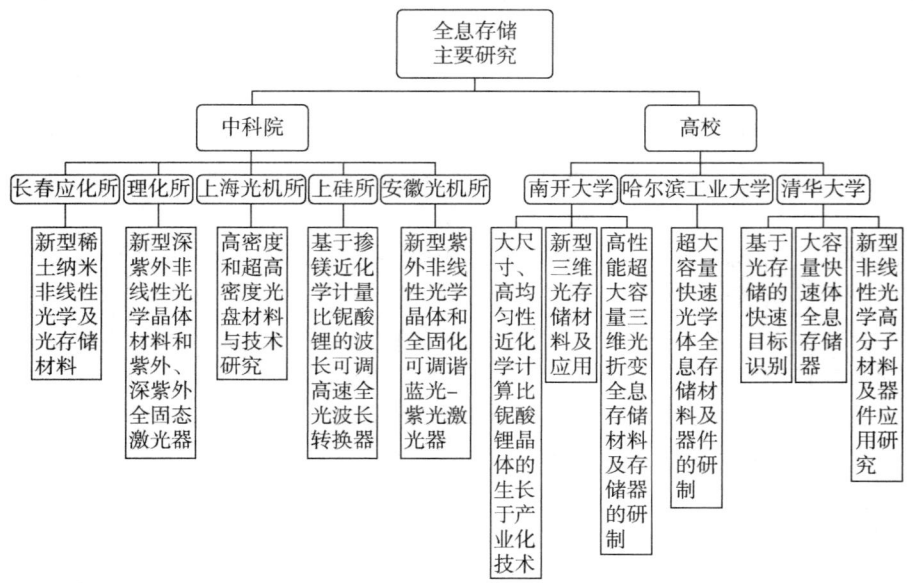

图4-1-2 "863计划"全息存储主要研究

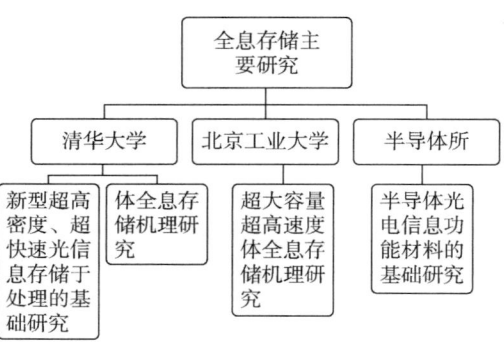

图4-1-3 "973计划"全息存储主要研究

年，哈尔滨工业大学在1cm³铌酸锂晶体中实现1000幅体全息关联存储，2001年又研制出直径为80mm、厚度为5mm、容量可达300Gbits的盘式光学体全息晶体存储器件；2000年，北京工业大学在$\phi 30 \times 5 mm^3$铌酸锂晶体中实现1000幅的高密度数据存储（盘式存储技术）。

哈尔滨工业大学光电信息技术中心、上海硅酸盐所、山东大学晶体材料研究所等研制的可以生长出光学级质量的多种类型的光折变晶体材料，其中部分产品已打入国际市场。因此，我国在体全息存储材料方面已具有相当优势。此外，在双掺杂和三掺杂晶体存储材料的研究方面，哈尔滨工业大学已经走在世界前列。

其中，清华大学相继完成在1cm³铌酸锂晶体的单一公共体积中实现1000幅全息图存储和清晰再现，误码率为10^{-6}，提出了基于动态散斑混合复用全息系统的新技术方案，研制出小型全息存储器，其体积为$400 \times 400 \times 150 mm^3$，存储器采用小型的半导体泵浦激光器作为光源，2002 年实现 10.5Gbits/cm^3 的存储密度，同时利用存储器完成对 1000 幅人脸图像的快速相关识别。

南开大学光子学中心课题组优化改良掺铁铌酸锂晶体，开发出高性能三维全息光存储材料——双掺铁铌酸锂晶体。这种新材料具有高衍射效率、快光折变响应及强抗光散射能力等优点。他们同时开发出配套的新型三维全息光存储器。据介绍，该成果可广泛应用于航空航天业、股票和期货、多媒体工作站、三维图像处理技术、影视业等领域。

4.2　基础专利技术

4.2.1　离轴光路

（1）基础光路

代表专利为 US7480085B2，同族专利被引证次数达到 155 次。

该专利提出了全息存储系统的读写操作模式，其在全息存储系统中，利用一个可变光分路器 214 实现动态地分配离散光束之间的相干光的功率。其存储光路如图 4-2-1 所示。

（2）单目结构

CN101681144B 涉及采用了单目结构的全息存储装置，如图 4-2-2 所示，该单目全息存储装置或系统 102 包括参考光束 104、由内数据光束部分 106 和外数据光束部分 107 表示的数据光束、物镜 108 和全息存储介质 110。在物镜 108 与全息存储介质 110 之间是空气隙 114。参考光束透镜 122 将参考光束 104 聚焦在物镜 108 的后焦平面上。参考光束透镜 122 具有光轴 124。参考光束透镜 122 在由双向箭头 126 显示的平行于全息存储介质 110 的上表面 128 的方向上移动。内数据光束部分 106 和外数据光束部分 107 由物镜 108 形成角度，以分别形成作为平面波被中继进入全息存储介质 110 并且在基本上菱形的区域 136 中重叠的成角度的内数据光束部分 132 和成角度的外数据光束部分 134。全息存储系统 102 还包括 SLM142、照相机 144、偏振分束器（PBS）146 和 PBS146 上的多源（polytopic）滤光膜 148。SLM142 和 PBS146 在图中被显示为位于参考光束透镜 122 与物镜 108 之间。全息存储介质 110 包括下部基片 152、记录材料 154 和上部基片 156。物镜 108 去除 SLM142 的数据光束部分 106 和 107 的傅立叶变换。多源滤光膜 148 也可在物镜 108 上或为其一部分，或者在照相机 144 和/或 SLM142 上。通过如箭头 126 所示移动参考光束透镜 122，参考光束 104 被抖动以形成被抖动的（dithered）参考光束 162，其在通过物镜 108 之后变为成角度的被抖动的参考光束 164（由虚线所示）并且可用于复用数据的存储（和恢复）。成角度的被抖动光束 164 作为平面波被中继进入全息存储介质 110，并且在包括重叠区域 136 的较大的区域 166 中与成角度的数据光束部分 132 和 134 重叠并干涉，以形成记录在全息存储介质 110 的记录材料 154 中的全息图（例如，数据页）。成角度的内数据光束部分 132 在全息存储介质 110 上具有入射角 174。成角度的被抖动的参考光束 164 在全息存储介质 110

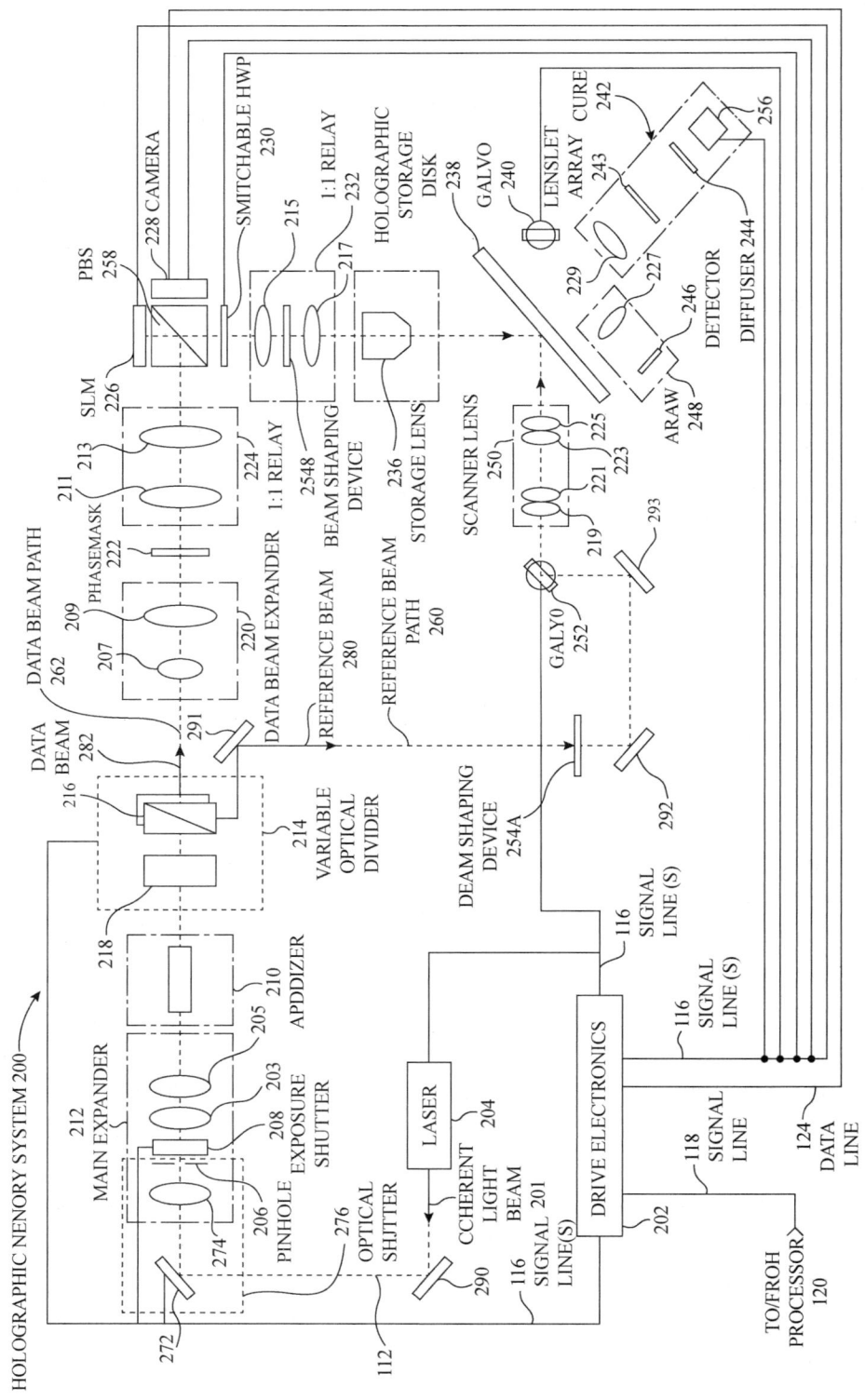

图 4－2－1　US7480085B2 技术方案示意图

上具有入射角。参考光束透镜 122 的光轴 124 与物镜 108 的光轴 178 具有距离 188。箭头 196 显示出入射在 PBS 146 上并照亮整个 SLM 142 且生成包括 106 和 107 所表示的部分的数据光束的光束的方向。

该单目全息存储装置或系统通过允许数据光束和参考光束共用相同的物镜而允许最小化全息光学头的尺寸。通过将参考光束聚焦在与 SLM 相同的平面上但在位置上与 SLM 像素略微偏移而生成参考光束。聚焦的参考光束由较大的物镜在全息存储介质处转变为平面波。通过使用与 DVD 透镜致动器（lens actuator）类似的机构一维地抖动物镜，焦点的位置变化转变为在全息存储介质处的角度改变。使用高数值孔径（NA）物镜（例如，具有 4mm 焦距的至少大约 0.85 的数值孔径），

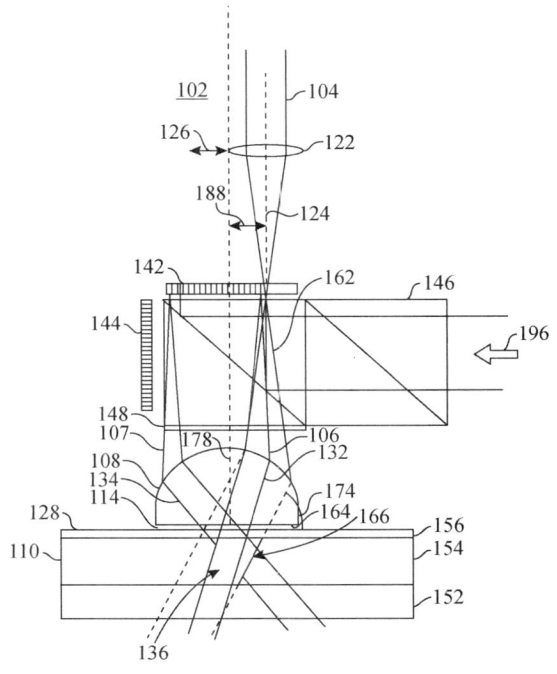

图 4 - 2 - 2　CN101681144B 技术方案示意图

在大约 1mm 范围中的透镜移位可产生参考光束的大约 25 度的角度改变。通过使用非常高的数值孔径，数据光束所使用的数值孔径（角度）可保持非常高（即许多像素），这可能是达到更高密度和传输速率所需要的。全息存储介质中的参考光束的尺寸可由抖动透镜的数值孔径来确定，并可容易地进行更改以给出不同的光束尺寸。通过进入或移出页面的微小透镜偏移可容易地生成布拉格简并（Bragg degenerate）校正。

该专利的技术效果：此单目结构可显著简化全息存储装置或系统的布局或配置，但可能需要物镜能够在物镜的外缘产生高质量平面波以获得良好的相位共轭。另外，在参考光束和数据光束之间可能不完全重叠，这可能引起全息图的信噪比（SNR）的某些衰降。参考光束的尺寸可能需要最优化，以获得最佳重叠和全息存储介质的最小浪费。该尺寸由参考光束在其焦点处（与参考光束透镜相关）的 NA 来确定。需要注意的是，该专利权利人为 INPHASE 和日立，目前还处于维持有效阶段。

4.2.2　同轴光路

1. 同轴全息技术的基础光路专利

代表专利 CN1196117C 是 OPTWARE 的首件专利申请，是由公司创始人 HORIGOME HIDEYOSHI 于 1998 年 5 月 8 日申请，后转让给 OPTWARE，包括 JPH11311937A 在内的 45 件同族专利申请，其申请国和地区包括日本、美国、韩国、中国、澳大利亚、德国、加拿大、世界知识产权组织、欧洲专利局和欧亚专利组织，

其中 22 件授权，除了 JP4366458B2 至今维持有效以外，其余专利权由于未缴年费而失效，包括在中国的授权专利 CN1196117C，但是从 OPTWARE 的专利整体失效情况来看，日本专利 JP4366458B2（申请日为 2002 - 12 - 09）仍维持有效，也说明了其重要性。下面以 CN1196117C 为例，说明其同轴全息技术的基础技术方案。

如图 4 - 2 - 3 所示，其光信息记录再生装置的空间光调制器 18 对从光源 25 射出的激光进行空间调制生成信息光，另外还利用空间光调制器 17 对从光源 25 射出的激光进行相位空间调制，生成记录用参照光；信息光和记录用参照光通过同一个物镜 12 同轴的照射到光信息记录媒体 1 上，且汇聚在彼此不同的位置，利用反射膜 5 反射的信息光和记录用参考光的干涉产生的干涉图形，将信息记录在全息照相层 3 上，根据记录在地址伺服区 6 中的信息，进行信息光和记录用参照光的定位，其中相邻的地址伺服区 6 之间的扇形区域成为数据区 7。

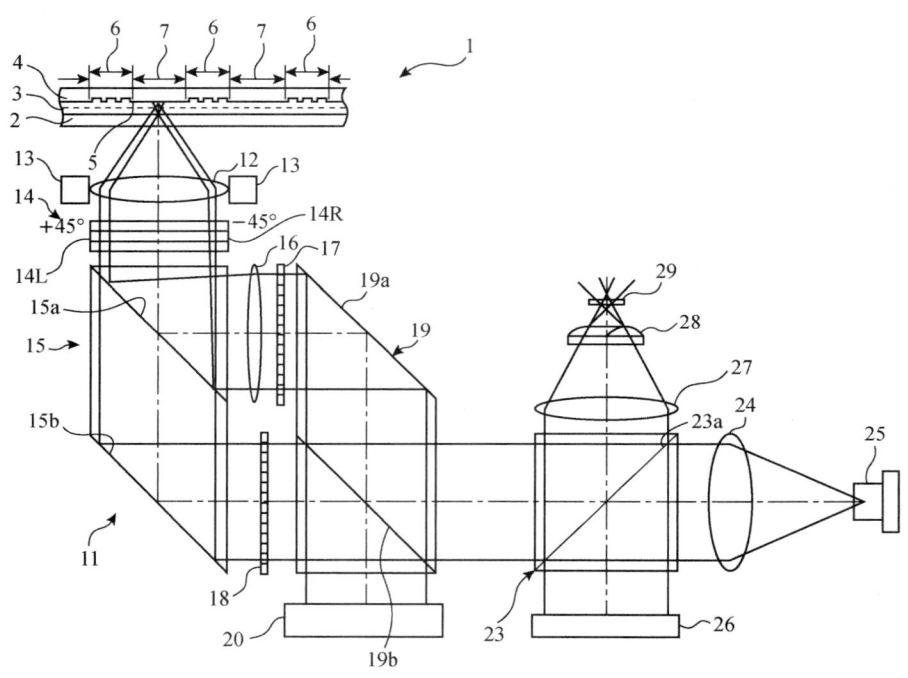

图 4 - 2 - 3   CN1196117C 技术方案示意图

CN1196117C 的授权权利要求 1 的保护范围为：一种光信息记录装置，它是将信息记录在备有利用全息术记录信息的信息记录层的光信息记录媒体上用的光信息记录装置，其特征在于备有：生成承载信息的信息光的信息光生成装置；包括对光的相位进行空间调制的相位调制装置、生成利用该相位调制装置进行了相位空间调制的记录用参照光的记录用参照光生成装置；以及为了利用由信息光和记录用参照光的干涉产生的干涉图形将信息记录在所述信息记录层上，使由所述信息光生成装置生成的信息光和由所述记录用参照光生成装置生成的记录用参照光从同一面照射所述信息记录层的记录光学系统。从中可以看出，在其授权的独立权利要求 1 中的技术特征基本都是同轴全息记录原理性的限定。同轴全息技术的最大优点就是实现了记录装置的小型化，还实现了高精度地记录和再现，能容易地随机访问记录媒体以及高密度记录的优点。

4.2.3　微全息技术

代表专利为 CN101248377B，申请号为 CN200680017070.1，该专利的申请日为 2006 年 3 月 15 日，目前持续维持有效，并缴纳了第 12 年的年费。

该专利中国授权文本的独立权利要求 1 为：

1. 一种数据存储设备，包括可模制的非光聚合物塑料衬底，其具有沿着多个垂直叠置、横向延伸的层中的轨道设置的多个体积；以及多个微全息图，每一个包含在相应的一个所述体积中；

其中，在每个所述体积中存在或者不存在微全息图表示所存储的数据的相应部分。

如图 4 - 2 - 4 所示，该专利从功能角度囊括了所有多层布置的微全息系统，保护范围较大，难以规避。其他申请人若要进行微全息方面的研发，多层布置的微全息都可能落入该专利的保护范围之内。

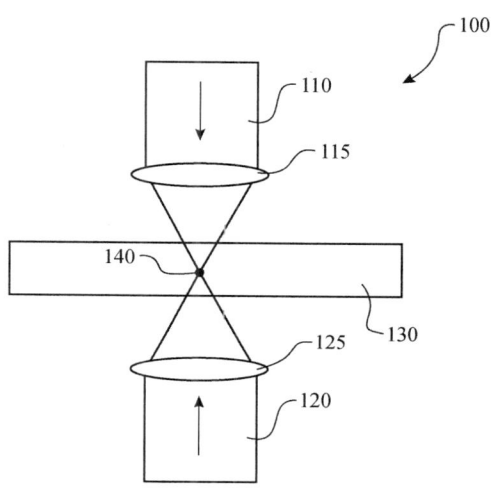

图 4 - 2 - 4　CN101248377B 技术方案示意图

4.3　重点专利介绍

4.3.1　光　　源

代表专利为 CN101266808A，申请日为 2008 年 2 月 27 日，发明名称为"激光光源装置、光信息记录装置及光信息再现装置"，同族专利数量为 7，同族专利被引用次数为 47 次，目前由于未缴年费导致失效，其技术分支涉及光源和离轴。

技术内容：该申请涉及激光光源装置、光信息记录装置及光信息再现装置。作为实现超高密度的数字信息记录的 Post Blu - ray Disc 技术之一———全息图记录技术，考虑到使用该技术的面向消费电子产品驱动器的开发，从向上兼容性的观点优选与 BD 兼容对应。全息图记录装置和现行光盘装置中，考虑激光光源的共用化，关于全息图记录需要可干涉性高的单模光束，关于现行光盘为了激光噪声的减低需要可干涉性低的多模光束，如从激光光源的可干涉性的观点阐述则两者需要相反性质，故其成为重要研究点。该申请中，如图 4 - 3 - 1 所示具备半导体激光器和衍射光栅的波长可变型激光光源装置中，使用在半导体激光器与衍射光栅之间的光路中配置有偏振光方向变换元件和偏振光光束分离器的激光光源装置。

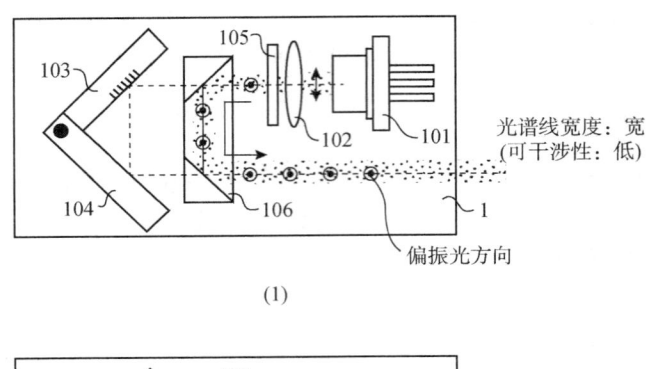

(1)

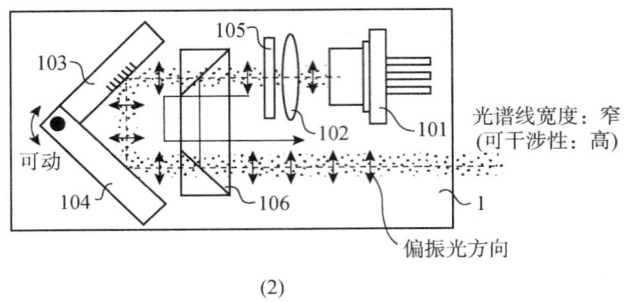

(2)

图 4 - 3 - 1　CN101266808A 技术方案示意图

4.3.2　记录结构

代表专利为 US6876481B2 和 US6762872B2 涉及磁光 SLM。

通常空间光调制器（SLM）都采用液晶或者微镜，而大量的信息必须以高速的状态被处理，因此需要 SLM 具有高运行速度，尽管铁电液晶在液晶中具有高运行速度，响应时间可达微秒，但是液晶带来的问题还是运行速度慢。采用微镜的 SLM 可以达到相对高的运行速度，但是半导体加工工艺的成本较高，同时会产生机械驱动部分带来的可靠性问题。磁光 SLM 通过磁层来旋转通过的光的偏振方向，具有高响应度，传统的磁光 SLM 仅具有单层的磁光材料，为了增强法拉第效应来提高磁光性能，就需要增加磁层厚度，但是磁层厚度的增加又需要电流值的增加，这样功耗就会变高，还会降低磁光 SLM 的运行速度。为了获得更快的响应速度给物光加载信息以适应大容量高速存储的要求和实现较低功耗。

由此，OPTWARE 的专利 US6876481B2 提出了一种磁光空间光调制器，其磁层包括多个像素，其每个的磁化方向都被独立设置以及其每个都具有依靠磁化方向旋转入射光的偏振方向的功能，还具有在各个像素的相应位置相交的多个第一导体层和多个第二导体层，二导体层之间夹着磁层，多个电介质层用来增强像素的功能。

在专利 US6762872B2 中，设计了一种对噪声具有高抵抗力的磁光 SLM，如图 4 - 3 - 2 所示。其磁层 11 包括多个像素 11a，其每个的磁化方向都被独立设置以及其每个都具有依靠磁化方向旋转入射光的偏振方向的功能；多个软磁体层 13 设置于各自像素附近；磁场发生器产生磁场来设置每个软磁体层的磁化方向；每个像素 11a 包括两个区域 11L、11R 在软磁体层被磁化后具有不同磁化状态，这两个区域的磁化方向的转变依赖于软磁体层的磁化方向。

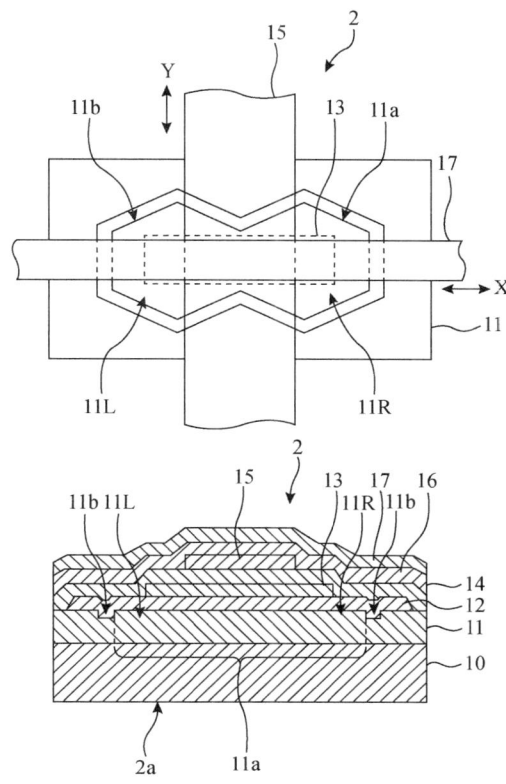

图 4 - 3 - 2　US6762872B2 技术方案示意图

在此需要说明的是，上述两项专利均已失效。

4.3.3　中间光学元件

（1）利用散射器实现散斑复用

授权公告号为 CN1312675C 的中国专利申请，发明名称为"共轴型散斑复用全息记录装置和共轴型散斑复用全息记录方法"，申请日为 2005 年 4 月 5 日，优先权日为 2004 年 4 月 5 日。同族专利有 10 件，同族专利被引用次数为 49 次，目前未缴年费已失效，其技术分支涉及同轴光路的散斑复用，其能够以充分重叠的关系在全息记录介质上会聚信号光和参考光，而无需使用具有大孔径和宽视角的透镜。

其具体技术方案为：一种共轴型全息记录装置包括用于对激光进行强度调制的空间光调制器（SLM）1 以及布置在空间光调制器 1 附近并具有相位差 0 和 π 的散射器（散射部件）2。该共轴型全息记录装置还包括用于在全息记录介质 4 上会聚信号光 100 和参考光 200 的透镜 3，以便将全息图记录在全息记录介质 4 上。该共轴型全息记录装置还包括用于会聚从全息记录介质 4 上生成的衍射光的透镜 5，以便在图像传感器 6 上形成图像。图像传感器 6 对在其上形成的图像执行光电转换处理，从而生成再现信号。该共轴型全息记录装置还包括用于在空间光调制器 1 上显示各种图像（也包括记录数据）的显示控制部分 7，如图 4 – 3 – 3 所示。

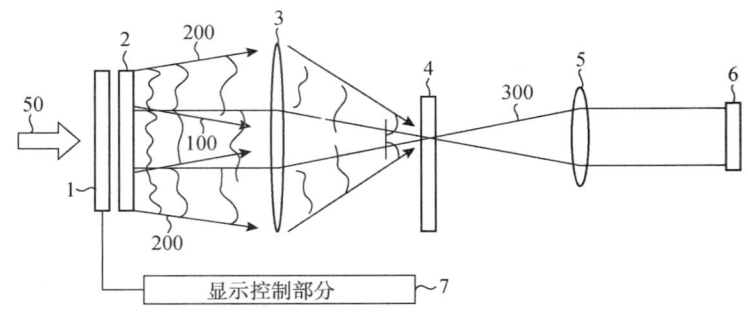

图 4 – 3 – 3　CN1312675C 技术方案示意图

（2）利用角度滤光器降低多路复用噪音

代表专利为 CN1530774A，同族专利被引证次数达到 249 次。

该专利提出了一种多路复用方法，其允许相邻全息图之间以存在部分空间重叠的方式被多路复用，每个单独的叠层又可充分利用其他复用方法进行复用。再现时，该数据和其邻近数据将被同时读出，然而，将孔（滤光器）放置在再现数据的束腰处，以使读出的相邻数据不会到达摄影平面并由此被滤除。另外，这些不需要的再现可用具有有限角度通带的角度滤光器滤除。该方法可以显著地提升存储密度。其读取光路如图 4 – 3 – 4 所示。

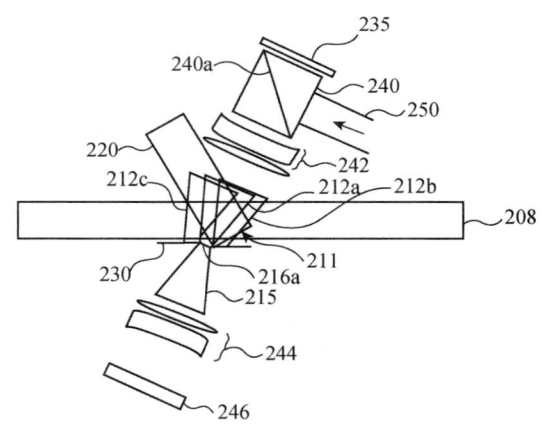

图 4 – 3 – 4　CN1530774A 技术方案示意图

4.3.4　伺服控制

（1）聚焦控制

1）授权公告号为 CN101276607B 的中国专利申请，发明名称为"用于再现信息的光盘装置和方法"，申请日为 2008 年 3 月 28 日，优先权日为 2007 年 3 月 30 日。同族专利有6件，同族专利被引用数为69次，目前未缴年费已失效，技术分支涉及微全息和聚焦控制。其要解决的技术问题为光盘装置存在难以缩短记录和再现所需时间的问题。其所能够达到的技术效果为提供一种能够在短时间内完成从记录在光盘上的全息图再现信息的光盘装置和信息再现方法。

其具体技术方案为：光盘100具有被配置为在其中央部记录信息的记录层101，并且记录层101的两侧被固定在衬底102和103之间。光盘100具有反射膜105，用于充当记录层101和衬底103的边界面之间的反射层。反射层105被配置为当具有405nm波长的蓝光束Lb1和Lb2被照射到那里时，具有高反射系数。在实际情况中，在光盘100中，假设在由反射膜105反射蓝光束Lb2时获得的焦点Fb2与在光束Lb1被照射到反射膜105之前蓝光束Lb1的焦点Fb1对准。这时，在记录层101的内部，如图4-3-5所示，具有相对高强度的两个蓝光束Lb1和Lb2彼此干涉，并由此产生驻波。从而形成干涉图案。此外，光盘100具有反射/透射膜104，用于充当记录层101和衬底102的边界面之间的定位层。所述反射/透射膜104是由电介质多层等形成的，并且具有波长选择能力，其中具有405nm波长的蓝光束Lb1和Lb2以及蓝色再现光束Lb3被透射，而具有660nm波长的红光束Lr1被反射。为循迹伺服控制而设计的导槽被形成在反射/透射膜104上。当把信息记录在光盘100上时，由物镜OL会聚红光束Lr1，其位置被控制，然后聚焦在反射/透射膜104上的目标光道上。由物镜OL会聚并且其光轴Lx与红光束Lr1的光轴相同的蓝光束Lb1透过衬底102和反射/透射膜104，并聚焦在对应于记录层101内部的目标光道背面（衬底103侧）的位置上。这时，在关于物镜OL位置的公共光轴Lx上，蓝光束Lb1的焦点Fb1离开焦点Fr被定位。此外，其波长与蓝光束Lb1的波长相同并且其光轴与蓝光束Lb1的光轴相同的蓝光束Lb2，由物镜OL会聚，并且透过衬底102和反射/透射膜104，就像蓝光束Lb1一样，然后由反射膜105反射。这时，使用光学装置把蓝光束Lb2的焦点Fb2调节到与蓝光束Lb1的焦点Fb1相同的位置。结果，在记录层101的内部对应于目标光道的背面的焦点Fb1和Fb2位置处，记录由相对小的干涉图案形成的记录标记RM。

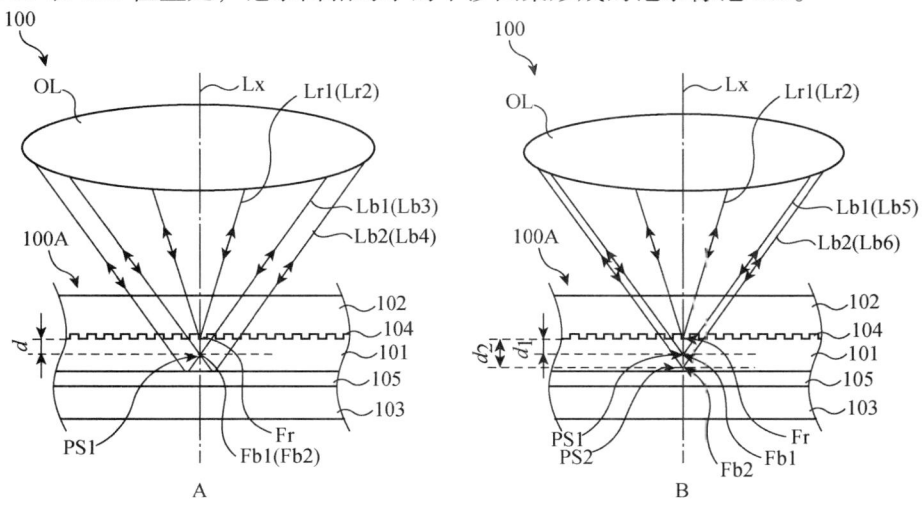

图4-3-5　CN101276607B技术方案示意图

2）公告号为 CN101162590B 的中国专利申请，发明名称为"光盘装置、焦点位置控制方法和光盘"，申请日为 2007 年 10 月 11 日，优先权日为 2006 年 10 月 11 日，同族专利有 6 件，同族专利被引用数为 19 次，目前未缴年费已失效，技术分支涉及微全息和聚焦控制。其要解决的技术问题为传统的光盘装置不能精确地将光束的焦点与光盘中的期望位置对准，因此可能不能正确地在光谱上记录信息和从光盘再现信息。其能达到的技术效果为能够以高精度将表示信息的记录标记记录在光盘上或从光盘进行再现。

其具体技术方案为：在工作中，光盘装置 20 通过对可动透镜 61 进行驱动，使可动透镜 61 从参考位置起发生与目标深度 δ 对应的期望距离的移动，从而使蓝光焦点 Fb1 运动一段距离，该距离等于当前深度 d1 与根据控制部分 21 所提供的驱动控制信号的目标深度 δ 之间的差。光盘装置 20 把在红色光焦点 Fr 与反射/透射膜 104 对准的状态下蓝光焦点 Fb1 与反射/透射膜 104 对准处的位置定义为与所安装的光盘 100 对应的可动透镜 61 参考位置，并通过驱动物镜 38 进行运动以及如图 4－3－6 所示对到反射/透射膜 104 的距离 Dd 进行调整，使得可动透镜 61 处于参考位置时的蓝光焦点 Fb1 与反射/透射膜 104 对准。这样，通过使可动透镜 61 从参考位置起产生一段根据蓝光焦点 Fb1 的目标深度的移动，光盘装置 20 可以使蓝光焦点 Fb1 的深度 d1 以高精度运动到目标深度。

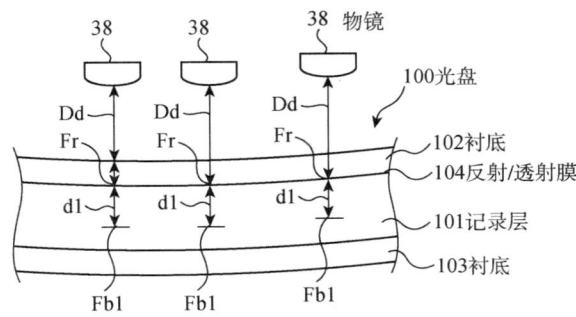

图 4－3－6　CN101162590B 技术方案示意图

（2）寻　　址

1）分色的独立寻址光路

代表专利为 JP4156911B2 和 US7719952B2。

同轴全息技术已经具有了诸多的优点，但是其缺点也很明显，比如在前述专利中由于伺服地址用光和信息光、参照光都在反射膜 5 处反射作为返回光，由于反射膜并非完全平坦而产生漫反射光，此漫反射光会在全息再现时产生散射噪声，这样再现图像时由于很难分离噪声而不能正确地被 CCD 检测；此外，信息光和参照光在反射膜处产生的漫反射光也会引起不需要的干涉图案被记录，从而产生再现噪声也影响到了记录容量。但是如果记录介质不对红光起反应，那么由于红光的漫反射就不会影响到记录容量，在此基础上，OPTWARE 开发了具有单独寻址光路的偏振同轴技术。

如图 4 – 3 – 7 所示，JP4156911B2 的光信息记录装置包括：对绿光或蓝光光源 28 发出的光进行偏振分离的偏振分束器 22，空间光调制器 23，二向色镜 30，发射红光的伺服用光源 32。

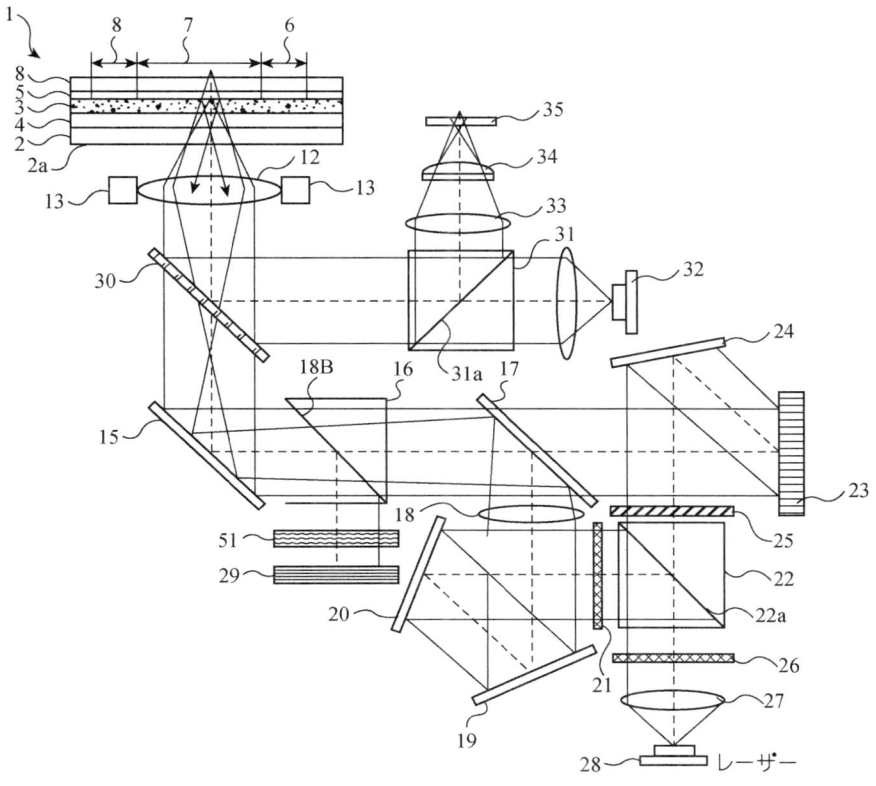

图 4 – 3 – 7　JP4156911B2 技术方案示意图

如图 4 – 3 – 8 所示，US7719952B2 采用的伺服用光为红光，而信息光和参考光采用绿光或蓝光，并在光信息记录媒体的反射层 2 之上设置红光传输滤光层 6，红光传输滤光层 6 之上设置有全息记录层 4，红光传输滤光层 6 仅使得红光通过而阻隔其他颜色光，因此采用绿光或蓝光的信息光和参考光不能通过红光传输滤光层。

2）双驱动单元

代表专利为 CN101599279B，申请日为 2009 年 5 月 18 日，申请人为株式会社日立制作所，后转移给日立民用电子株式会社，发明名称为"光信息记录再现装置和光信息记录方法"，该专利的同族专利数量为 6 件，同族专利被引用数为 14 次，技术分支涉及寻址和离轴，目前的法律状态为有效，由于该专利处于有效状态，相关企业和机构在进行研发和应用时应考虑避开该专利的保护范围，其结构如图 4 – 3 – 9 所示。

权利要求 1 如下：一种光信息记录再现装置，对具有利用全息术记录信息的记录区域的光信息记录介质照射来自光源的光束，在所述光信息记录介质上记录信息，其特征在于，具备：

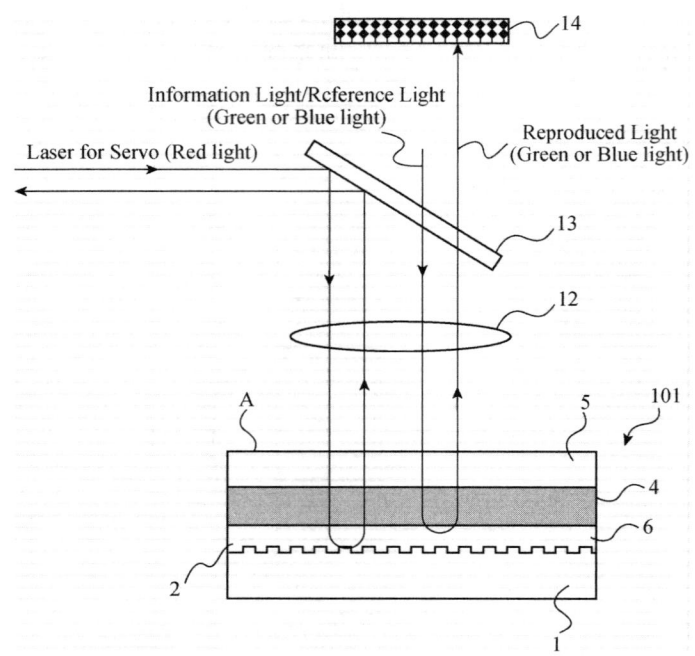

图4－3－8　US7719952B2 技术方案示意图

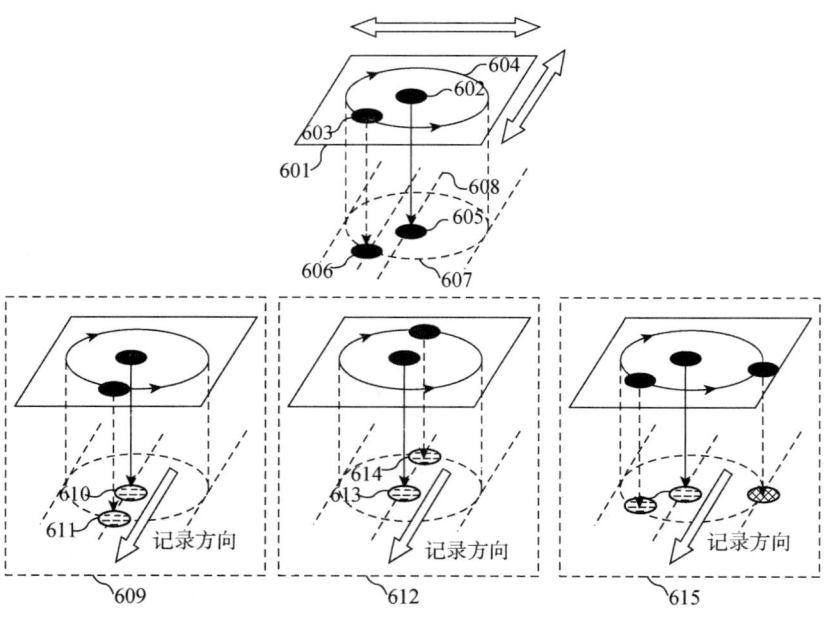

图4－3－9　CN101599279B 技术方案示意图

生成并照射用于记录信息的信号光和参照光的记录处理单元；

在对所述光信息记录介质所希望的位置记录信息时，在对该所希望的位置照射信号光和参照光之前预先生成并照射规定光束的预固化处理单元，和在对所述光信息记录介质所希望的位置记录信息之后，为使该所希望的位置不能进行追加记录而生成并照射规定的光束的后固化处理单元中的至少一者；和

用于将所述记录处理单元与所述光信息记录介质的相对位置进行移动的第一驱动单元，其中，

所述第一驱动单元也是使所述预固化处理单元和所述后固化处理单元与所述光信息记录介质的相对位置移动的驱动单元，

具备第二驱动单元，该第二驱动单元使所述预固化处理单元和所述后固化处理单元的至少一者独立于由所述第一驱动单元进行的驱动而驱动。

（3）写入验证

代表专利为 US20030048494A1，同族专利被引证次数达 73 次。

该专利提出了一种写入验证方式，可以为一给定数据图案同时查询多个存储位置。该技术使用一种已知的图案共用的一个或多个存储的位置，以同时验证成功一个或多个写入操作。其结构如图 4 - 3 - 10 所示。

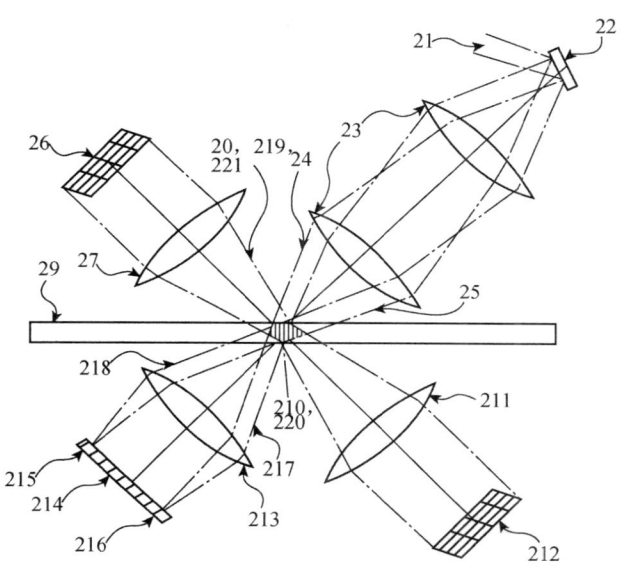

图 4 - 3 - 10　US20030048494A1 技术方案示意图

4.3.5　存储材料

（1）采用不同波长光读写的全息存储介质专利

代表专利为 CN1918643B，申请号为 CN200480041412.4，申请日为 2004 年 11 月 22 日，目前维持有效，并缴纳了第 13 年的年费。

中国授权独立权利要求为：

一种全息存储介质（60），该全息存储介质包括：

光学透明基体；

能进行光致变化、嵌入在所述光学透明基体中的光化学活性窄带染色材料；

以及至少一种所述染料的光化产物，所述光化产物在所述基体内形成图案，提供至少一种包含在所述全息存储介质中的、光学可读的数据，

其中所述光化学活性窄带染色材料包括有机染料，该有机染料具有至少两个藉桥双键连接的芳香环，而且所述至少两个芳香环中的一者具有至少一个在桥双键邻位上的硝基，以及该有机染料是芪或芪的衍生物；以及

其中光学透明基体选自聚碳酸酯、聚醚酰亚胺、聚氯乙烯、聚烯烃、聚酯、聚酰胺、聚砜、聚酰亚胺、聚醚砜、聚亚苯基硫化物、聚醚酮、聚醚醚酮、ABS 树脂、聚苯乙烯、聚丁二烯、聚丙烯腈、聚缩醛、聚苯醚、乙烯 – 醋酸乙烯酯共聚物、聚醋酸乙烯酯、液晶聚合物、乙烯 – 四氟乙烯共聚物、芳族聚酯、聚氟乙烯、聚偏二氟乙烯、聚偏二氯乙烯，以及四氟乙烯类。

该种材料使得数据可用一种波长的光写入全息存储介质，而用不同波长的光读取，涵盖了较广的相关材料范围。

（2）含有反应抑制剂的全息存储材料

代表专利为 US20030206320A1，同族专利被引证次数达到 114 次。

该专利提出了一种光聚合物类全息存储材料，其包含光活性材料，用于在第一波长下暴露并记录全息图，反应抑制剂抑制光活性材料的反应，以及光活性成分，其与反应抑制剂在第二波长下暴露并与反应抑制剂反应，第二波长不同于第一波长，光活性材料在第二波长下不记录全息图。

4.3.6 数据处理

代表专利为 CN102347034B，申请日为 2011 年 4 月 21 日，发明名称为"光信息记录再现装置和再现装置"，同族专利数量为 8 件，同族专利被引用数为 20 次，技术分支涉及中间光学元件和离轴，目前法律状态为有效，相关企业和机构在进行研发和应用时应考虑避开该专利的保护范围，其结构如图 4 – 3 – 11 所示。

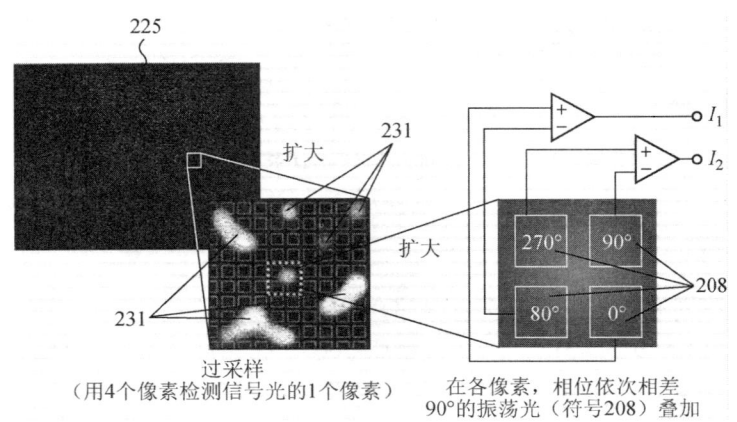

图 4 – 3 – 11　CN102347034B 技术方案示意图

授权权利要求 1 如下：

一种全息存储记录再现装置，该装置使参考光与信号光发生干涉，将所得到的干涉条纹作为页数据记录于全息记录介质，并对记录的该页数据进行再现，该全息存储记录再现装置的特征在于，包括：

第一相位调制单元，用于在记录时对所述信号光的各像素附加相位信息，生成页数据；

振荡光生成单元，用于在再现时生成与来自所述全息记录介质的衍射光相叠加而发生干涉的振荡光；

第二相位调制单元，用于在所述振荡光和来自所述全息记录介质的衍射光之间附加规定的相位差；和

光检测单元，对所述振荡光与来自所述全息记录介质的衍射光叠加后的干涉光进行检测，其中，

所述第二相位调制单元对所述振荡光附加规定的基准相位和至少 3 个与该基准相位不同的相位，

在所述光检测单元中，以对所述页数据的各像素用至少 4 个像素进行过采样的方式配置像素，

对该至少 4 个像素，附加有所述基准相位和至少 3 个与该基准相位不同的相位的所述振荡光分别入射至各个像素，与来自所述全息记录介质的衍射光叠加，

利用条纹扫描法检测附加于所述信号光的各像素的相位信息。

4.3.7　复制方法

代表专利为 CN100437770C，涉及一种全息母盘。

由于将信息光和记录用参照光配置在同轴上的记录方法中，存在很难从临时记录的光记录介质中复制记录信息的问题，在当前普及的 CD 或 DVD 中，制作将想要记录的信息作为凹凸坑形成的原盘的母盘，通过使用了母盘的塑料注射成型技术复写，可以通过 1 次处理进行复制，因此能够大量生产 CD 或 DVD。由于全息记录是记录干涉条纹的技术，所以不能通过塑料注射成型技术成型。并且，在想要复制记录相同信息的光记录介质时，也需要再照射多次信息光和记录用参照光进行记录。因此，全息记录的光记录介质不适于大量生产。如图 4-3-12 所示，OPTWARE 的专利 CN100437770C 还提出了一种光信息记录方法及光信息记录介质，在全息记录中可以很容易地进行复制。该记录方法用于相对具备利用全息摄影技术记录信息的信息记录层的光信息记录介质 4 记录信息，将从光源射出的光束的至少一部分通过场调制生成由载有信息的信息光 2 和记录用参照光 3 构成的假想信息光 6，为使在信息记录层中通过由假想信息光 6 和假想记录用参照光 8 的干涉得到的干涉图形记录信息，相对信息记录层照射假想信息光 6 及假想记录用参照光 8。

需要说明的是，该专利在中国由于未缴费而失效，而其在欧洲和日本的同族专利 EP1679699B1、JP4512738B2 也已失效。

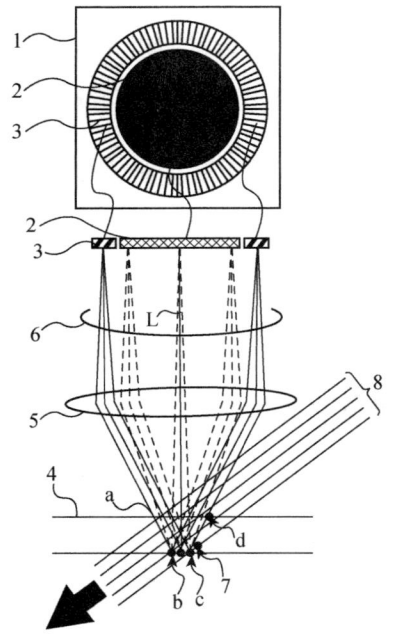

图 4 - 3 - 12　CN100437770C 技术方案示意图

4.3.8　盒体结构

代表专利为 US2003198177A1，涉及一种全息记录介质盒。

为了形成完整的产业链的专利布局，OPTWARE 甚至也在全息记录介质盒方向申请了相关发明申请 US2003198177A1，如图 4 - 3 - 13 所示，其全息记录介质盒的上部 16A 设置为允许特定颜色的可见光通过，这种特定颜色的可见光不会对记录介质 12 造成影响。尽管此申请由于技术很简单，并未获得授权，但是从中可以看出 OPTWARE 除了对其同轴技术以及光信息记录媒体等核心技术具有较强的专利保护意识，也对其相关产业链的周边衍生品具有一定的专利保护意识。

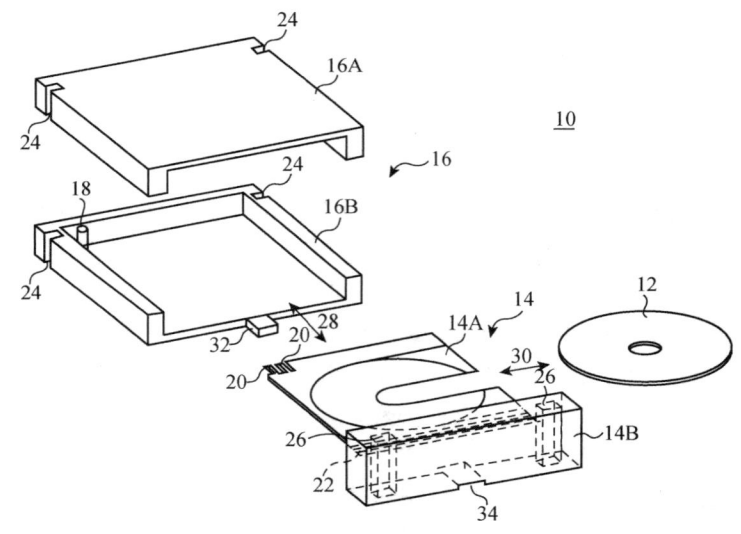

图 4 - 3 - 13　US2003198177A1 技术方案示意图

4.4　ECMA 标准

OPTWARE 的代表性专利技术被纳入 ECMA 标准，欧洲计算机制造商协会（ECMA）的第 44 技术委员会（TC44）制定了全息存储系统（Holographic Information Storage，HIS）标准，这一技术也以 OPTWARE 的同轴技术为基础。所述相关标准包括

ECMA – 375：120mm HVD – ROM 光盘的光盘匣；ECMA – 377：容量达 200GB 的可录全息通用光盘（HVD）；ECMA – 378：容量达 100GB 的全息通用光盘（HVD – ROM）。下面主要介绍 ECMA – 377 与 OPTWARE 上述专利的相关性。ECMA – 378 与 ECMA – 377 相类似，不再详细展开讨论。

ECMA – 377 中关于偏振同轴技术及其光信息记录媒体的相关规定，如图 4 – 4 – 1 与图 4 – 4 – 2 所示。

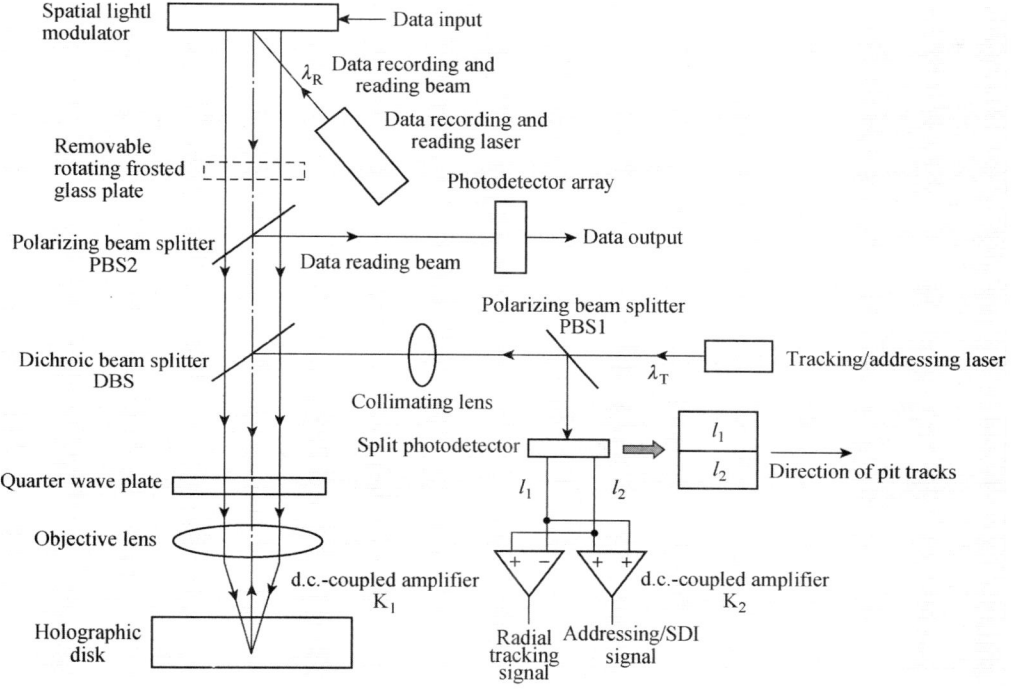

图 4 – 4 – 1 ECMA – 377 偏振同轴技术方案示意图

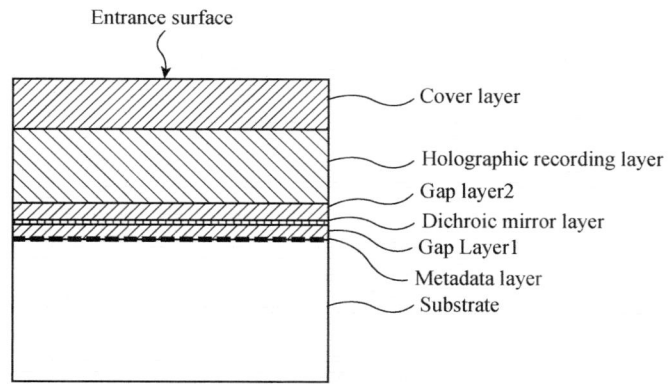

图 4 – 4 – 2 ECMA – 377 光信息记录媒体技术方案示意图

由图 4－4－1 与图 4－4－2 可以看出，OPTWARE 具有单独寻址光路的偏振同轴技术专利 JP4156911B2、US7719952B2 与 ECMA－377 标准的相关性。具体地，US7719952B2 的权利要求 1 内容如下：

1. 一种光信息记录介质，使用全息术来记录信息，包括：一外表面，使得第一波长的伺服光、第二波长的信息光与参照光都从此外表面入射以及输出；一透明基板，具有伺服凹坑图案；一反射表面，用于反射形成于所述透明基板上的伺服凹坑图案上的伺服光；一记录层，通过记录从所述外表面入射的信息光和参照光之间的干涉形成的干涉图案而记录信息；一滤光层，设置于所述透明基板和所述记录层之间，以使所述第一波长的光透射而反射所述第二波长的光。

在此要说明的是，尽管 OPTWARE 的大多数专利已经失效，但是上述专利 JP4156911B2、US7719952B2 仍处于维持有效的状态，这也说明了与标准相关的专利的重要性。但是，此两件专利均未在中国有同族申请存在。

4.5 小　结

本章介绍了全息存储的技术背景、概念、发展概况以及发展历程。

作为理论存储密度很高的存储方式，在全息存储研究的高峰期，大量相关的企业进行投入，产生离轴页面、同轴页面、微全息 3 条技术路线，还对相应的基础专利以及重点专利进行分类介绍，并对其间产生涉及全息存储的 ECMA 标准进行介绍。

第5章 全息检测重点技术分析

全息检测技术包括将全息技术应用于传统检测领域所形成的各种无损检测技术，例如，将全息技术用于光学检测、声学领域等。近年来，随着数字全息技术和计算全息技术的迅猛发展，全息检测技术也迎来发展的高峰。经前期检索发现，无论是在中国还是在全球范围，有关全息检测技术的专利申请量都呈波浪式的上升态势。

5.1 技术概况

全息检测技术涵盖的应用领域很多，根据全息技术的具体应用方式，大致可分为全息干涉计量、全息显微和其他全息检测技术。

（1）全息干涉计量（Holographic Interferometry）

全息干涉计量也叫全息干涉度量，是指两个或两个以上波的干涉度量比较，这些波中至少有一个是全息再现波❶。

全息干涉计量发展至今，已形成了多种全息干涉计量技术。根据曝光方法的不同，大致可分为三种类型。一是单曝光法或实时法，它利用单次曝光形成的全息图的再现像与测量时的物光之间的干涉进行检测，能够实时地观测物体变化引起的干涉条纹变化；二是双曝光法或二次曝光法，它利用不同时刻的两次曝光形成的两个再现像之间的干涉进行检测，看到的条纹是静止不动的；三是连续曝光法或时间平均法，它利用持续曝光形成的一系列再现像之间的干涉进行检测。

全息干涉计量是全息技术的重要应用之一，与传统干涉计量相比，它甚至能够测量复杂形状的散射体，也可以通过表面变化检测物体内部的缺陷。1965 年 3 月，Melvin H. Horman 首先提出将全息术用于干涉计量，他用一个全息图元件代替马赫 – 曾德（Mach – Zehnder）干涉仪中的测试环节。紧接着，1965 年 12 月，Robert L. Powell 和 Karl A. Stetson 在有关振动分析部分提出了漫射物体的全息干涉计量。近十年来，全息干涉计量朝着数字化、智能化、小型化、多功能化的趋势发展。

（2）全息显微（Holographic Microscopy）

全息显微是将全息技术和显微镜相结合，即记录的是待测样品经显微镜所成的像，具有高分辨率、高放大率和大景深特点，可以实现反射或透射物体的三维微观轮廓的测量。课题组选取了全息显微作为重点技术进行研究。另外，需要注意的是，提出全息原理的 Gabor 所设计的电子束全息显微镜是利用了全息技术本身的特性进行放大，即在记录和再现时采用不同的波长，也被称为"全息放大"，本章未将这种技术作为重点技术研究。

与全息干涉计量类似，数字化也是全息显微近十年来的发展趋势，越来越多的研

---

❶ C. M. Vest. 全息干涉度量学［M］. 樊熊文，等译，北京：机械工业出版社，1984.

究者探讨了数字全息显微技术（Digital Holographic Microscopy，DHM）在多个领域中的应用。1987年，Levent Onural 和 Peter D. Scott 改善了数字全息技术的重构算法，并应用到了微粒测量，是数字全息显微技术的初步应用。随着数字全息的普及和实用化，数字全息显微技术也突飞猛进，已经拥有众多成功案例，例如无标记生物细胞检测、材料表面度量、微系统与微机电系统多维振动分析、动态形貌测量、微光学元件检测等，并且有提供数字全息显微技术的商业公司，例如 4Deep inwater imaging、Phase Holographic Imaging 和 Lyncée tec 等公司。

数字全息显微技术与传统的全息显微技术相比，区别仅在于记录材料不再是传统的干板，而是 CCD 等图像传感器，并且由计算机直接处理获得数字全息图。也就是说，数字全息显微的结构包括光源、干涉光路、图像传感器和计算机。多数情况下采用激光照明，还可以采用低相干光源，即使 LED 光源只有 $10\mu m$ 的相干长度，对于显微样本的厚度而言已经足够。CCD 等图像传感器的像素参数是数字全息显微技术中分辨率的主要限制因素。

（3）其他全息检测技术

全息检测技术还包括全息光学元件或全息传感器在光学检测中的应用、声全息等检测技术。

全息光学元件或全息传感器在光学检测中的应用主要是在传统光学检测中应用全息光学元件或全息传感器来替代传统光学元件或传感器，以便实现所期望的性能优势。全息光学元件通常起色散、滤波等作用，全息传感器相比全息光学元件的不同主要在于所起的作用是探测各种被分析物，具体是通过与被分析物的相互作用而改变其光学性质，进而指示被分析物的存在。

声全息（Acoustical Holography）是将全息原理引入声学领域而形成的声成像技术。最常用的两种是液面声全息和扫描声全息。液面声全息利用液面的变形形成声全息图，优点是能实时再现物像，可以观察动目标，缺点是液面易受干扰且不稳定，灵敏度较低，不宜用于较大距离的检测。扫描声全息是通过声源和/或接收器在全息记录平面上扫描，获得每一点的相位和振幅信息，比较简单，还具有减少声干扰信号的明显优越性。声全息可以用于材料缺陷的检测、水下物体的探测与识别、人体病灶的医学诊断等。

在初期调研中发现，全息技术在检测领域的应用主要集中于全息干涉计量和全息显微这两方面。其中，全息干涉计量方面发展比较成熟，而全息显微方面近年来快速兴起。因此选取全息显微作为重点研究的对象，以期从专利的角度对全息显微的各方面进行一定的梳理。

经过人工筛选得到国内外全息显微专利申请 237 件，并且进一步对这些申请进行了详细的功效分解。

5.2 全息显微

5.2.1 总体分析

本节主要从申请趋势、申请来源地、申请人等方面对全息显微技术的全球专利进行总体分析。

　　图 5 – 2 – 1 示出了全息显微领域全球专利申请趋势，从图中可以看出，2000 年以前只有少量申请，2000 年以后申请量呈现出快速递增的发展趋势。

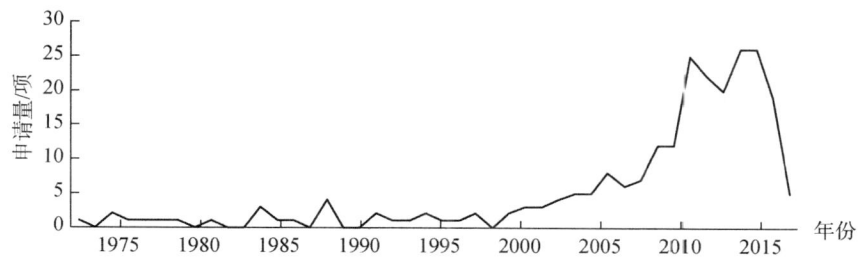

图 5 – 2 – 1　全息显微领域全球专利申请变化趋势

　　全息显微全球专利申请量大致分为两个时期。第一时期是 1998 ~ 2008 年，该时期稳步增长，年申请量在 10 项以下；第二时期是 2009 年至今，这一时期高速发展，2012 ~ 2013 年稍有回落，年申请量在 10 ~ 30 项。这一发展趋势与全息检测技术全球专利申请趋势是一致的。

　　图 5 – 2 – 2 示出了全息显微技术全球专利申请的申请人国家和地区排名。从中可以看出，中国以近 90 项的数量在全息显微领域占据领先位置，美国和日本分别以 40 项、20 项的数量列第二位和第三位，德国等国家基本在 10 项以下。由此可见，我国申请人在全息显微领域非常活跃，并且取得了不少研究成果，积极申请专利对其进行保护。

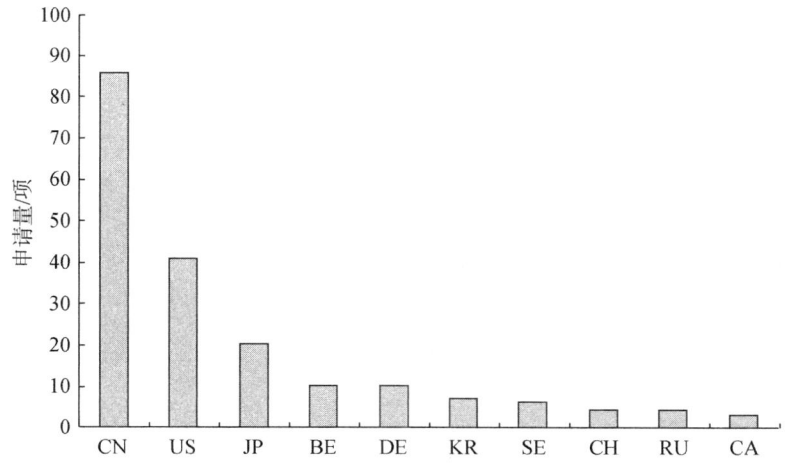

图 5 – 2 – 2　全息显微技术全球专利申请人国家和地区分布

　　图 5 – 2 – 3 示出了全息显微技术全球专利申请主要申请人排名。从中可以看出，首先，排名前 9 位申请人的申请量不高，差距也不大；其次，这些申请人几乎全为高校和研究院所，其中仅有卡尔蔡司一家企业；最后，这些申请人中有 6 位来自中国，这也与全息显微技术全球专利申请的申请人国家和地区排名一致。

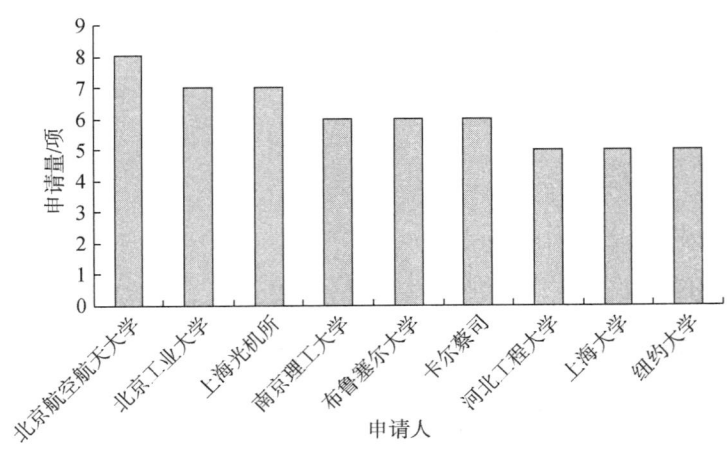

图 5 – 2 – 3　全息显微技术全球专利主要申请人排名

5.2.2　技术发展路线

全息显微镜是将全息技术和显微镜结合，解决了一般显微镜中分辨率与景深的矛盾，避免了像差影响而达到很小衍射极限，可以获得更大视野的显微镜。

显微镜可以帮人类探索微观世界，随着需求的不断增加，电子显微镜的分辨率已经无法满足人们的要求，直到激光的问世，全息显微技术以其高分辨率、设备简单和对样本影响小等特点迅速受到人们的青睐。

通过对全息显微领域全球 237 件专利样本进行分析，对全息显微技术的整个技术发展脉络和技术发展的节点进行了梳理。

20 世纪 60 年代末到 70 年代初，陆续出现了关于数字全息概念的报道，即利用数字成像取代传统胶片曝光的方式来记录全息图，之后再通过数值重建来还原物体图像。然而，当时的数字成像水平和计算机数值处理能力远远不能满足数字全息的实用化，因此在经历了最初几年的研究热潮之后，数字全息技术陷入了沉寂。不过，对数字全息技术的研究并没有中断，而是逐渐细分为两个不同的方向：一是由全息图数值重建物体图像，二是由物体三维模型数值计算出全息图。这两个方向并行发展到今天，即是我们所说的数字全息显微（DHM）和计算机生成全息图（Computer – generated Holography，CGH）。

到了 20 世纪 90 年代中期，数字成像传感器和计算机处理能力得到大幅度的发展和提高，当时的成像传感器主要是兼容各种彩电制式（PAL、NTSC 或者 SECAM）的低像素传感器，只能够勉强满足数字全息显微的要求，离实用化相距甚远。最早关于数字全息显微应用的报道来自瑞士洛桑联邦理工学院（EPFL）的 Etienne Cuche（目前为瑞士 Lyncéetec 公司 CTO）。

给数字全息显微技术带来革命性发展的是 20 世纪初数码照相机的普及，市场需求驱动不断推出各种低成本高像素的 CCD 或者 CMOS 图像传感器。与此同时，在全息技术中关键的激光器也受益于半导体产业的发展，出现了各种超小型高性能的激光二极管，为数字全息技术的普及和实用化提供了必要条件。图 5 - 2 - 4 列出了全息显微镜的发展路线。

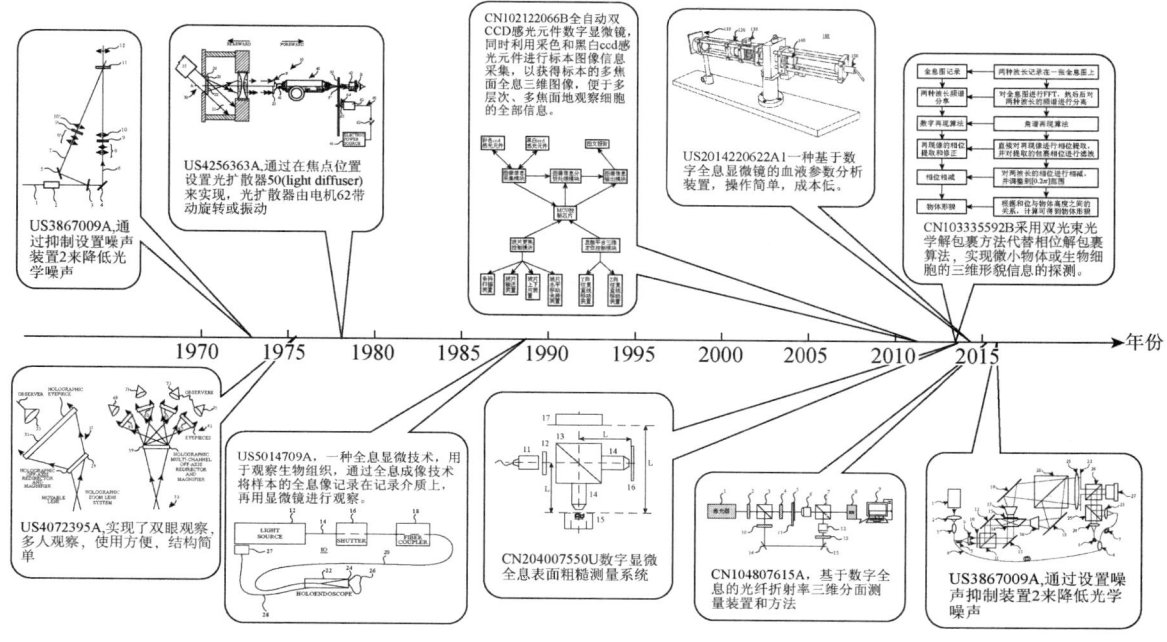

图 5 - 2 - 4　全息显微镜的发展路线

（1）起步阶段（1999 年以前）——传统全息显微镜

最初的全息显微技术是将显微镜与全息成像相结合，在普通全息记录的基础上，通过显微物镜来观察再现像以实现放大，即后放大。这个时期的专利申请更多关注于光路或结构设计，通过光学或机械方法来提高全息显微镜的性能。

例如公开号为 US5014709A 的发明专利（见图 5 - 2 - 5），提出了一种全息显微技术，用于观察生物组织，通过全息成像技术将样本的全息像记录在记录介质上，再用显微镜进行观察。

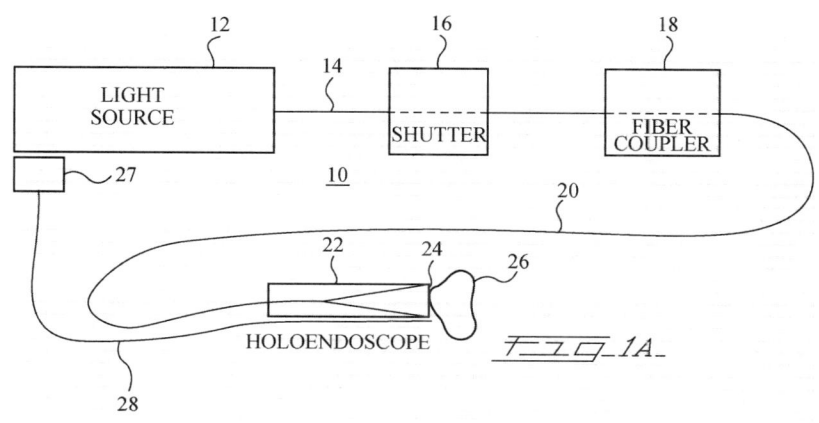

图 5 - 2 - 5　US5014709A 技术方案示意图

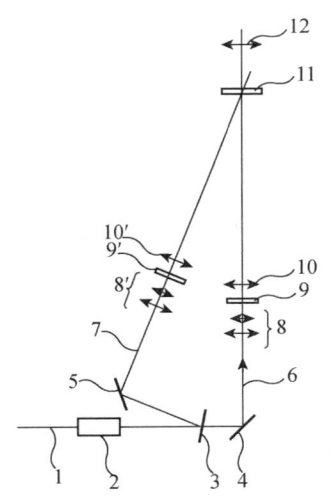

图 5 - 2 - 6　US3867009A 技术方案示意图

随着激光的引入，也引入了"散斑"等光学噪声，大大降低了分辨率和再现图像的质量。

公开号为 US3867009A 的发明专利提出了一种能够抑制光学噪声的全息显微镜，通过设置噪声抑制装置 2 来降低光学噪声（见图 5 - 2 - 6）。

公开号为 US4256363A 的发明专利提出了一种抑制"散斑"的方法，通过在焦点位置设置光扩散器 50（light diffuser）来实现，光扩散器由电机 62 带动旋转或振动（见图 5 - 2 - 7）。

公开号为 US4072395A 的发明专利涉及了一种全息显微镜（见图 5 - 2 - 8），其实现了双眼观察，多人观察，使用方便，结构简单等。

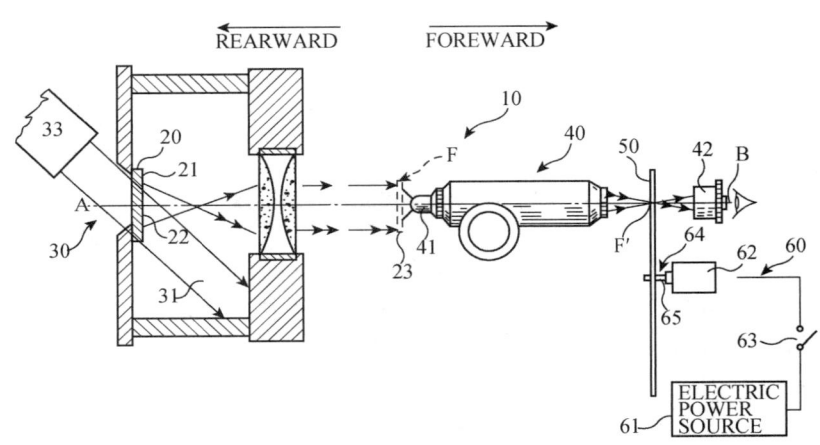

图 5 - 2 - 7　US4256363A 技术方案示意图

（2）迅速发展阶段（2000 年以后）——数字全息显微镜

数字全息显微是根据数字全息成像原理发展出的一种显微技术，随着 CCD 技术及计算机处理能力的不断成熟，很快得到了重视。数字全息显微技术通过 CCD 器件记录全息图数据，并通过计算机算法实现全息像的再现。数字全息显微的优点包括：①以非接触方式获取物体三维信息，因此对观测样本影响非常小、系统结构简单等优点；②数字全息图的记录与再现过程都以数字化形式完成，因此能够以数字形式重构散射光场并可以对物体三维信息进行定量分析；③在数字重构过程中，可方便地运用数字图像处理技术，矫正、补偿光学像差以及各种噪声和探测器非线性效应等影响。

该时期的专利申请除了光路和结构的改进，更增加了对计算机算法的改进，通过软件方法进一步提高了全息显微镜的性能。由于具有上述优点，数字全息技术一出现便很快被应用于多种观察和测量中。例如：

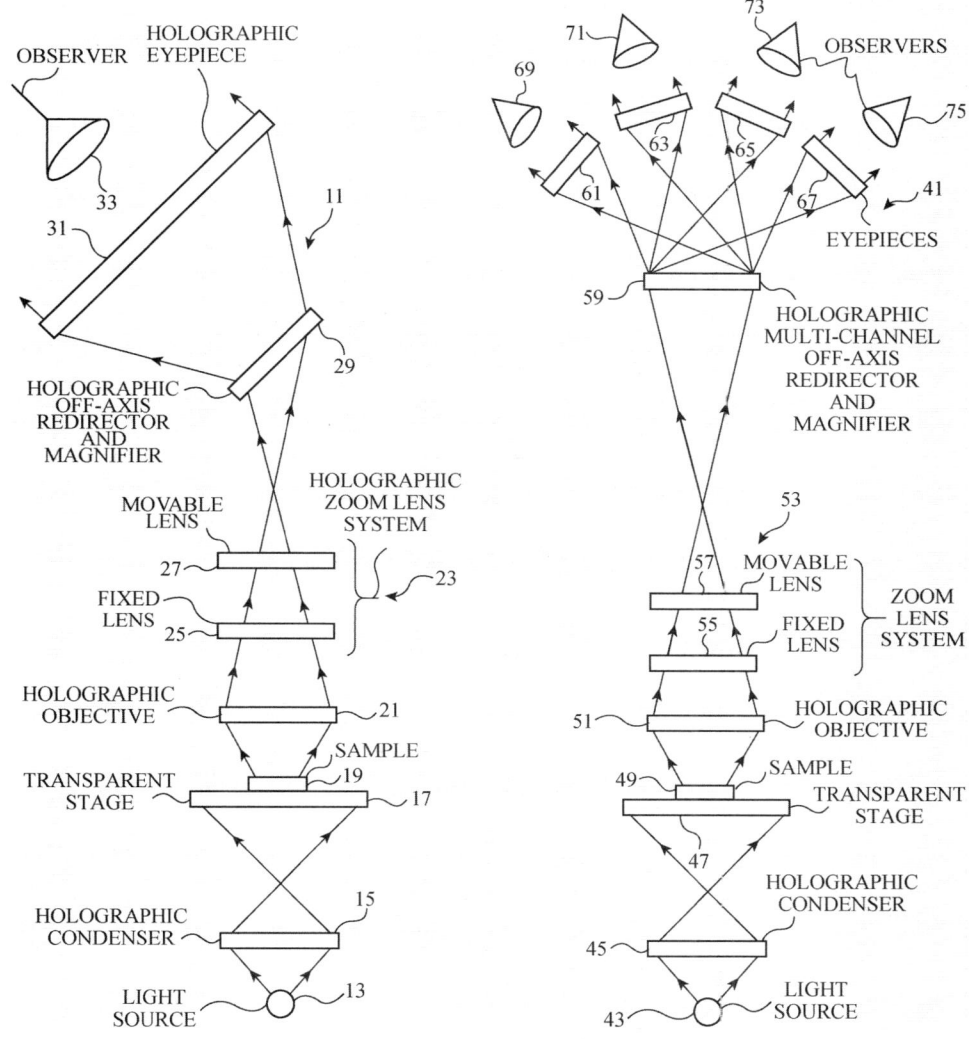

图 5 - 2 - 8　US4072395A 技术方案示意图

①无标记生物细胞观测：得益于数字全息显微镜对生物细胞非侵入式的视觉化量化分析能力，在生物医药领域的多种应用已经得到广泛的关注。由于无需扫描，测量过程是实时的，因此也可以对多细胞进行动态跟踪分析。

公告号为 CN103335592B 的发明专利提出了一种双洛埃镜数字全息显微测量方法，利用洛埃镜的共光路自干涉特性从同一束光中分离物光与参考光，采用双光束光学解包裹方法代替相位解包裹算法（见图 5 - 2 - 9），实现微小物体或生物细胞的三维形貌信息的探测。

公告号为 CN102122066B 的发明专利提出了一种全自动双 CCD 感光元件数字显微镜，用于医学及生物学显微诊断（见图 5 - 2 - 10），同时利用彩色 CCD 感光元件以及黑白 CCD 感光元件进行标本图像信息采集，以获得标本的多焦面全息三维图像，便于多层次、多焦面地观察细胞的全部信息。

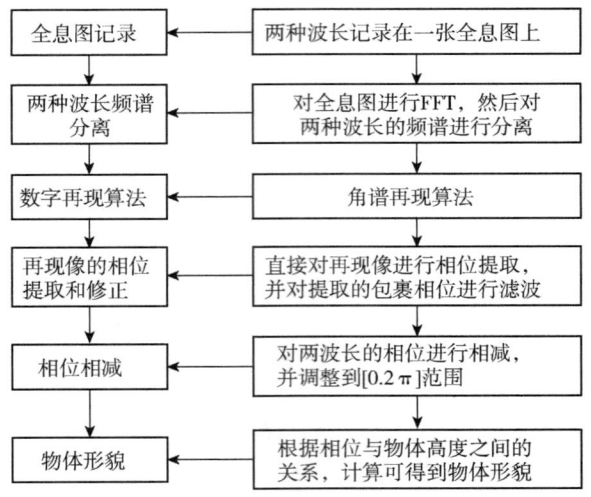

图 5 - 2 - 9　CN103335592B 技术方案示意图

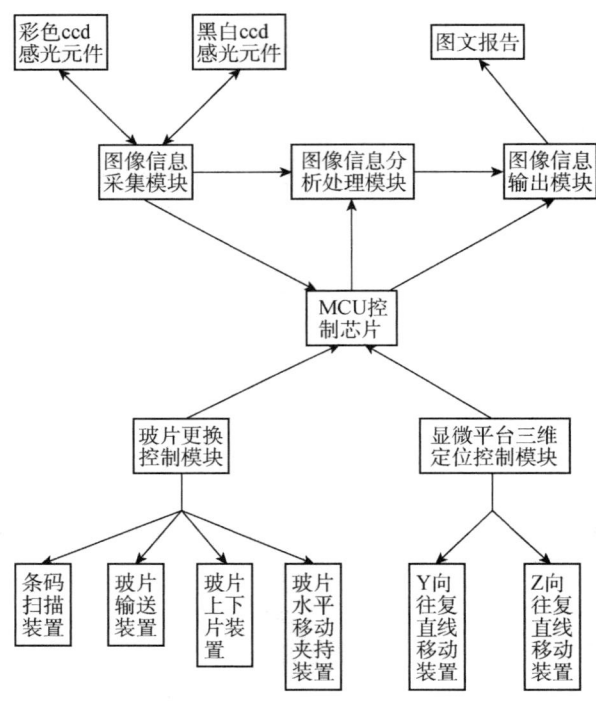

图 5 - 2 - 10　CN102122066B 技术方案示意图

　　公开号为 US2014220622A1 的发明专利提出了一种基于数字全息显微镜的血液参数分析装置（见图 5 - 2 - 11），仅使用一台设备且操作简单，成本低，实现了对血液细胞的充分分析。

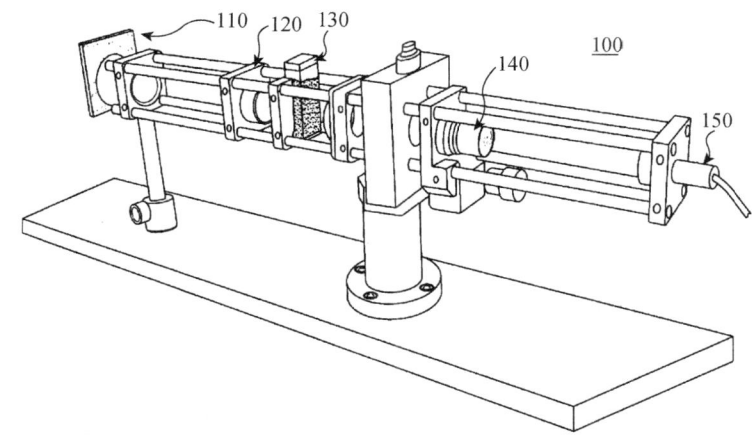

图 5 - 2 - 11　US2014220622A1 技术方案示意图

　　数字全息显微镜能够根据国际标准化组织（ISO）制定的表面粗糙度标准进行有效测量。根据 ISO 定义的表面粗糙度，只有大于定义长度或范围内的粗糙度测量才符合标准。数字全息显微镜能够通过高倍物镜捕捉有限视场内的粗糙度，并结合图像拼接达到定义长度或范围的方式，达到表面粗糙度测量的（ISO）标准。

　　公告号为 CN204007550U 的实用新型专利提出了一种数字显微全息表面粗糙度测量系统（见图 5 - 2 - 12），克服了传统表面粗糙度测量方法中的固有缺陷，防止接触式测量方法触针圆弧半径大，无法接触被测表面轮廓谷底，避免了触针划伤被测表面等问题；提升了表面粗糙度的测量范围，将原有的线测量方式转变为面测量方式，能够更加全面地反映整个被测表面的粗糙度分布情况。

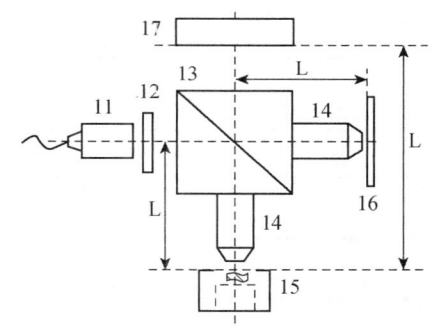

**图 5 - 2 - 12　CN204007550U
技术方案示意图**

　　②动态形貌测量：数字全息显微镜可以实现亚纳米精度下的动态三维形貌测量，实时速率取决于相机捕获图像速率，最高可以达到 1000 帧/秒。数字全息显微镜的纵向相干长度大，因此无需纵向扫描，即能实现三维成像，这是数字全息显微镜对比于其他三维显微技术最独特的优势。

　　公开号为 CN106123770A 的发明专利提出了一种折射率与形貌同时动态测量的方法（见图 5 - 2 - 13），将短边抛光的道威棱镜引入测量光路，借助角度复用与偏振复用技术，实现全内反射数字全息显微光路与透射式数字全息显微光路的集成。利用透射式数字全息显微光路动态记录包含物体折射率和厚度分布（或形貌）信息的物光波相位分布信息，利用全内反射数字全息显微光路同步记录物体的二维折射率分布信息，从而实现对物体二维折射率分布与三维形貌的同时且动态测量。

　　③微光学元件检测（表面形貌测量）：数字全息显微镜在表征微光学元件的应用方

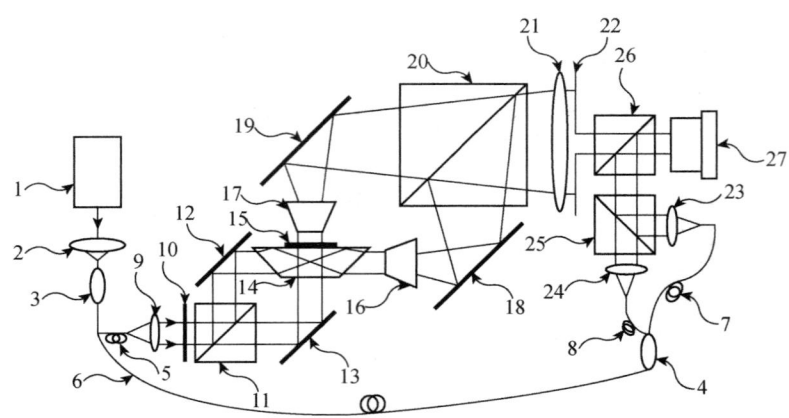

图 5-2-13   CN106123770A 技术方案示意图

面也具有独特优势，特别是透射式 DHM，由于使用投射折射原理，相比于使用反射原理的反射式 DHM，对于微光学元件的可测量边界角度大大增加。

公开号为 CN104807615A 的发明专利提出了一种基于数字全息的光纤折射率三维分布测量装置和方法（见图 5-2-14），通过对光路的改进，使系统更容易调节、受环境影响小，更加稳定且集成度高。

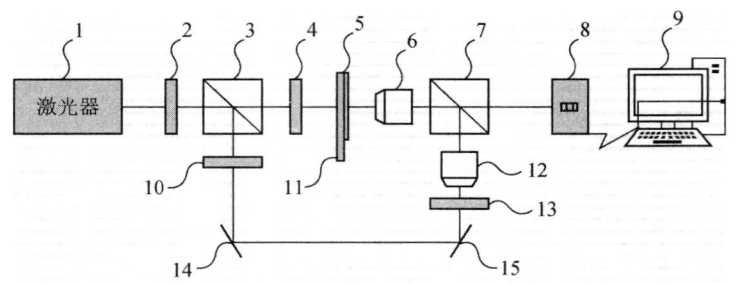

图 5-2-14   CN104807615A 技术方案示意图

5.2.3   技术功效分析

在对全息显微的数据进行人工筛选的基础上，按照技术分支和技术效果对专利进行分解并对数据进行详细的标引。在标引过程中，技术分支和技术效果主要依据专利的发明构思来确定。

从技术分支来看，全息显微主要在于全息光路与显微结构的组合，相应地对全息显微中的结构组件进行分解，按照结构组成的顺序，从而基于同轴光路、离轴光路、复合光路、再现光路、机械结构、显微镜的焦距调整、控制以及具体的算法等角度对全息显微技术专利进行划分，如表 5-2-1 所示。

考虑到不同发明实际能够达到的技术效果，全息显微的结构改进以及所要实现的功能等角度来分析，根据其实际所带来的技术效果进行了如下的划分，具体包括：提高分辨率、消除像差、抑制噪声、提高测量的准确度、扩大视角、使用方便、实时性、快速高效、减低成本以及使装置的结构简单等方面，如表 5 - 2 - 2 所示。

表 5 - 2 - 1   全息显微的技术分支汇总

技术分支	定义
同轴光路	涉及全息技术的同轴光路
离轴光路	涉及全息技术的离轴光路
复合光路	涉及全息的离轴 + 同轴 + 合成孔径 + 移相 + 多点并行等的组合
焦距调整	涉及自动聚焦，调整焦距
再现光路	涉及全息的再现光路
控制	涉及元件的控制和调节以及电路驱动
算法	涉及对全息图像的处理和分析
机械结构	涉及光路外的其他机械结构的改进

表 5 - 2 - 2   全息显微的技术效果汇总

技术效果	定义
消除像差	包括抑制图像漂移、稳定性差、相位畸变、光晕效应，提高图像质量
结构简单	降低系统复杂性，简化光路结构，缩小体积，不需要设置额外器件，以及使光路结构紧凑
使用方便	易于观察、使用和操作，应用范围广，如可自动聚焦、方便切换样品和模式等
抑制噪声	涉及减少噪声，提高信噪比
准确度	涉及测量的准确程度和精度，通过精确控制提高图像质量
分辨率	涉及实现测量的高分辨率
实时性	涉及获得测量的实时图像
高效	涉及快速、高效率进行测量
降低成本	涉及降低全息显微装置的成本

通过专利技术分支与技术效果的分解，可以实现对全息显微技术发展脉络和重点的解析，从整体上展示全息显微技术的发展重点、发展方向以及具体的专利布局，对于了解全息显微技术构成，确定研究和发展方向提供了一定的借鉴。

在图 5 - 2 - 15 中，全息显微领域的专利申请主要集中在同轴光路、离轴光路和复合光路三个技术分支中，这三个分支对应于全息光路中的记录光路部分，表明了记录光路的改进依然是全息显微领域的研发重点；可以看到，在同轴光路和离轴光路部分申请的聚集程度类似，这是由于光路结构是全息成像的基础；另外，在算法，也就是对全息图像进行分析处理方面的专利申请也相对比较集中，对于机械结构、控制以及焦距调整等分支的申请量相对较少。

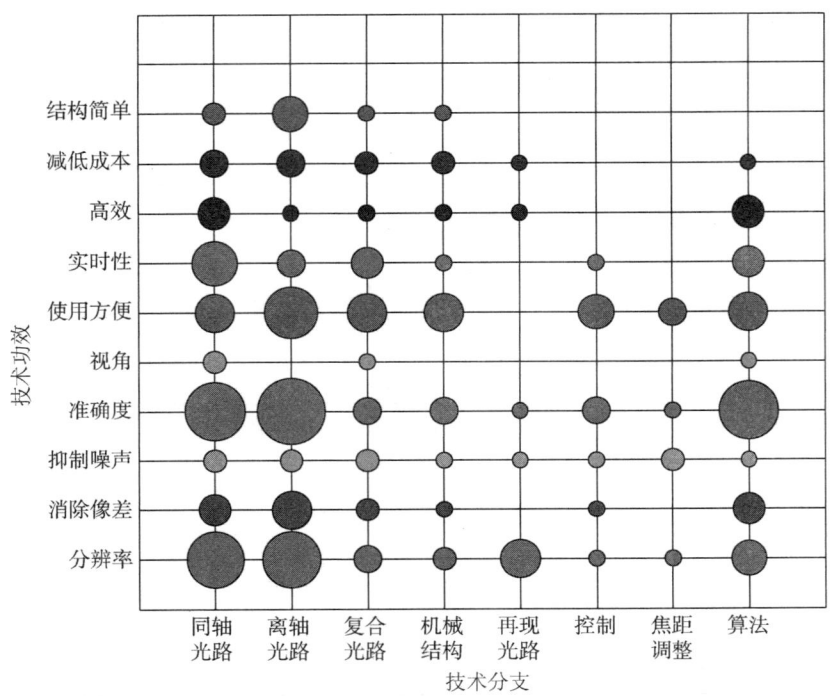

图 5 - 2 - 15 全息显微专利技术分支与功效分布

注：图中圆圈大小表示申请量多少。

从技术效果来看，无论是同轴光路、离轴光路，还是算法分支，在全息显微测量的准确度和分辨率的申请中都占据了很大的比重。另外，获得高分辨率和测量准确度是显微结构加入全息结构后带来的必然要求，由于显微结构孔径和放大倍率的限制，从硬件、如光路结构和软件（如算法）两个方面着手，设法寻求更高的分辨率以及更精确的测量结果是全息显微的重点研发方向。

为了进一步对于不同技术分支的发展趋势和申请情况进行分析，对同轴光路、离轴光路、复合光路、再现光路、机械结构、显微镜的焦距调整、控制以及算法8个分支的专利数量与申请年份关系进行分析，年份跨度为1973～2017年，下面对于不同时期技术分支的申请情况进行统计分析，第一个阶段是1973～1999年，第二个阶段是2000～2017年。

如图 5 - 2 - 16 所示，从中可以看到，在1999年之前，全息显微技术的发展主要集中在同轴光路和离轴光路方面，尤其是以离轴光路占比较多，这也是离轴光路相较于同轴光路的优点所决定的，使得研发人员更多地集中在对离轴光路进行改进，在这个阶段中，并没有人提出或申请与复合光路相关的专利。另外，除了算法、机械结构和再现光路有零星的专利申请分布，在1973～1999年，对于焦距调整、控制以及复合光路等均没有专利申请，表明了该阶段的研究主要集中在记录光路的调整和设计上，应该属于全息显微技术的起步发展期。

如图 5 - 2 - 17 所示，从中可以看出，在2000～2017年，同轴光路和离轴光路的改

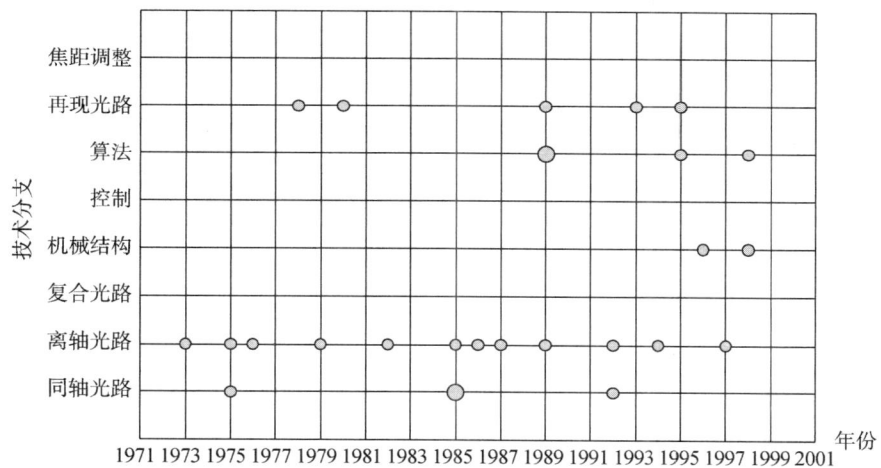

图 5 - 2 - 16　1973~1999 年全息显微技术的技术分支申请分布

注：图中圆圈大小表示申请量多少。

进一直是全息显微领域重要技术分支，从 2006 年开始，出现复合光路的专利申请，表明了研发人员对于其他光路结构的探索和尝试，作为记录光路的三个重要分支，同轴光路、离轴光路以及复合光路都成为近年来的研发和专利布局的重点方向。

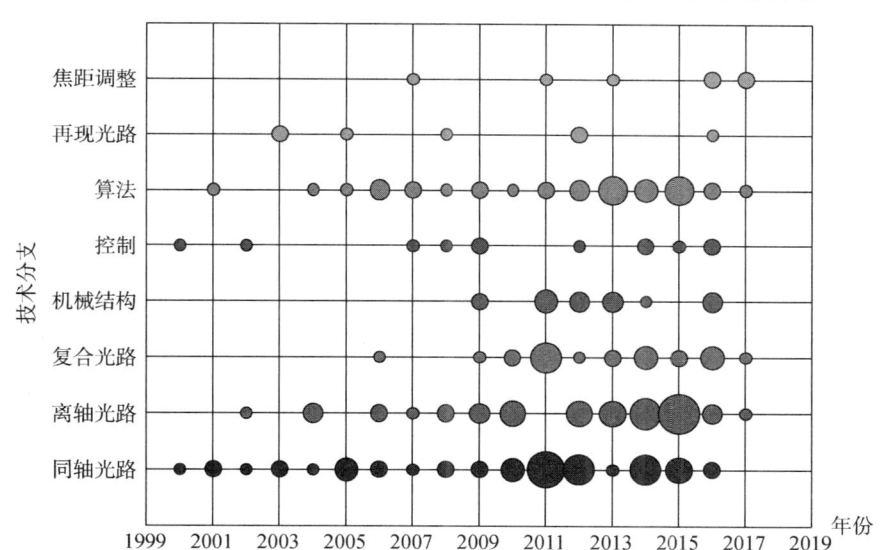

图 5 - 2 - 17　2000~2017 年全息显微技术分支申请分布

注：图中圆圈大小表示申请量多少。

随着数字全息技术的发展，尤其是通过一定算法来获得高质量的全息图像也成为关注的焦点，可以从图上看到，从 2001 年开始，有关算法的专利开始呈现逐渐递增的态势，这是与数字全息技术的发展趋势相吻合的。

此外，虽然再现光路的申请量很少，但是数字全息技术的发展使得人们不再需要投入再现光路的研发中。对于机械结构和控制方面的专利申请主要集中在 2009~2016 年，由于其申请的时间范围基本上与复合光路的申请时间相重合，考虑到复合光路相对于传统的同轴光路和离轴光路，需要在结构与控制方面进行改进，因此，可以判断机械结构和控制的专利申请量的变化与复合光路的发展有一定联系。

如图 5-2-18 所示，从中可以看出，在各技术分支中，中国专利数量相对于其他国家来说，明显较多，这与国内大学和科研院所在全息技术方面的研究较多有关；另外美国、WIPO 国际局和日本的专利数量紧随中国之后，表明了这几个国家或地区是全息显微技术的重点研发和布局区域。

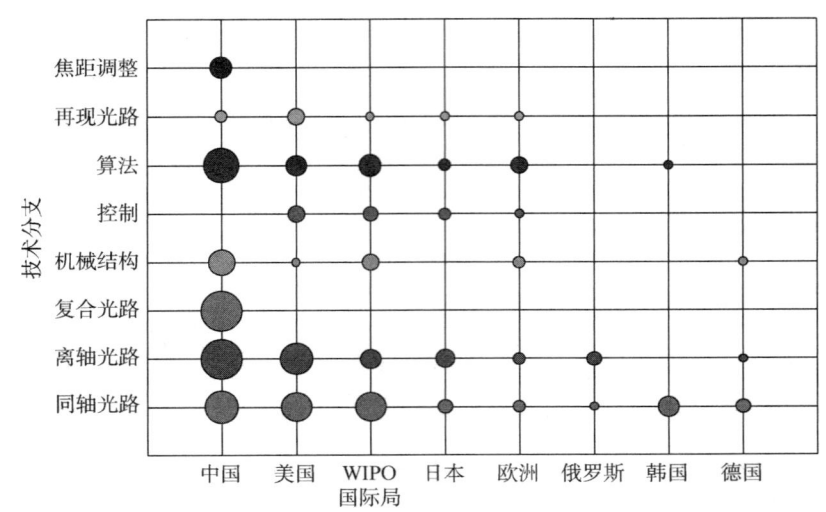

图 5-2-18　全息显微技术分支申请国家或地区分布

注：图中圆圈大小表示申请量多少。

通过对技术分支和技术效果之间的矩阵分析，可以看到不同分支与技术效果之间的对应关系，其中，准确度和分辨率是重要的改进方向，而通过技术分支与时间之间的矩阵分析可以看出，记录光路是研发的重点方向，尤其是离轴光路的研发一直占据较大的比例，近年来，对于复合光路的研发逐渐增多；通过技术分支申请国家和地区分析可以看到，中国专利数量最多，美国、欧洲、日本也是重要的专利布局区域。

数字全息显微属于全息显微的重要方面，其技术的改进主要在以下几个方面。

（1）提高分辨率

公开号为 WO2017041841A1 的发明专利申请（见图 5-2-19）提出了通过设置干涉单元 30 来提高分辨率，其中，干涉单元接收参考光与物光分别与样品作用后出射的光线并进行干涉，记录在光学记录装置上。

（2）抑制噪声

光学噪声对数字全息再现像的三维重构会产生非常大的影响，噪声的存在会使得用算法判断像的聚焦出现错误，从而导致三维重构像失真。

公告号为 CN101788273B 的发明专利提出了一种基于多偏振态合成的数字全息三维观测装置。通过改变线偏振参考光的偏振方向，和包含有物体形貌信息的圆偏振散射光发生干涉，可以在不改变照明光照射物体的角度或者物体和相机之间的相对位置的前提下，记录多帧包含物体信息并且散斑噪声相互独立的数字全息图，进而通过合成上述数字全息图的再现像，得到高分辨率、低噪声的物体像。

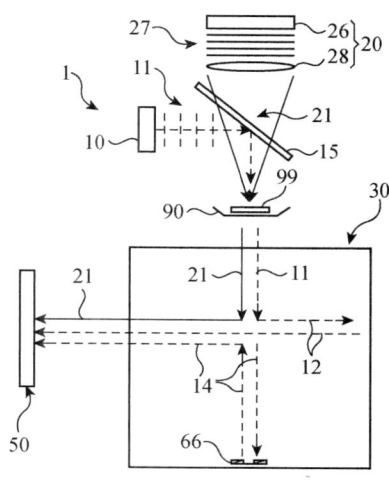

图 5 - 2 - 19　WO2017041841A1
技术方案示意图

（3）简化结构，方便使用

公开号为 CN104457611A 的发明专利提出了双波长剪切干涉数字全息显微测量装置及其方法（见图 5 - 2 - 20），两台激光器出射的激光从不同方向照射在分束棱镜上，并从分束棱镜的同一面出射，照射在被测物体上的同一点，然后通过显微物镜放大得到两个重合的光斑，再通过平面反射镜将两束激光照射在平面平晶上并在其前后表面发生反射，反射光垂直照射在 CCD 相机上，用 CCD 相机记录单束光的全息图。利用剪切干涉共光路自干涉的特点，使光路得到简化并增强了系统的稳定性。

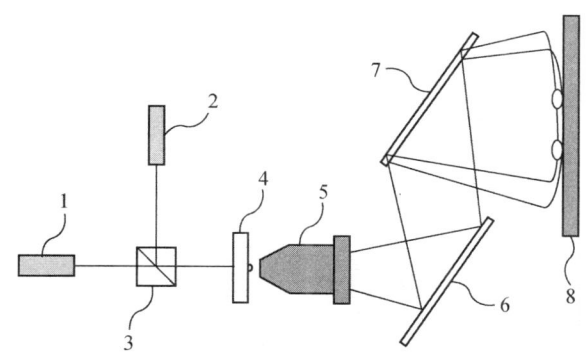

图 5 - 2 - 20　CN104457611A 技术方案示意图

（4）消除像差

公开号为 CN104568753A 的专利提出了一种基于数字全息的样品漂移自动补偿方法及装置（见图 5 - 2 - 21），提高测量系统对样品漂移的补偿速度和精度，并实现三维尺度上的漂移补偿。如图所示，三维纳米移动平台（4）通过调节位置用于主动补偿样品的漂移，物镜（5）用于成像，使二维高速光电检测器（6）获取全息图。单色连续激光垂直入射粒子场，被微球衍射的光波作为物光波，未被微球衍射的光波作为参考光波。这两束光波在二维高速光电检测器平面上干涉形成粒子场的全息图，记录在二维高速光电检测器上。由于微球是规则的，且其全系图是规则的圆环，因此对微球的平面位移测量可以根据对一系列全息图中圆心进行跟踪测量。确定圆心的位置就可以得到每个微球在平面位置上的分布。根据每个微球位置的偏移量可以确定样品的漂移量。

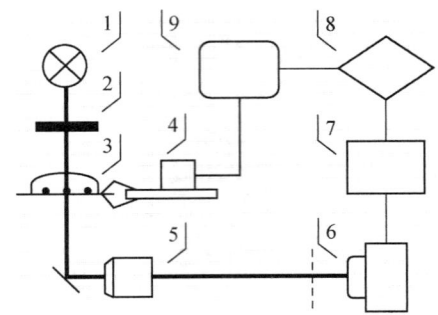

图 5 – 2 – 21　CN104568753A 技术方案示意图

（5）提高响应速度

公开号为 US9417608A1B2 的专利使用了一种频域干涉光学成像技术（见图 5 – 2 – 22），通过算法的改进，由于不需要积分，响应速度得到提高。其光路主要包括激光光源，发射频率为 v，通过声光调制器分解成频率为 $v1$ 和 $v2$ 的两束光，再分别由分光单元分解成干涉光和物光，两束物光以不同角度照射到样品上，检测器用于在曝光时检测第一干涉图像和第二干涉图像，频率差的倒数远小于曝光时间，消除了串扰。

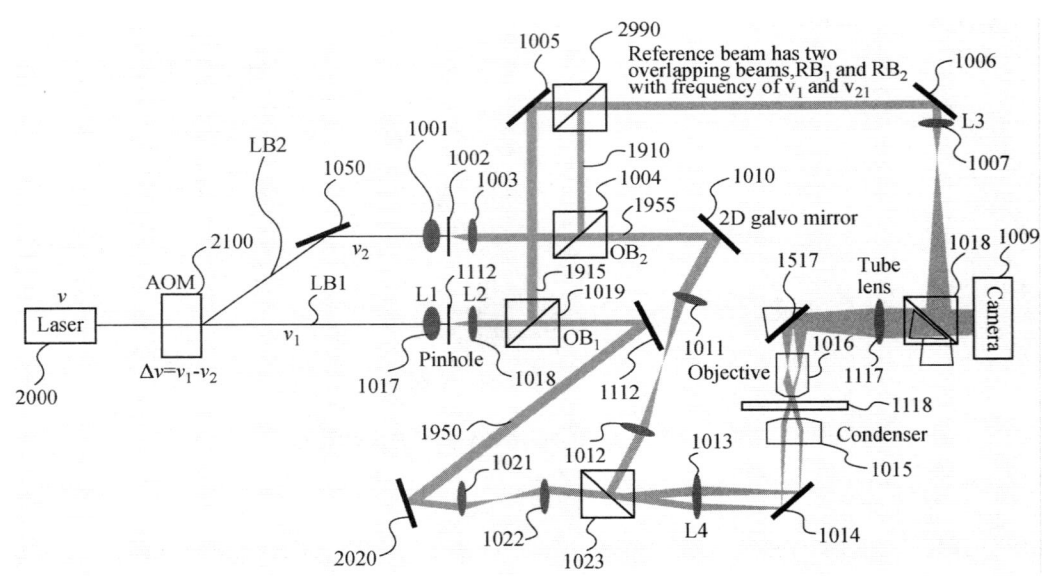

图 5 – 2 – 22　US9417608A1B2 技术方案示意图

5.2.4　早期基础性专利分析

在对所有将全息和显微技术相结合的专利数据进行技术分解和分类标引的基础上，根据全息显微技术发展趋势，从传统全息显微到数字全息显微，结合体现技术原创性、基础性的申请年份以及体现技术重要性的同族专利数量、同族专利被引证次数、专利维持有效时间等多个方面的因素，具体介绍如下重点专利：

申请日在 1998 年以前的专利申请，由于申请年份较早，目前的法律状均为失效状态，但这一时期的重点专利原创性更高，且代表了早期全息显微技术领域的研发重点。因此从申请年份最早、同族专利数量、被引用次数三个方面综合考虑，在早期的专利申请中，选择了最具代表性的 3 件专利申请进行分析。

（1）US3867009A

US3867009A 作为全球第一件涉及全息显微技术的专利申请，申请日为 1973 年 5 月 11 日，申请人为 Pawluczyk Romuald。专利族共有 5 件专利，其余 4 件同族专利为：GB1435134A 、DE2323931C3、DE2323931B2、DE2323931A1，由此可见，申请人在英国、德国和美国同时申请了专利保护；作为全息显微领域最早的基础性专利，其同族专利在 1977 ~ 2005 年共被引用 20 次，其中被美国专利引用 14 次，被欧洲专利引用 3 次，被其他地区或组织引用 2 次，被德国专利引用 1 次。

其技术内容如下：提供一种在全息图记录和再现过程中抑制相干噪声的全息显微镜，如图 5 - 2 - 23 所示，同时可用于干涉测量，其在激光分束器件之前设置一通过单向平均化来抑制相干噪声的装置；光敏材料和全息图设置在光学系统的像平面，该平面同时作为显微镜的接目镜的物平面；通过该结构使参考光束的光程长等于物光的光程长，从而达到抑制相干噪声的技术效果。

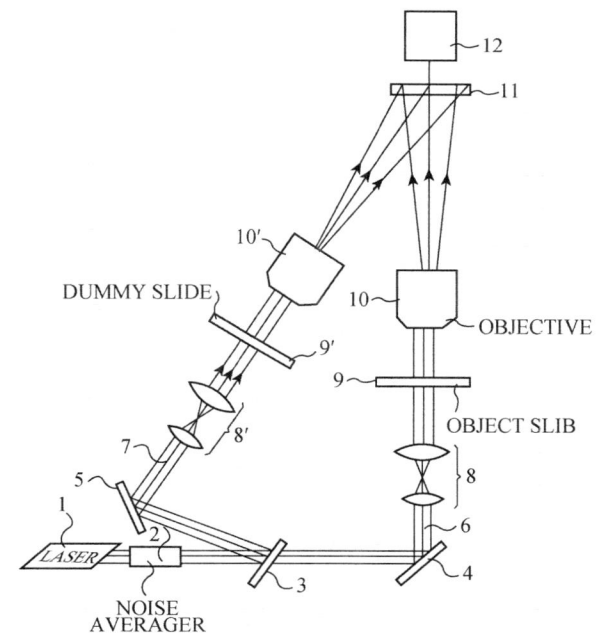

图 5 - 2 - 23　US3867009A 抑制相干噪声的全息显微镜

（2）FR2456343B1

专利 FR2456343B1 的申请日为 1980 年 5 月 7 日，申请人为索尼公司，涉及一种共轴全息透镜的制造方法。虽然该专利的申请日晚于前文所述的 US3867009A，但其专利族共有 17 件专利，其余 16 件同族专利为 JP1986043771B2、NL8002589A、JP1987017234B2、GB2049986A、 JP1980150142A、 GB2049986B、 AU535350B、 DE3017491A1、 FR2456343A1、AU1980058049A1、US4312559、 JP1980174737U、 CA1127886A1、 CA1127886A、 JP1985034104Y2、JP1980147655A。由此可见，申请人索尼公司分别在日本、荷兰、英国、澳大利亚、德国、法国、美国、加拿大 8 个国家进行了专利布局；FR2456343B1 的同族专利被引用次数为 32 次，其中，被美国专利引用 22 次，被欧洲专利引用 8 次，被其他地区或组织引用 2 次。从申请人索尼公司对该专利的全球布局以及该专利的被引用次数可以看出，该专利属于早期的基础性专利。

该专利涉及一种应用于光盘磁头的、能提高分辨率的短焦全息透镜，具有一辅助的离轴全息透镜，其中的显微物镜和参考光束相对于光轴倾斜，从而能提高共轴全息透镜的孔径并缩小焦距（见图 5-2-24）。

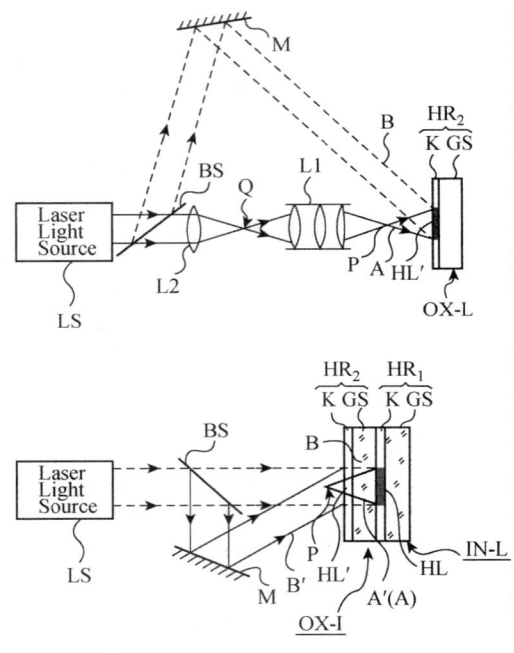

图 5-2-24 FR2456343B1 短焦全息透镜

（3）US5014709A

专利 US5014709A 的申请日为 1989 年 6 月 13 日，申请人为 BIOLOGIC SYSTEMS 公司。该专利涉及一种生物组织的高分辨率全息成像的方法和装置。US5014709A 虽然没有其他同族专利，但其被引用次数高达 89 次，其中，被美国专利引用 78 次，被中国专利引用 2 次，被欧洲专利引用 5 次，其他地区或组织引用 4 次。从该专利的被引用次数可以看出，该专利也属于早期的基础性专利。对该专利的被引用数据进一步分析，如图 5-2-25 所示，1993～1996 年由于申请被公开不久，被引用次数相对较低，2001～2014 年处于被引用的高频期，该专利申请在 2001～2014 年一直被多次引用，反映了该专利在全息显微领域中的重要地位。

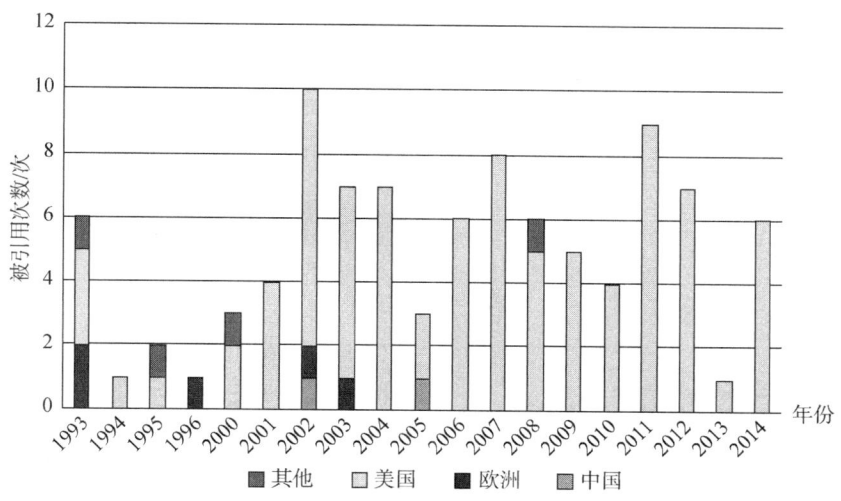

图 5 – 2 – 25　US5014709A 被引证次数年份变化趋势

US5014709A 的权利要求项数为 78 项，公开了将全息技术和显微镜相结合，采用显微镜检测全息图像，从而无须制备标本物，尤其是活的标本物的切片，降低了风险，并且能对生物组织进行高分辨率的全息记录和检测。在该专利中，具体提出了在记录光路中，利用同轴的相干光照射记录介质和生物组织，由于记录介质靠近生物组织，因此从生物组织反射回来的物光，与参考光在记录介质上形成高分辨率的全息干涉图像，其中，通过将染料引导至生物组织，提高了全息干涉图像的对比度。对全息干涉图像进行图像再现时，利用宽带光进行照射并采用显微镜进行观察，能得到高对比度和高分辨率的再现图像（见图 5 – 2 – 26）。

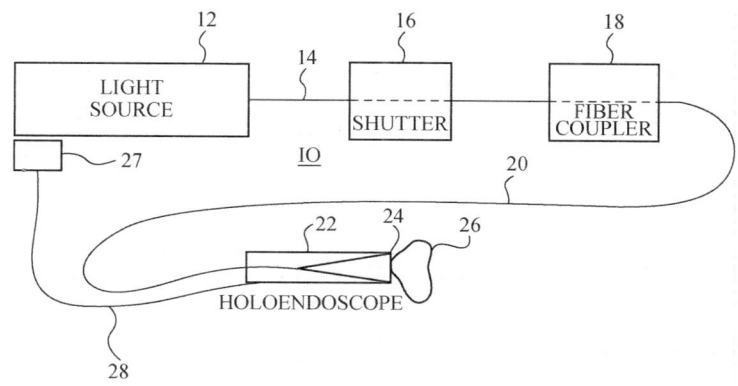

图 5 – 2 – 26　US5014709A 生物组织高分辨率全息成像装置

5.2.5　重点专利

前文分析了早期的基础性专利。早期的基础性专利由于申请较早，目前已处于失效状态，属于免费无偿使用的技术资源；即成为该领域所熟知的公知常识，也已不再是全息显微领域的主要研究方向，因此，应更多地关注 1998 年以后继续维持有效的专利。尤其是，申请日越早的有效专利申请，表明该专利维持有效的时间越长，申请人对该专利有足够的重视。下面结合同族专利数量、同族专利被引证次数等因素，对3件重点专利进行分析。

（1）US6411406B1

专利 US6411406B1 的申请日为 2001 年 3 月 12 日，申请人为 DALHOUSIE 大学。US6411406B1 目前仍有效，有效维持时间已长达 16 年，由此可见申请人对该专利非常重视。该专利虽然仅在美国、加拿大提交了同族专利申请，申请人的全球布局并不广，但其同族专利被引用次数为 32 次，在其被公开的 3 年内被引用了 8 次。

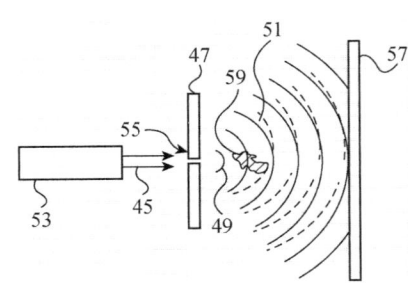

图 5 - 2 - 27　US6411406B1 的全息图像重构方法

US6411406B1 涉及一种全息显微镜和全息图像重建方法，能够快速准确地重构大的全息图，主要涉及通过数字计算的算法来重构全息图像，如图 5 - 2 - 27 所示，利用 CCD 阵列探测器接受传输过来的参考光波信号以及包括物体信息的物光波信号，再将探测得到的光信号转换为电信号并传送至计算机，利用克希霍夫 - 亥姆霍兹方程在计算机中重构全息图像。由此可见，这段时期的研究方向已放在了数字全息显微方面。

（2）CA2724743C

专利 CA2724743C 的申请日为 2002 年 7 月 1 日，申请人为布鲁塞尔大学。该专利仍然有效，该项专利的同族成员多达 18 件，分布在美国、日本、欧洲、加拿大、西班牙、澳大利亚。其同族专利被引用次数为 42 次。该专利属于该领域的重点专利。

该专利涉及一种能够获得生物样本的三维图像的数字全息显微镜，其将显微镜设置在干涉光路中。如图 5 - 2 - 28 所示，显微镜 ML1 设置在物光光路中，ML2 设置在参考光路中。由于显微镜允许同时在样本上记录信息，且具有较少的时延，因此能够消除传统技术中扫描共焦显微镜而造成的短暂失真，而且该全息显微镜还避免了复杂的操作，降低了成本。

（3）JP5170084B2

专利 JP5170084B2 的申请日为 2008 年 3 月 28 日，申请人为尼康公司。该专利同族成员数为 5 件，仅布局了日本和美国，虽然申请人对该专利的全球布局并不广，但其同族专利的被引用次数为 88 次。

JP5170084B2 涉及一种三维数字全息显微镜以及获得三维图像的方法，能够提高显微镜的三维图像分辨率。提出了一种不需要标本被玷污，易于操作的显微镜，如图 5 - 2 - 29 所示，其包括：一光源发出平面波，物体被平面波照射，具有物体信息的光波与参考光波相干涉得到全息图案，并形成在二维成像设备上。当物体被光源照射时，其照射方向被扫描镜改变以得到不同照射方向的全息图像。由每个照射方向所得到的全息图像均被二维成像设备获得，再由处理器处理数据并重构物体的三维图像。

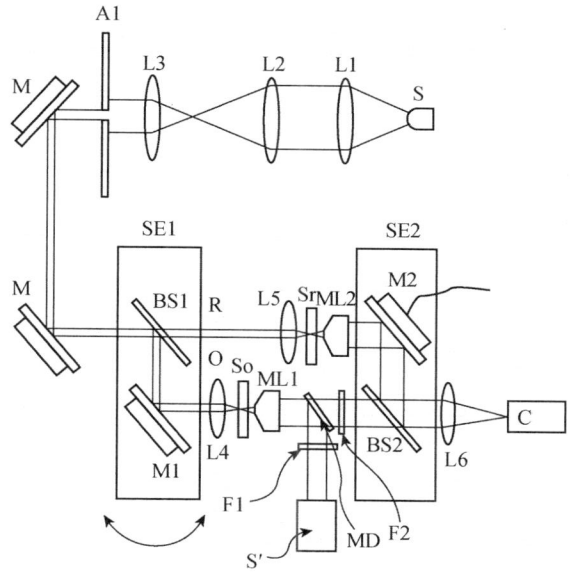

图 5 - 2 - 28　CA2724743C 三维数字全息显微镜

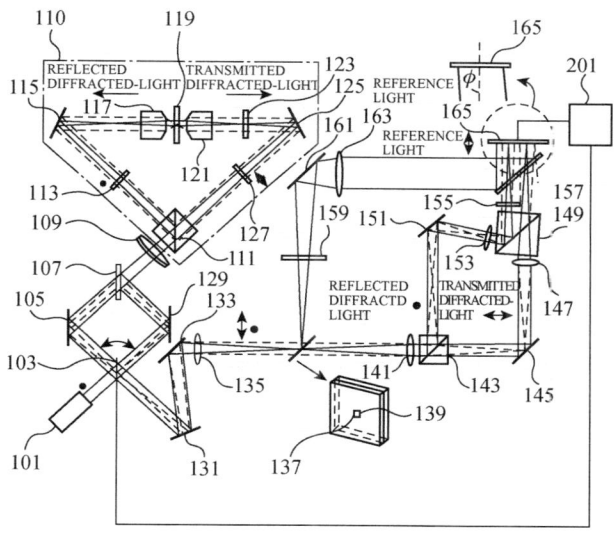

图 5 - 2 - 29　JP5170084B2 三维数字全息显微镜

　　上述 3 件有效的重点专利均未布局中国同族专利，经统计，涉及全息显微技术还处于有效状态的专利族共有 70 项，只有 34 项具有中国同族专利，其余 36 项专利族公开的技术方案均可为我国企业或个人提供良好的研发基础。

5.3　小　　结

全息检测作为全息技术的重要应用，其主要是利用全息手段进行检测，其中，将全息技术与显微部件结合的全息显微是重要的技术分支。

全息检测的申请主要集中在高校和科研院所，企业相对较少，仅数字全息显微技术实现了一定的商业化，离产业化应用还有一段距离。并且，从申请量来看，我国申请人非常关注全息检测领域的技术研发和保护，但是距离转化进而实现商业化还有一段距离。

从全息检测国内和全球范围来看，其申请量均呈现逐年递增的态势，表明了研究日益被关注。

第6章 全息显示重点技术分析

6.1 "全息"概念的误用－舞台表演、AR/MR、其他

在全息显示研究过程中，课题组发现，在显示领域，目前已经应用并冠以"全息"概念的技术绝大部分为误用"全息"概念的情况，具体如下。

（1）与舞台表演相关的误用

例如，2016 年杭州 G20 峰会文艺演出的《天鹅湖》、2015 年春节联欢晚会中李宇春表演的《锦绣》、2010 年虚拟偶像初音未来的演唱会等分别采用了"全息投影""全息技术"等来表达所使用的技术。

从虚拟偶像初音未来的演唱会可以看出，实际上存在垂直于地面、部分透光的幕布，虚拟偶像是通过其身后的投影镜头将影像投影到幕布上使其现身，该种方式与普通投影相比，除了幕布需要部分透光且散射以及被投影影像需要为黑暗背景之外，差异并不大。从《天鹅湖》和《锦绣》的表演可以看出，两场演出实际上利用一层膜进行显示，并且从《锦绣》视觉图可以看出，观众看到的实际上是地面的影像源通过反射膜形成的一个虚像，由于地面的影像源是平面的，所以人物也是平面而不是立体的，立体感实际上是由画面本身的深度暗示所带来的。另外，投影或者反射的人物像均可以透过背后的光线。在《天鹅湖》的表演中，当人物后面存在灯光时，明显可以看出真人和影像的差异，真人可以遮挡其后的灯光，而影像则会透过灯光。

这种类型的投影或者显示虽然被称为"全息技术"，实际上与全息技术并无直接关联，例如，中国专利申请 CN96191249.9（发明名称为"用于在舞台上的背景上演示活动图像的设备"）在描述相关技术背景时是这么表述的"戏剧院的一种演出在文献中（例如 BuehnentechnischeRundschau，BTR3/1990，第 24 和 25 页）称为鬼神特技，其中，涉及在舞台前部倾斜地布置一块玻璃板。演员站在玻璃板下方舞台下降的部分。他用宽大的白色服装装饰并扮演鬼怪。他被同样装在舞台下面的聚光灯照亮。扮演鬼怪的该演员的影像投影到玻璃板上，而观众看到的是在玻璃板后面的一个虚像。在此戏剧院的演出中，第二个演员在舞台上。他扮演一个英雄或向鬼怪施魔法的魔法师。"

如图 6－1－1 所示，起图像发送器作用的计算机控制的人工智能光放大器 12；反射镜将图像反射在反射面 18 上，反射面再将图像投射在薄膜 20 上。对于位于图 6－1－1 左方的观众，看到的是在背景上作为虚像 26 的活动图像。反射面 18 例如是一个投影屏或一个白色涂层。近些年也有类似的中国专利申请，例如 CN200480043185.9、CN201420061662.5，由于早期难以用足够大的显示器来直接产生影像，所以往往是采用投影的方式来产生一个放大的影像，随着大屏幕显示器或者拼接显示的出现，专利申请中逐渐有直接利用大屏幕显示器来产生影像，就像《锦绣》的表演方式一样。

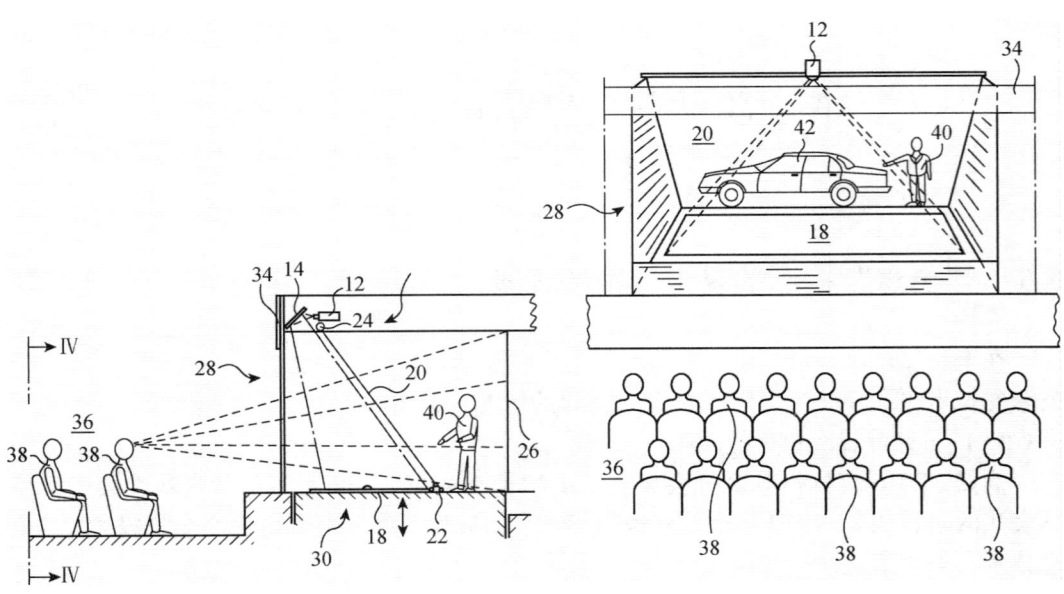

图 6 - 1 - 1　CN96191249.9 技术方案示意图

（2）AR/MR 中所用的"全息显示"

在增强现实/混合现实（AR/MR）中也常常提到"全息显示"，例如微软的 Hololens，其使用了作为光学部件的透视全息透镜（波导）和作为处理器定制的 Microsoft 全息处理单元。在微软官方网站针对 HoloLens 常见问题"什么是全息影像"的回答中指出：全息影像是一个物体的三维影像，与真实世界的物体类似，唯一的区别在于：全息影像由光组成而不是由物质组成；与实际物体一样，也可以从不同的角度和距离观察全息物体，但是当触摸或推动全息物体时，它不会有任何物理阻力，因为它们是虚幻的；全息影像可以是二维的，像是一张纸或一个电视屏幕一样；也可以是三维的，像是真实世界中的其他实际物体一样。通过微软 HoloLens 看到的全息影像将相当逼真，你可以移动它，改变它的形状，并可随着你的交互方式或所看到的物理环境改变而变化。

模拟佩戴 HoloLens 的用户所看到的场景，旁观者实际上是无法观看到该种场景的，HoloLens 的技术实际上运用了全息透镜来转折光路，而非真正意义上的全息显示。其独特之处在于虚拟影像后的图像看上去像是被虚拟影像所遮挡了。据其 2011 年 9 月 19 日申请的、发明名称为"用于透视头戴式显示器的不透明度滤光器"的中国专利 CN201110291177.8 可知，其是考虑到诸如增强现实图像等虚拟物品看上去半透明或有重影。对于强烈的增强现实或其他混合现实情形，期望具有从视图中选择性地除去自然光的能力，从而虚拟彩色影像可以表示全范围的色彩和亮度，同时使得影像看上去更实在或真实。在该增强现实图像后面的现实世界场景的一部分被不透明度滤光器阻挡而不能到达用户的眼睛，从而该增强现实图像对用户来说看上去很清楚。

如图 6 - 1 - 2 所示，该显示设备可包括透视透镜 108，透视透镜 108 放置于用户眼睛的前方，类似于眼镜透镜。透镜包括不透明度滤光器 106 和光学显示组件 112，比如分光器，例如，一半镀银的反光镜或其他透光的反光镜。来自现实世界场景 120 的光，比如光线 114，到达所述透镜并被不透明度滤光器 106 选择性地传递或阻挡。穿过该不透明度滤光器的、来自现实世界场景的光也穿过所述显示组件。通常使用额外的光学器件聚焦该增强现实图像，从而看上去是从离眼睛几英尺远的地方发出的而不是从约一英寸远的地方（该显示组件实际所在的地方）发出的。

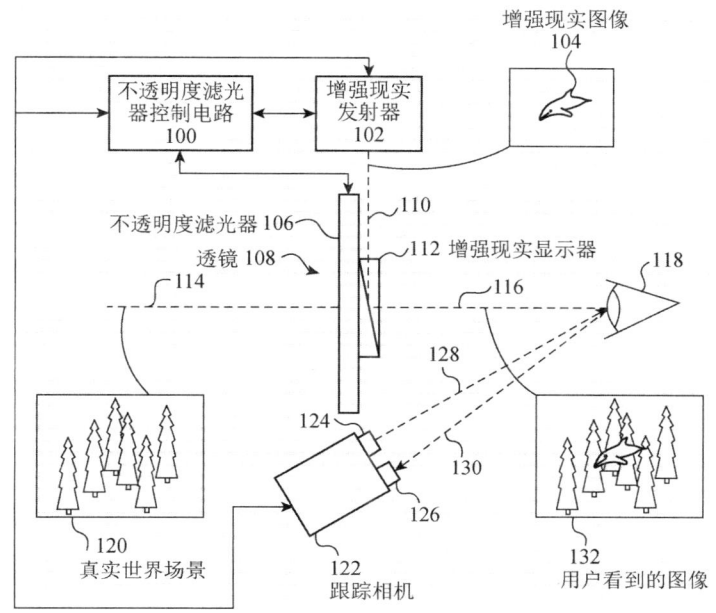

图 6 - 1 - 2　CN201110291177.8 技术方案示意图

　　显示组件 112 将该增强现实图像反射向用户的眼睛 118，如光线 116 例示，从而该用户看到图像 132。在图像 132 中，可以看到场景 120 的一部分，比如一个小树林，以及整个增强现实图像 104，比如飞跃的海豚。在这个面向娱乐的示例中，用户可以看到一幅奇特的图像，其中海豚飞跃了树木。从用户眼睛的角度看，在该增强现实图像后面的现实世界场景的一部分被不透明度滤光器阻挡而不能到达用户的眼睛，从而对用户来说该增强现实图像看上去很清楚。该增强现实图像可被认为提供主显示器，而该不透明度滤光器提供次显示器。可将次显示器的亮度和/或色彩驱动为近似匹配主显示器上的影像，从而提升主显示器效仿自然光的能力。这表明，遮挡是由不透明度滤光器来实现的，通过计算的方式，使用户感觉是主显示器的影像实现了遮挡。

　　（3）其他所谓的"全息显示"

　　在相关网络视频中，也有不少涉及全息显示的消息，第一个例子，视频"全息 3D 炫屏"，其利用了人眼的视觉暂留（Prsistence of Vision，POV）现象（CN106847165A，一种增加 POV 扫描 LED 显示屏分辨率的方法），该技术通过将高密度 LED 灯带高速旋转实现，配合处理器计算得到的显示数据得到图像，类似于地铁隧道中随着地铁移动而看到的动态广告。

　　第二个例子是 HoloVit 全息屏，使用时，需利用一个专门的 HoloVit 屏幕，实际上只是起到部分投射部分反射效果，拍摄时的黑色背景反射无，而人物较亮被反射，虚像被观察到，让人们播放自己或者其他人拍摄的视频，甚至是游戏，借助 HoloVit 屏幕可以为智能手机、平板电脑、电视机和投影仪增加额外的屏幕，用于播放全息影像内容。

第三个例子是金字塔全息 3D，即通过在屏幕上放置切顶角倒金字塔结构的、透射反射的光学薄膜，通过屏幕的放映和光学薄膜的反射形成浮现的图案（CN106842883A，见图 6 – 1 – 3）。

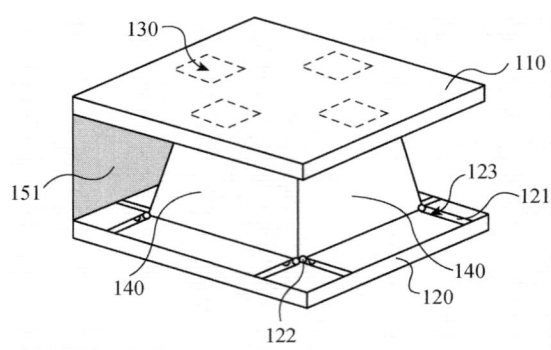

图 6 – 1 – 3 专利 CN106842883A 技术方案示意图

6.2 三维全息显示技术

由第 6.1 节可知，很多现有技术都提到全息显示和三维显示，但是这些技术与全息显示存在明显差异。

在《光学体全息技术及应用》一书中指出"记录物体全部信息（强度和位相）的干涉图称为全息图"，并针对全息显示指出：图像显示从信息获取、数据压缩、编码传输、复制直至显示，这一系列的步骤中，显示是最后一步，也是图像为人所用的必要步骤。从这个意义上讲，任何全息图再现的过程（如页面式全息存储的读出过程、体全息光栅的成像过程等）都可称为全息显示。从狭义上讲，全息显示特指呈现给人眼观察的视觉场景图像。该书还讨论了三个方面的全息显示技术：全息图作为成像元件被应用在平视或头盔显示器中、全息图作为存储元件和实时三维显示中的全息技术。

贾甲等人在《一种真三维显示技术》一文中指出，我们生活在三维世界中，然而呈现在人眼视网膜上的图像却是二维图像。这些二维图像经过人脑复杂的融合反应后，最终呈现出人眼熟悉的三维图像，现代心理学家认为这个复杂的融合反应分为生理学和心理学两个层面，并具体指出：

在生理学层面，有 4 种暗示对感知三维物体起主要作用，包括调节、会聚、双目视差和移动视差。

①调节。调节是指通过拉伸纤毛体的肌肉调节眼睛晶状体的焦距，使得观察者可以看清楚远近不同的景物或者同一景物的不同部位。

②会聚。当观察者的眼部肌肉被拉伸使眼球略微转向内侧以便对着三维物体上某

一点观看时，两只眼睛的视轴所组成的角度称为会聚角。左右眼在观看不同的两点时，产生出的会聚角不一样，眼部肌肉受到的拉伸强度和眼球转动的程度也不一样，人的感觉器官可以比较出这种强度和程度，这样便会有不同深度的感觉，即产生立体感。通常来说，（正对方向的）物体离观察者越近，则会聚角越大；物体远则会聚角小。这种深度暗示称为会聚。

③双目视差。双目视差是由人眼的瞳孔间距所引起的。观察者在观看三维物体时，三维物体发出的光线聚焦于双眼的视网膜中心，由于人眼睛之间有一定的距离，因此对于同一景物，左右眼的相对位置是不同的，从而产生双目视差，即左右眼看到的是有差异的图像。

④移动视差。如果观察的位置发生变化，观察到的三维物体也会相应地发生变化，这个效应称为移动视差。

上述 4 项是视觉感知三维信息的直接要求。

在心理层面上，人们常借助经验和假想从出现在视网膜上的平面图像得到一定程度的深度感，即心理暗示。这种心理暗示主要有 6 种，具体包括：①线性透视，是指根据人们的观察习惯，景物向远处延伸时，所观察到的尺寸逐渐缩小。②像的大小，是指很多物体的实际尺寸在人脑中都有一个固有的先验知识，因此可以通过图像的大小感知物体的远近。③重叠，两个物体轮廓的重叠会产生暗示，通常认为被遮挡的部分处于下方或者远处。④光照及阴影。⑤结构梯度。与线性透视类似，当我们注视诸如地板砖或大理石地面的均匀梯度时，其表面粗糙度的远近变化会产生一种深度暗示。⑥面积透视。在观看一幅二维图像时，人们总认为看起来比较模糊的景物处在远方。这是因为在人们实际生活中，远处景物发出的光线在传播中被空气中微粒散射而显得模糊。

根据贾甲等人的观点来对全息显示和三维显示的内容进行分析，可以发现：

①前述舞台表演相关的消息中提及的全息 3D 投影、全息 3D 炫屏、HoloVit 全息屏等只是提供部分深度感心理暗示的二维图像，其共性是二维图像所在的位置没有屏幕或屏幕不明显，从而给观察者带来一种图像浮在空中的感觉。为什么这些二维图像能给人带来一种立体感呢？这是由于深度感的心理暗示是借助经验和假想基于视网膜上的平面图像而得到的，实际上很多二维图像例如二维电视、实景照片的内容由于客观上符合相应深度感的 6 种心理暗示，能给人带来一定的深度感或立体感，一些画像通过强调这 6 种心理暗示特别是通过涉及透视和阴影的画法，也能给人带来一定的深度感或说立体感，这表明单一的、不存在生理暗示的二维图像实际上也能从心理上给人带来深度感或立体感。前述舞台表演相关消息中提及的"全息 3D 投影"等，由于相应投影系统、透射反射系统等光学系统的显示器仍是二维的，所以经过光学系统后的实像或者虚像仍是二维图像（忽略像差），只是由于相应的二维图像本身可以通过上述 6 种心理暗示而产生深度感或立体感而令人心理上认为其为三维图像。同时，舞台表演中，观众一般与舞台有一定距离，观众活动范围局限于座位附近、演员活动局限于舞台附近，即使是真实的人物表演与相应的二维图像放映相比，其在调节、会聚、双目视差和移动视差这 4 种生理暗示上所能带来的差异感并不是那么明显（相对于近距离观看而言），特别是在二维图像中，人物或物体转动时还给人带来移动视差的生理暗示

错觉（当视频人物或物体转动和观察者移动发生在同一时间的情况下，观察者很难区分由此观察到的移动前后的图案差异究竟是由于视频人物或物体转动带来还是观察者移动带来的，由于虚像或者实像位置通常没有屏幕或者屏幕不明显，观察者会更多地趋向于将该类情况归于观察者移动带来的移动视差），因此，在金字塔全息3D、全息3D炫屏中，其立体感主要是由相应的心理暗示特别是像的大小、光照及阴影等发挥作用，此时通过将经过光学系统后的实像或者虚像的大小设置成对应于舞台上人物的实际大小，实现像的大小的心理暗示、将背景变黑而避免重叠的反向心理暗示、通过在类似场景下拍摄画面和/或相应的计算机计算从而实现线性透视、光照及阴影的心理暗示，最终给观察者带来立体感。

②提供的三维显示未必是利用全息图生成，目前更多地是仅通过双目视差来提供生理上的暗示来实现三维显示。日常生活应用较多的立体电视和立体电影通常是在左右眼的二维图像本身的心理暗示的基础上，通过双目视差进一步在生理上增强立体感的，由于实际图像是固定于屏幕所在位置（实际位置或者经过光学系统后的虚像位置），只有双眼的聚焦和辐辏对应于该固定位置的相应景深范围，才能在生理上实现并在视网膜上实现清晰的图像。当双目视差给出的物体远离屏幕所在位置时，例如从屏幕中向观察者飞出一个球，此时由于相应飞出的球离开屏幕较远，而离观察者较近，当观察者注视该球时，相应的双目视差的生理暗示和图像的心理暗示就会促使观察者将双眼的聚焦和会聚调整到球的位置，即离开屏幕较远且离观察者较近的位置，但由于实际上的图像仍在屏幕的位置，这种调整会使图像变得不清晰，导致观察者心理和生理上的不一致而导致头晕，并随着聚焦和会聚的不断调整而产生疲劳。这种头晕和疲劳情况主要是在双目视差给出的焦点物体远离屏幕所在位置且离观察者较近的位置时，当被主要注视的物体大部分位于在屏幕所在位置或者附近景深范围时，则不容易出现这种情况，或者焦点物体远离屏幕所在位置且离观察者较近位置的镜头较为短暂，则头晕和疲劳情况也不太明显。微软的HoloLens由于是头盔式显示器，即头戴式显示器，双眼各自具有一个显示器，因而可以向双眼提供具备双目视差的虚拟图像，从而产生立体感（甚至可以通过监测眼球的转动提供移动视差，由于虚拟图像本身是处理器计算得到的，其移动后的图案也可以通过处理器计算得到），但显示器上显示的仍为图像本身（这些图像是通过处理器运算得到的），而不是相应图像或者物体的全息图，因此并不能产生实际具备不同深度的图像，人眼所观察到的图像仍为显示器经过光学系统所成的虚像，由于光学系统相对是固定的，而显示器为平面，所以虚像也是一个平面的图像，实际上并不具备不同的深度，不能实际产生由调节、会聚带来的生理暗示。

③全息图生成的全息显示可以提供调节、会聚、双目视差和移动视差全部4种生理暗示，从而实现真正的三维显示，但是由于全息显示生成的实像位置并无实物存在，因此，该实像会呈现一种半透明的效果，从而产生一种半透明图像浮在空中的效果，这也是前述例子将相关二维图像所在的位置没有屏幕或者屏幕不明显的情况称为全息显示的原因之一。通常全息显示的半透明实像，在具有外界光源和外部实物的情况下，由于外界光源和半透明实像之间并不能产生类似实物的光照及阴影，且半透明实像与外部实物之间也不能产生重叠，因而相应的心理暗示会弱化，使得观察者注意到其非

实物。

6.3　全息显示的演进

如上节所述，大部分生活中的"全息显示"实际上并没有直接利用全息图来产生图像，也就是说，在相应的空间光调制器上显示的仍是被观看的图像本身，而非是全息图。

目前，有关直接利用全息图的相关报道并不多见，技术要求也非常高。2005 年，QinetiQ 实验室使用了具有 102 个 32 位 1.26GHz、512Kb 缓存的双核奔腾 3 中央处理节点的 Linux 簇来对计算机生成全息图进行计算，使用了 1024 × 1024 像素的 2.5KHz 帧率的硅基铁电晶体，并通过光学系统进行 5 × 5 的复制以得到 26Mb 像素，从而构成一个通道，再通过累加 4 个通道，以得到 104Mb 像素，由此可以得到单色、全视差的三维图像。而另一全彩色、全视差需要 $3 \times 8 \times 10^9$ 像素的分辨率。

激光波前通过空间光调制器上显示的全息条纹图案，从而改变了激光的波前，并输出衍射的波前，衍射的波前汇聚产生 3D 的、具有空间深度的实像，从而被观察者看到。

《衍射计算及数字全息》一书中提到：

①假设再现光的波长为 632.8nm 的红光，理论研究表明，要想获得再现像尺寸大小为 300mm × 300mm × 300mm，水平和垂直视场角均为 30° 的三维图像，至少需要空间光调制器的像素数达到 10^{12}，目前市场上可以买到的纯相位型空间光调制器像素数仅为 1920 × 1080，显然无法满足要求。

②当使用计算全息显示三维信息时，全息图的计算速度还达不到实时显示的要求。

但是 SEEREAL 提出，通过计算子全息图结合来实现实时三维显示。通过追踪眼球位置，藉由眼球追踪技术追踪眼球位置，只需要向较小视场角范围提供图像，使所需要的像素数量从 10^{12} 减少到 2×10^8（40 英寸时），可以使用薄膜晶体管技术来满足分辨率要求，同时通过查找表的方式来减少计算量，采用目前的显卡即满足计算量要求。

如要实现 40 英寸的显示，普通电视只需要 $700\mu m$ 的像素节距、2×10^6 像素，但大视场角全息远远超出这种要求，需要 $0.6\mu m$ 的像素节距、2×10^{12} 个像素，若转为追踪观察窗（即眼球）则能将技术要求降低为 $50\mu m$ 的像素节距、2×10^8 个像素。

6.4　重点专利介绍

6.4.1　计算全息

（1）通过接近观察者的眼睛位置所需波阵面计算

代表专利为 CN101088053B，该专利所要解决的技术问题是减少计算全息图的计算要求，并应用具有传统分辨率的 SLM 实现视频全息图的电子全息显示。为此，该专利提供了一种计算全息图的方法，如图6-4-1所示，通过在接近观察者的眼睛 OE 位置 OP 处确定波阵面，该波阵面由将被再现的真实物体生成。然后，将这些波阵面逆变换为全息图，以确定生成这些波阵面需要如何编码该全息图。接着，恰当编码的全息图可以生成三维场景（3D-S）的再现，可以通过将眼睛置于观察窗口 OW 的平面 OP 上，并通过该观察窗口 OW 来观看该三维场景的再现。

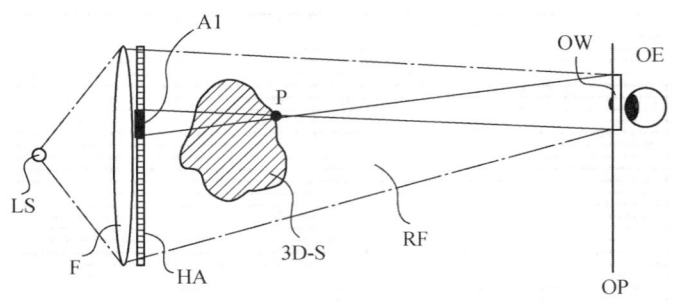

图6-4-1　CN101088053B 技术方案示意图

（2）通过计算机生成的全息图（CGH）重新构建具有二级光分布的二级光源矩阵

代表专利为 CN101167023B，该专利所要解决的技术问题是提供一种可控照明装置，其高立体对比度均匀照明再现矩阵，并可向成像矩阵的光学像差提供校正，还可用于方便多用户运行。为此，该专利提供了一种可控照明装置，如图6-4-2所示，其中，从结合可控光调制器的主光源矩阵发出的光，穿过再现矩阵从成像矩阵成束导向观察平面中的观察者的每个眼睛，所述主光源矩阵的每个光源包含至少一个发光元件，其特征在于，计算机生成的全息图（CGH）在由主光源 11~1n 照明的可控光调制器中编码，利用取决于观察者眼睛位置的可变参数来完成编码，并在至少一个跟随可控光调制器的平面上，通过计算机生成的全息图（CGH）重新构建具有二级光分布的二级光源矩阵2。

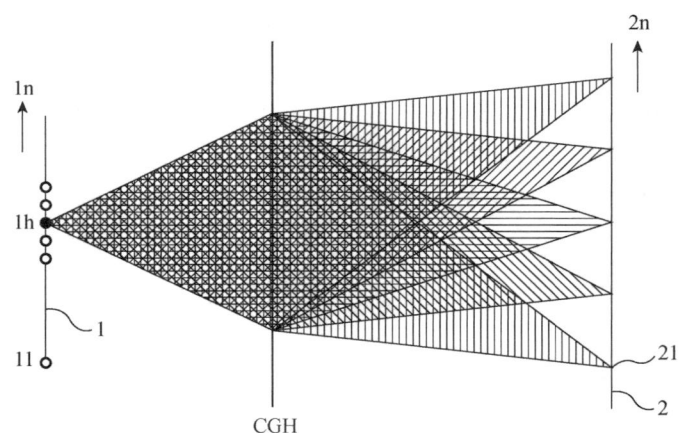

图6-4-2　CN101167023B 技术方案示意图

（3）第一计算器、存储装置和第二计算器串行处理

代表专利为 CN107087149A，发明名称为"用于处理全息图像的方法和装置"，申请日为 2017 年 2 月 6 日，优先权日为 2016 年 2 月 12 日，目前还在审查中。其所要解决的技术问题是减少计算全息中的计算量。其所达到的技术效果为能够减少处理全息图像的方法中的计算量。如图 6 – 4 – 3 所示，其主要内容为：

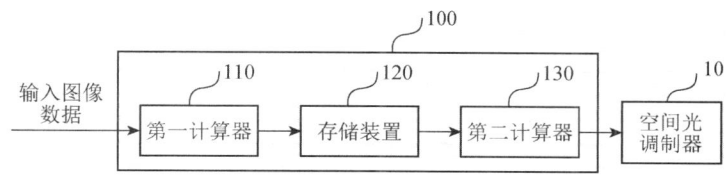

图 6 – 4 – 3　CN107087149A 技术方案示意图

装置 100 可以包括第一计算器 110、配置为存储第一计算器 110 的计算结果的存储装置 120 和配置为执行使用了存储在存储装置 120 中的计算结果的第二计算的第二计算器 130。第一计算器 110 可以通过执行涉及输入图像数据中包括的左眼图像和右眼图像的第一计算来计算左瞳孔表面上的光波形的值和右瞳孔表面上的光波形的值。第二计算器 130 可以将计算出的左瞳孔表面上的光波形的值存储在第一存储器地址并且还将计算出的右瞳孔表面上的光波形的值存储在第二存储器地址。并且，第二计算器 130 可以通过基于存储在第一和第二存储器地址中的计算结果执行第二计算，计算被空间光调制器 10 调制的光的波形值。第二计算器 130 可以执行第二计算，从而左眼图像和右眼图像在空间上彼此分离并且显示在全息图像表面。装置 100 可以从输入图像数据生成全息图数据信号并且将生成的全息图数据信号提供给空间光调制器 10。

（4）亚全息图与查表的结合

为了减少对用于生成全息数据的昂贵计算单元的要求，使用查表的方式，通过量的预定减少计算量，使得全息图能用普通计算机系统交互式地实时生成，保证了跟踪观察者瞳孔的所带来的延迟得以减小。

代表专利为 CN101512445B，如图 6 – 4 – 4 所示，具体技术方案：被分成物点（OP）的场景（3D – S）在光调制装置上被编码为总全息图，可以从位于视频全息图的再现的周期性区间中的可见区（VR）中被作为再现看到，可见区与要被再现的场景的每个物点限定亚全息图（SH），总全息图通过亚全息图的基值的叠加形成；对每个物点，都可以从至少一个查找表搜索亚全息图对场景的全部再现的基值。

6.4.2　光　　源

代表专利为 CN104181799A，该发明名称为"相干光发生设备、相干光发生方法和显示设备"，申请日为 2014 年 5 月 15 日，优先权日为 2013 年 5 月 23 日和 2013 年 11 月 1 日，目前还在审查中。其所要解决的技术问题为全息显示中的光源发出的光不理想。其所达到的技术效果为能够使每个像素中产生的光具有广视角。如图 6 – 4 – 5 所示，其主要内容为：

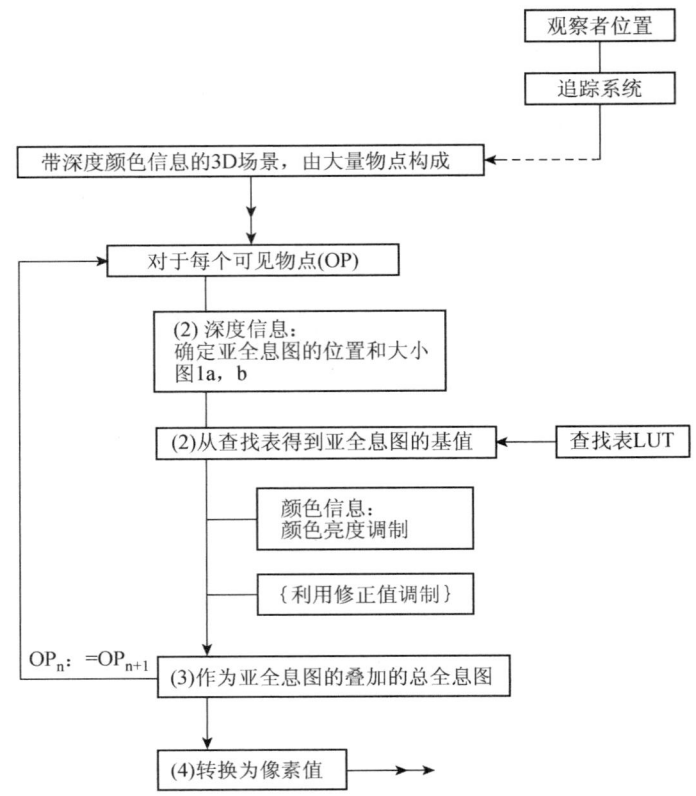

图 6 – 4 – 4　CN101512445B 技术方案示意图

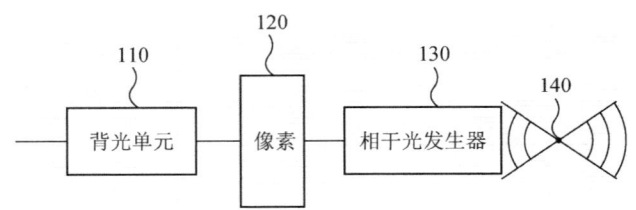

图 6 – 4 – 5　CN104181799A 技术方案示意图

广角相干光发生设备可以包括例如背光单元 110 和相干光发生器 130。背光单元 110 可以产生与其上放置有像素 120 的表面平行的光。例如，背光单元 110 可以产生具有单一波长的光。为了产生平行光，背光单元 110 可以使用各种不同的光源，例如，发光二极管（LED）等。在实施例中，背光单元 110 可以产生相干光或准直光，或者相干光和准直光两者。相干光发生器 130 可以使由背光单元 110 产生的平行光聚集到焦点 140 上，并且可以产生广角的相干光。相干光发生器 130 可以对应于例如具有各种形状的被构造为使平行光聚集到单焦点上的各种各样的光学装置。相干光发生器 130 可以不包括通常被用于产生相干光的狭缝。相干光发生器 130 可以位于其上放置有像素 120 的表面的后侧，并且可以将穿过像素 120 的光聚集到焦点 140 上。例如，相干光发生器 130 可以位于与设置有背光单元 110 的表面相反的表面上。

6.4.3 光路设计

（1）双投射装置来放大尺寸

代表专利为 CN101176043B，该专利所要解决的技术问题是用少量的光学元件在大的再现空间中再现和表现任何尺寸的场景。该专利提供了用于场景全息再现的投射装置，如图 6-4-6 所示，由充分相干光照射并载有编码的全息图的光调制器能以光学放大的方式投射，光调制器 8 可以为透射空间微光调制器。其中，投射系统 3 可具有至少两个投射装置 4 和 5，两个投射装置设置成第一投射装置 4 以放大的方式将光调制器 8 投射到第二投射装置 5 上，第二投射装置 5 将光调制器 8 的空间频谱的平面 10 投射到包含至少一个观测窗 15 的观察者平面 6，其对应空间频谱的一个衍射级。

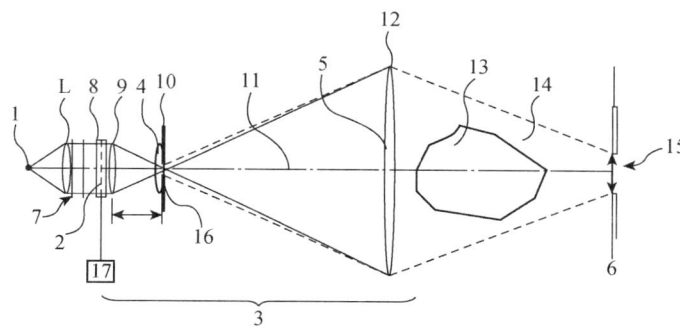

图 6-4-6 CN101176043B 技术方案示意图

（2）分级追踪以精确控制光的方向

代表专利为 CN103384854B，该专利将图像信息以精度不同的两级方式追踪至观察者的眼睛，其显著的效果是能够精确控制光的方向，跟踪范围大、速度快、结构简单、对偏转光栅的电极间距要求不高。具体技术方案：眼睛位置检测系统（800）适应于发现并跟踪图像信息的至少一个观察者的至少一只眼睛的位置，并且系统控制器（900）适应于基于由眼睛位置检测系统使用第一和第二光影响装置（500、600）所提供的眼睛位置信息（901）来跟踪图像信息的至少一个可见区域（1000）。第一光影响装置（500）在观察者范围内以较大的步幅将可见区域（1000）跟踪至观察者的眼睛，第二光影响装置（600）借助于至少一个电可控的衍射光栅至少在第一光影响装置（500）的一个这种较大的步幅内逐级或连续地将可见区域（1000）跟踪至观察者的眼睛（1100）（见图 6-4-7）。

（3）多组聚焦元件和发光装置的排列使发光装置发出的光在观察窗重合

代表专利为 CN100578392C，该专利所要解决的技术问题是减小装置的体积和重量，减小透镜像差的干扰；增加照明亮度。为此，该专利提供了一种利用视频全息图再现三维场景的装置，如图 6-4-8 所示，该装置包括，光聚焦装置，其通过用全息图信息编码的空间光调制器 SLM 将充分相干光从发光装置有效地引导到至少一

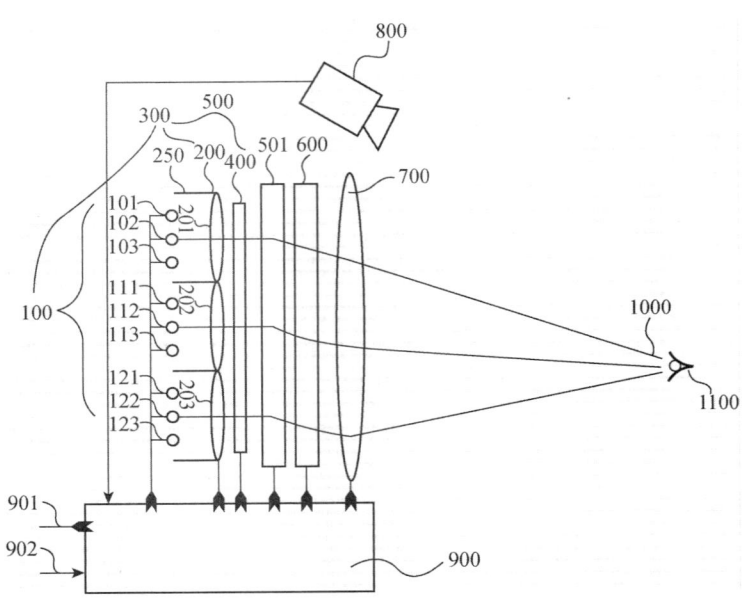

图 6 - 4 - 7　CN103384854B 技术方案示意图

个观察者的眼睛，多个照明单元以照明空间光调制器的表面，每个单元包括一个聚焦元件和发出充分相干光使每个照明单元照亮表面的一个独立照明区的发光装置，因此，聚焦元件和发光装置的排列使发光装置发出的光在观察者眼睛附近或在观察者眼睛处重合。

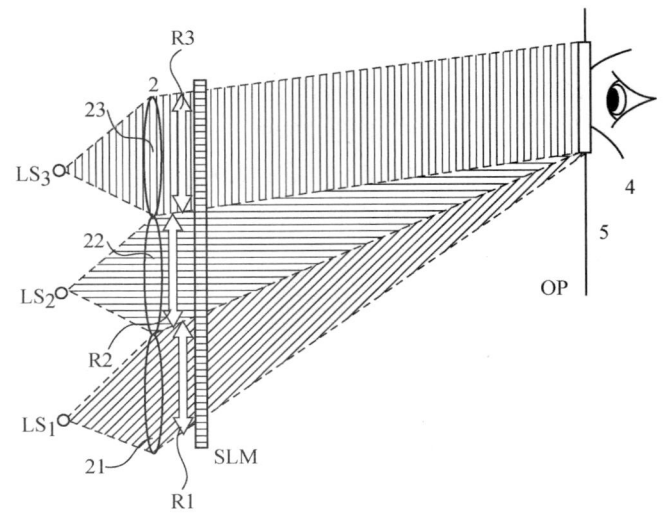

图 6 - 4 - 8　CN100578392C 技术方案示意图

（4）折射装置设置于光调制器装置与屏幕之间

代表专利为 CN101371204B，该专利所要解决的技术问题是提供一种装置及方法，使二维与/或三维的景象可以被重建于一个较大的重建范围内，并且同时具有高的影像品质，也允许观察者在其观察者位置平面中任意移动。为此，该专利提供了一种具影像重建功能的全息投影装置 1，如图 6-4-9 所示，这一装置包含了至少一个光线调制器装置 2 以及至少一个能够发射出足够且相干的光以产生景象的波前 8 的光源 4，而且这一波前将会被编码承载于光线调制器装置 2 内。由光源 4 所发射出来且经由光线调制器装置 2 所调制后的光线的傅里叶转换 FT 将会通过成像元件 6 而成像在屏幕 7 上。另外，编码承载于光调制器装置 2 的波前 8 也会通过由成像元件 6 而成形于某个观察者位置平面 12 内至少一个虚拟观察者视窗 11 上。为了通过改变至少一个观察者某只眼睛的位置来追踪观察者视窗 11，该全息投影装置至少包含了一个位于光调制器装置 2 与屏幕 7 之间的折射装置 18。

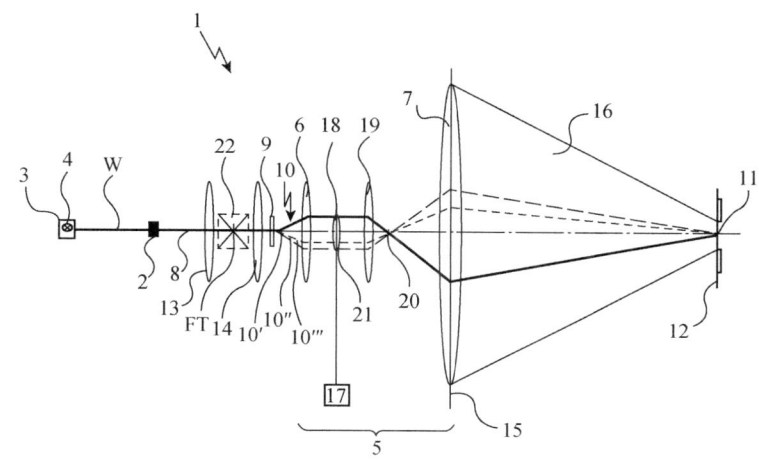

图 6-4-9　CN101371204B 技术方案示意图

（5）双眼图像分隔装置

代表专利为 CN100498592C，该专利所要解决的技术问题是提供一种能够实时重建全息视频图像、在较大区域上同时对双眼重建的方法，使刷新频率较低。为此，该专利提供了一种用于编码和重建全息视频图像的方法，如图 6-4-10 所示，其中，光学垂直调焦装置 2 将由线光源 1 发射，并通过全息阵列 3 上的电子可控像素调制的垂直方向上充分相干的光，成像到具有视窗 8r 和 8l 的观察平面 5 中，用以在一个衍射级中全息重建三维场景，使得观察者的双眼 R 和 L 可通过视窗 8r 和 8l 看到该场景。其中，可控像素在像素列中编码同一场景的两个分隔的全息图，每个全息图分别用于观察者的一只眼睛，上述全息图在垂直方向上为一维，其中像素排列在分隔的列组中，以使两个一维全息图水平交错，同时，具有平行于像素列排列的分隔元件的图像分隔装置 7 为一只眼睛显示对应的像素列，为另一只眼睛遮盖对应的像素列。

（6）跟踪多个观察者眼睛位置

代表专利为 CN101243693B，该专利所要解决的技术问题是提供一种方法和布置，使得可在观察空间的所有三维空间中提供较大运动范围和较短的计算时间。为此，该

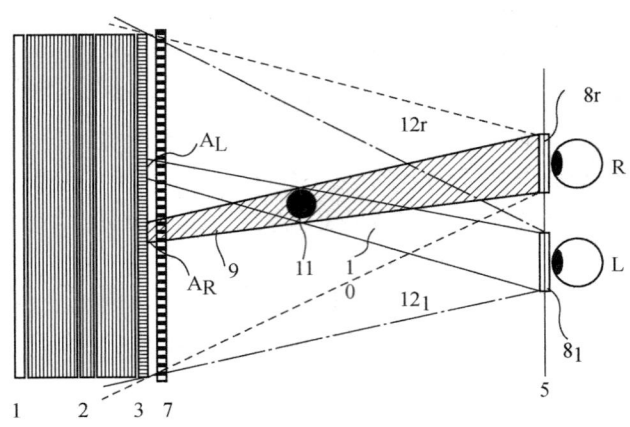

图 6 – 4 – 10　CN100498592C 技术方案示意图

专利提供了一种用于实时非接触式探测及跟踪多个观察者眼睛位置的方法和电路布置，如图 6 – 4 – 11 所示。输入数据包含数字视频帧序列。所述方法包含以下步骤：将用于检测脸部的脸部搜寻程序、用于检测眼睛区域的眼睛搜寻程序以及用于检测及跟踪眼睛参考点的眼睛跟踪程序结合起来。将眼睛位置在分等级顺序的程序内进行转换，其目的是以输入的视频帧 VF 数据组为基础，将待处理的数据组持续限定为脸部目标区域 GZ 以及随后限定为眼睛目标区域 AZ。而且，平行运行的一个程序或一组程序在其计算单元上分别完成。该方法和布置可用于自动立体显示器用户的眼睛位置跟踪和用于视频全息术中。

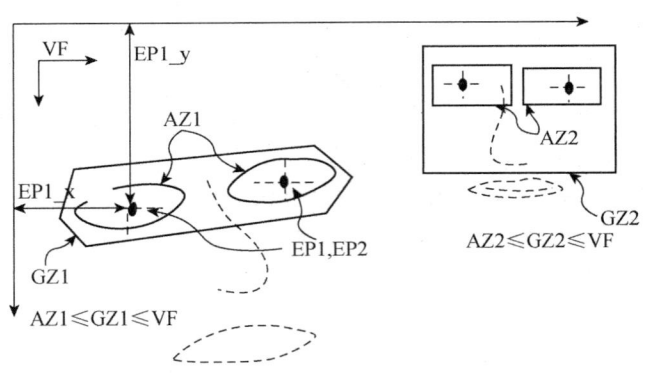

图 6 – 4 – 11　CN101243693B 技术方案示意图

（7）通过傅里叶镜头将调制光聚焦

代表专利为 CN106094488A，该发明名称为"用于提供增强图像质量的全息显示装置和全息显示方法"，申请日为 2016 年 4 月 15 日，优先权日为 2015 年 5 月 1 日，目前在审查中。其所要解决的技术问题为全息图的再现性质量不好。其所要达到的技术效果为能够增强通过离轴技术再现的全息图像的图像质量。

如 6 – 4 – 12 所示，其主要内容为：全息显示装置 100 可以包括：光源 110，其提供光；空间光调制器 120，其形成全息图案以调制光；以及控制单元 140，其控制空间光调制器 120 的操作。全息显示装置 100 可以进一步包括眼跟踪单元 130（例如，眼跟踪器），其跟踪观察者的瞳孔位置。全息显示装置 100 可以进一步包括傅里叶镜头，其允许将空间光调制器 120 调制的光聚焦在预定空间。可以通过傅里叶镜头将调制光聚焦在预定空间，于是可以在该空间中再现全息图像。然而，如果光源 110 提供聚集光，则可以略去傅里叶镜头。光源 110 可以是激光源，用于向空间光调制器 120 提供具有高空间相干性的光。然而，如果光具有一定程度的空间相干性，由于光可以被空间光调制器 120 充分地衍射和调制，所以可以替换地使用发光二极管（LED）或一些其他发光元件作为光源 110。除了 LED 之外，可以使用任何其他光源，只要发出的光具有空间相干性。

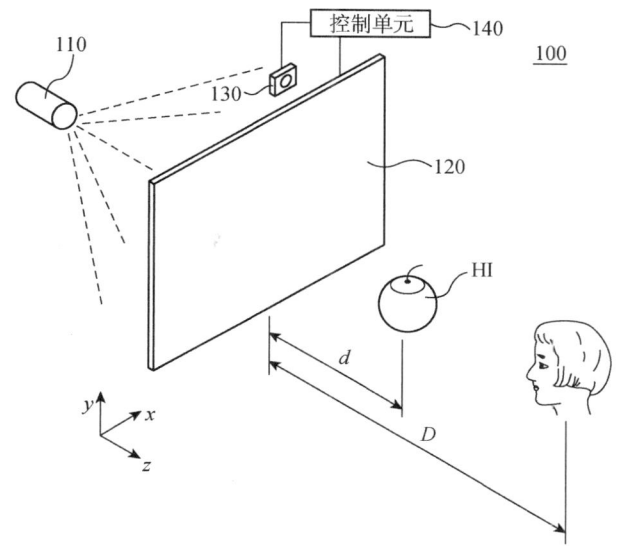

图 6－4－12　CN106094488A 技术方案示意图

6.4.4　追踪元件设计

（1）椭圆形式反射镜及其焦点位置的偏转镜组成的追踪元件

代表专利为 CN101611355B，光波追踪元件由椭圆形式反射镜和位于椭圆一个焦点位置的偏转镜组成，其具有跟踪位置精准、显示范围大的效果。具体技术方案：全息重建系统包含用全息信息调制光波的空间光调制装置和提供调制光波的光路径所需传播方向的光波追踪装置。位置控制装置（CU）控制倾斜可控的循迹反光镜装置（M1），设置在显示屏幕（S）前面的重建系统中，控制反射调制光波的反射反向（DA）。倾斜镜装置（M2）设置在调制光波的控制的反射方向（DA）中，引导反射光波通过显示屏幕（S）进入所需要的传播方向（DB）。倾斜镜装置（M2）是具有拥有两个焦点的椭圆形的凹面，循迹反光镜装置（M1）的中心设置在椭圆的焦点处，显示屏幕（S）具有位于椭圆的另一个焦点处的固定的光离开位置（C）（见图 6－4－13）。

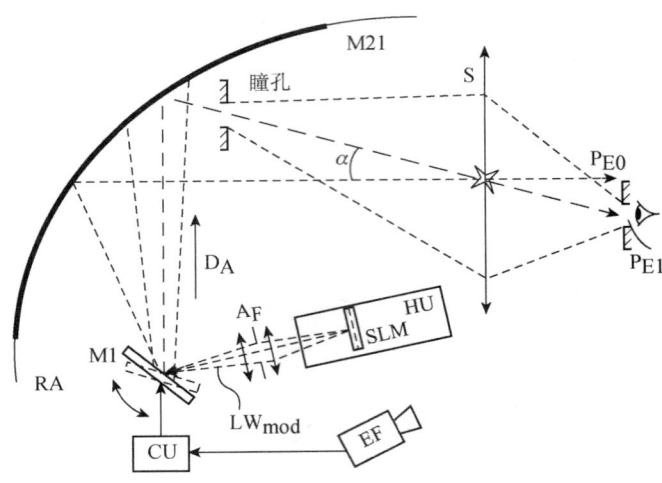

图 6 - 4 - 13　CN101611355B 技术方案示意图

（2）可变衍射结构

代表专利为 CN102483605B，该专利所要解决的技术问题是提供一种容易实现的跟踪全息显示器观察者窗口或跟踪自动立体显示器的最佳位置或多视角显示器光束偏转的方法和装置。为此，该专利提供了一种用于显示二和/或三维图像内容或图像序列的显示器的光调制器装置 10，如图 6 - 4 - 14 所示。光调制器装置 10 包含光调制器 12 和控制装置 14。实质上平行的光波场 16 的相位和/或振幅可由光调制器 12 根据在光调制器 12 上的位置改变，光调制器 12 可由控制装置 14 驱动。在光波场 16 的传播方向，在光调制器 12 的下游设有至少一个衍射装置 20。衍射装置 20 具有可变衍射结构。通过可变衍射结构，由光调制器 12 改变的光波场 16 可以以可变并可预定的方式衍射。

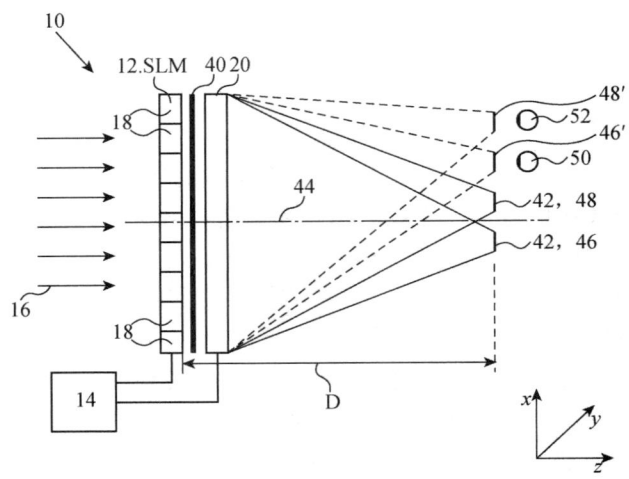

图 6 - 4 - 14　CN102483605B 技术方案示意图

6.4.5 SLM 设计

（1）SLM 自身的一部分可轻微偏转抖动。

代表专利为 DE102008040581B4，具体技术方案：可控光调制器的光调制器阵列（SLM）中的每个光调制器（SLM）被配置成可绕其光轴旋转，转动的范围依赖于眼睛位置检测系统提供的信号进行控制（见图6-4-15）。

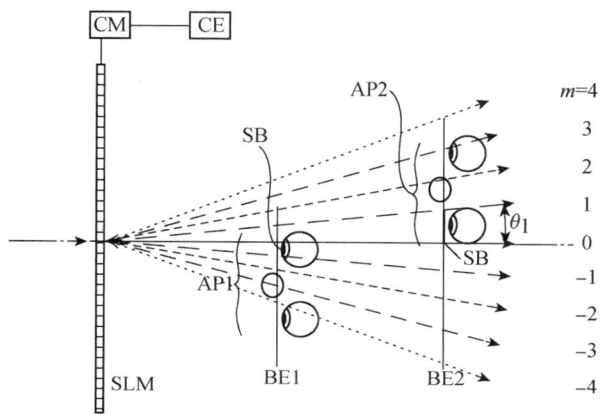

图 6-4-15 DE102008040581B4 技术方案示意图

（2）空间光调制器时序多重成像

代表专利为 US20130222384A1，对重建场景的观察产生大的视角，该专利提供了一种显示装置，特别是一种头戴显示器或 hocular，如图6-4-16所示，具有空间光调

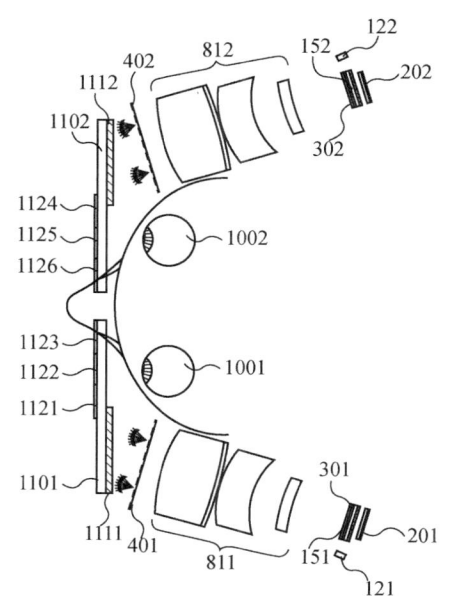

图 6-4-16 US20130222384A1 技术方案示意图

制器 201、202、可控光偏转装置 401、402 以及成像系统。空间光调制器可以被至少一个方向相干的波前照亮，可控光偏转装置包括具有可变光栅周期的可控液晶光栅。使得空间光调制器的由段落组合的至少是一维的多重成像能够按照时间顺序以可控制的方式被产生。其中，多重成像是以至少具有可预先给定的多重成像段落的数量的方式进行，该数量决定可视范围的大小，在该可视范围内，供观察者眼睛观察的在空间光调制器内全息编码的 3D 场景可以被重建。

6.4.6　针对特殊应用设计

代表专利为 CN101568888B，该专利所要解决的技术问题是克服现有移动电话用自动立体显示生成三维图像时，观察者眼睛聚焦的位置和观察者感觉到的三维图像的位置之间的不一致会导致观察者不舒服的缺陷。为此，该专利提供了一种包含具有成像系统和显示装置的主叫方移动电话的移动电话系统。成像系统可操作的捕捉主叫方的图像。主叫方移动电话通过无线连接发送主叫方的图像到被叫方移动电话，被叫方移动电话使用以全息图编码的全息显示装置在本地生成主叫方的全息重建。

6.5　小　　结

首先，在显示领域，在舞台表演、AR/MR 等方面存在较多误用"全息"概念的情况，这些应用实际上并没有直接利用全息图来产生图像。

其次，要实现实时全息三维显示，设备的耗费是相当巨大的。在这种情况下，显示虽然具备了各种深度的生理暗示，由于是计算机生成的缘故，在心理暗示上可能与实物的模拟仍有一定差异。

最后，就目前的技术水平而言，以追踪眼球的方式减少对像素分辨率及运算的要求，这是一种可能实现的实时三维全息显示。为实现该目标，该领域内申请人在计算全息、光源、光路设计、追踪元件设计、SLM 设计和针对特殊应用的设计等方面进行了研究。

第7章　全息光学元件重点技术分析

全息光学元件（Holographic Optical Elements，HOE）作为一种新型的光学元件，具有体积小、重量轻的优点，现已将其用于 DVD 的光学头、LCD 平板显示器、Holo-Lens 等头戴式显示设备、武器瞄准具以及车载平视显示系统等领域中。

7.1　技术概况

全息光学元件是一种衍射光学元件（Diffractive Optical Elements，DOE），其实质是在感光薄膜材料上记录全息图后形成的薄膜型光学元件，入射到其表面的光线遵守衍射理论，制作方法可以采用光学全息或计算全息的方法，或者两种方法相结合。

对于全息光学元件，周海宪等编著的《全息光学——设计、制造和应用》一书采用了与传统光学元件区别和联系的方式或采用制造方法对其描述限定。本章在综合相关非专利文献资料的基础上，采用明确限定与传统光学元件区别和联系的方式相结合，给出全息光学元件的概念和性质等。

7.1.1　全息光学元件与传统光学元件的区别和联系

从广义的角度讲，光学元件可以分为寻常光学元件（COE）和非寻常光学元件（UCOE）。寻常光学元件遵从几何光学的折射定律和反射定律，入射到其表面的光线发生折射和反射，出射方向取决于光学零件表面的形状，例如表面的曲率半径。常见的寻常光学元件包括透镜、反射镜和棱镜等。全息光学元件是一种典型的非寻常光学元件。全息光学元件入射到其表面的光线遵守衍射理论，出射方向取决于全息干涉条纹的结构。这些构成了全息光学元件和传统光学元件的基本区别。

从制作工艺来讲，传统光学元件由透明的光学玻璃、晶体、有机玻璃或塑料材料经切割、粗磨、精磨、抛光和镀膜等工序制成。全息光学元件一般在感光薄膜材料上制成，实质上是记录在全息底版上的一种全息图，是一种薄膜型光学元件。全息光学元件可由光学全息或计算全息制作而成，分别为光学全息元件和计算全息元件。光学全息术是利用干涉原理实现光波的相位变换，两束相干光在记录介质上产生干涉，将这些干涉图样记录下来并经过一定的处理形成。计算全息术是借助于计算机，按照希望成像波前的数学描述表达式，将与全息光学元件相对应的干涉条纹计算出来，然后通过电子束装置或者光学绘图仪绘制，再通过光学照相缩放技术将计算机的输出图形缩放成适当大小的尺寸。计算全息术也可与光学全息术结合，产生普通光学透镜不能产生的波前。全息光学元件的制作方法由光学全息术发展到计算全息术、光学/计算混合全息术等。

和传统光学元件相比，全息光学元件的主要优点可以归纳为 8 个方面：

（1）提供一个"薄膜光学系统"，这意味着大孔径光学系统可以有比较轻的重量；

（2）多个全息光学元件可以记录在同一块全息底版上，是一块空间叠加元件，也就是说，几种光学元件可以记录在同一块全息材料上；

（3）一个全息光学元件可以具有多项光学功能，例如同时有透镜（或反射镜）的成像功能、分光功能和光束偏转等功能；

（4）与传统的光学元件不同，全息光学元件的功能与底版的周边形状（不包括底版表面的曲率半径）基本上没有关系；

（5）全息光学元件的成像特性对工作波长比较敏感，比较适合于在窄波段范围内工作，在使用宽波段光束的情况下，色散的校正尤为重要；

（6）在涉及记录结构参数时，必须首先考虑全息光学系统的衍射效率；

（7）在传统光学元件难以实现某种功能的情况下，利用全息光学元件可能实现；

（8）如果一个光学系统包含全息光学元件，设计时必须考虑3个光学系统，即产品中的光学系统和两套记录光学系统，由于在主产品中使用了全息光学元件，为了校正不对称像差，系统中还必须使用偏心和倾斜透镜，因此增加了设计和加工的难度；但是提供了进一步校正主系统像差的能力。

7.1.2　全息光学元件的主要分类

根据不同的分类原则，全息光学元件有不同的分类，或者不同的名称。

首先，正如普通光学元件一样，全息光学元件对光束有会聚、发散、偏转、色散等功能，据此可以分为两类：全息透镜和全息反射片。其次，全息光学元件根据全息图感光层的厚度与干涉条纹间距的关系可分为面全息光学元件和体全息光学元件，也称为薄全息光学元件和厚全息光学元件。这种分类没有绝对的厚度标准，主要取决于全息图感光层的厚度与干涉条纹间距的关系。如果全息图感光层的厚度与记录的干涉条纹的间隔相比甚小，则为表面型或二维全息图，称为面全息光学元件；如果全息感光层的厚度等于或者大于干涉条纹的间距，则为体积型或三维全息图，称为体全息光学元件。它们之间的重要区别就是面全息光学元件的干涉条纹是记录在感光乳胶的表面上，全息图的衍射介质主要是介质的面效应，其作用类似于平面光栅；而体全息光学元件的干涉条纹是记录在感光乳胶内部，全息图的衍射主要是介质的体效应。另外，如果乳胶层内条纹的取向与元件表面法线方向偏离不大，则构成"透射型全息光学元件"，可用作全息透镜；若条纹的取向接近于表面平行，则构成"反射型全息光学元件"，即一般的全息反射片。

根据本书的专利研究来看，日本在全息光学元件领域的研发处于领先和主导地位，日本专利分类体系在该领域发展比较健全，细分比较详细。因此在前述非专利文献的基础上结合日本专利分类号 F–Term 给出的指引以及检索的专利数据信息，本章选择了基于所实现的功能即用途为主的分类原则，下面简单介绍几种主要的全息光学元件。

（1）全息光栅

全息光栅是相对刻画光栅来说的，由制作工艺来限定。

全息光栅是两平面波相干涉制得的全息图，由全息照相技术制作的光栅。在光学稳定的平玻璃坯件上涂一层给定型厚度的光致抗蚀剂或其他光敏材料的涂层。由激光器发生两束相干光束，使其在涂层上产生一系列均匀的干涉条纹，则光敏物质被感光。然后用特种溶剂溶蚀掉被感光部分，即在蚀层上获得干涉条纹的全息像，这种光栅为透射式衍射光栅；如在玻璃坯背面镀一层铝反射膜后，可制成反射式衍射光栅。

这种方法制造的光栅线槽密度高，划面宽度大，刻线可达 3663 ~ 4234 条/mm，面积可达 $165 \times 320mm^2$。

与刻画光栅相比较，全息光栅不存在周期误差，因而不产生"鬼线"。有杂散光少、分辨率高、有效孔径大、适用光谱范围宽、便于制作等优点。除平面光栅外，还可制作凹面全息光栅，这种光栅不仅用于分光，同时兼有准直和聚焦能力。其实际分辨能力可达理论分辨能力的 80% ~ 100%。

（2）全息透镜

全息透镜通过两球面波相干涉或一平面波与一球面波相干涉制得，有同轴和离轴两种类型。它不仅能会聚或发散光波，起到透镜的作用，还可以同时具备普通透镜和棱镜的功能。即，首先，它像一块棱镜，可以使光轴发生偏转，其次，可以作为透镜，对物体成像。

（3）全息滤光片

全息滤光片是通过两平面波夹角接近 180°且都垂直于记录表面制得。在使用时，对于入射的复色光，只有满足布拉格（Bragg）定律的某波长光才能衍射再现出来，因此具有很好的滤光特性。与干涉滤光片相比，它的波长半宽度窄得多。

7.1.3　全息光学元件的理论发展脉络

下面从三个方面说明全息光学元件的理论发展脉络。

（1）类透镜性质

透射型全息光学元件类似于普通的光学透镜，反射型全息光学元件类似于普通的光学反射镜。这一性质对于直观理解全息成像过程和简化全息光学元件的设计非常有用。

1949 年，Gabor 指出，一个具有光学透镜聚焦功能的全息菲尼尔波带片就是一个点光源全息图。1965 年，Armstrong 确定了菲涅尔全息图的类透镜性质。1967 年，M. J. R. Schwar 等人讨论并验证了点光源全息图的透镜作用。

1968 年，W. Lukosz 则明确提出了"全息成像的等效透镜理论"，将全息术称之为"无透镜成像技术"。

1973 年，Fred Mandelkorn 为解释全息技术提出了一个简单的透镜模型，但是没有给出等效光学系统的有关参数，因此又被称为"整体透镜等效法"。

1979 年，William C. Sweatt 提出了一种适合于透射型全息光学元件的新等效透镜模型，并推导出了一套适合于普通光学设计软件的光线追迹公式。

1979 ~ 1980 年，Chungte W. Chen 对于反射型光学元件提出了一种等效透镜模型。

William C. Sweatt 和 Chungte W. Chen 的等效透镜模型将全息光学元件的条纹间隔与一个等效透镜光学厚度的变化联系起来，在全息光学元件和普通透镜之间建立了密切的联系。

（2）耦合波理论

1966 年，Abe Offner 提出了衍射能力的概念。

1969 年，Herzig Kogelnik 提出了耦合波理论，该理论是深刻理解和分析体全息光学元件衍射特性的基础，其所推导出的各种条件下的衍射效率计算公式是评价全息图或全息光学元件光学效率的主要依据。

（3）设计和优化方法

1965 年，A. W. Lohmann 做出了第一个计算全息图。计算全息技术的发展有力地促进了全息光学元件的开发和利用。

1971 年，John N. Latta 提出了一种比较通用的光线追迹方法，不仅是以一般的记录和再现成像情况为出发点，而且已经考虑了记录介质的影响。

1973 年，W. T. Welford 提出了矢量光线追迹方法，这一方法适合于计算机编制程序。

1979 年，M. R. Latta 等提出了 K 矢量闭合方法，从图形的角度解释全息光学元件的成像机理。该方法有意识地保证记录和再现成像过程中所使用的光波波长有一定的漂移，克服了材料的限制。

1986 年，J. Kedmi 等提出了优化全息光学元件成像质量的均方差方法，不仅可以推导出一组简单的线性方程，而且产生的最佳解是一般函数，因而更为实际和有用。

1988 年，M. Assenheimer 等提出了混合递归设计方法，对于解决波长漂移问题更为实际，也适合于计算机编制程序。

随着新型光学元件的不断出现，光学设计软件的内容被不断地充实，功能也愈加完善。目前可进行全息光学元件设计的主流光学设计软件有美国 ORA（Optical Research Associates）公司研发的 CODE V、北京理工大学研制的 GOLD、ZEMAX Development Corporation 研制的 ZEMAX、Lambda Research Corporation 研制的 OSLO 等。

7.1.4 全息光学元件的制作材料

理想的全息光学元件制作材料应当具备以下性质：对记录和工作波长的高灵敏性、高衍射效率、高空间分辨率、高信噪比，在较高温度和相对湿度条件下的良好稳定性等。

到目前为止，还没有研制出一种全息记录材料能够满足上述所有要求，每一种材料在不同的应用中都有不同的优点和缺点。比较理想的全息光学元件制作材料有卤化银乳胶、重铬酸盐明胶（DCG）、光致抗蚀剂（Photoresist）、胆甾醇液晶等红外材料、有机材料等。

最广泛使用的全息光学元件制作材料是卤化银乳胶，它具有很高的曝光灵敏度、较宽的光谱响应范围、通用性强、环境稳定性好，并且是商业化的产品，例如天津远大天感影像科技有限公司、AGFA 公司、ILFORD 公司、KODAK 公司等。由 Gabor 发明的第一块全息图就是用卤化银胶片制成的。卤化银乳胶的一个重要性质是通过漂白方法可以把卤化银乳胶的振幅全息光学元件转换为相位全息光学元件。

1968 年，T. A. Shankoff 首次建议重铬酸盐明胶作为相位全息图的记录材料，其革命性地提出了预硬化 DCG 体系和水 – 醇显影工艺。这一工作使得 DCG 以高折射率调制能力、高分辨率、高信噪比、良好的曝光灵敏度、环境稳定性等优点成为最优秀的全息记录材料之一。重铬酸盐明胶材料处理工艺的发展，为用光学全息法制备高质量的全息光学元件找到了较为理想的记录材料，使全息光学元件进入了实用阶段。目前，DCG 已广泛应用于全息光栅、全息透镜等全息光学元件的制作。

1968 年，N. K. Sheridian 等认为光致抗蚀剂是一种适合的全息光学元件制作材料。它最引人注目的特性就是较高的曝光速度，以及使用它制作的面浮雕全息光学元件非常适于批量生产。在全息光学元件的应用中，通常使用的是正性光致抗蚀剂，即曝光部分的乳胶被溶解。

7.2　中国专利技术分析

如前所述，全息光学元件重点中国专利有 397 项，通过人工标引的方式对这些专利进行详细的功效分解，下面基于该标引结果从功效分析和重点专利的角度进行技术分析。

7.2.1　功效分析

从技术分支的角度来说，如前所述，全息光学元件的分类方法比较多样，但是比较实用的还是基于其用途分类。课题组采用用途和改进方面二级分解的方式对这些高度相关专利文献进行技术分解，即首先从全息光学元件的用途着手进行一级分解，然后从全息光学元件的改进方面进行二级分解。一级技术分支包括全息光栅、全息分束、全息透镜、全息导光、全息滤光、全息光通信、全息瞄准、全息屏幕、全息漫射、其他用途、不限用途 11 个方面，二级技术分支包括结构改进、工艺改进、材料改进、其他改进 4 个方面。

从技术效果的角度来说，包括提高光学效率、提高生产效率、减小误差、降低成本、减小体积、消除像差、大面积制作、消除色差、均匀出射、提高稳定性、减小色偏、提高光学头兼容性、其他效果 13 个方面。

这些技术分支和效果分支的定义如表 7 – 2 – 1 至表 7 – 2 – 3 所示。

表 7 – 2 – 1　全息光学元件中国专利一级技术分支及其定义

一级技术分支	定　　义
全息光栅	改进的全息光学元件在其应用中为光栅用途
全息分束	改进的全息光学元件在其应用中对光束进行分离等
全息透镜	改进的全息光学元件在其应用中为透镜用途
全息导光	改进的全息光学元件在其应用中对光束进行引导或偏转
全息滤光	改进的全息光学元件在其应用中为滤光用途
全息光通信	改进的全息光学元件在其应用中为光通信用途

一级技术分支	定　　义
全息瞄准	改进的全息光学元件在其应用中为瞄准用途
全息屏幕	改进的全息光学元件在其应用中为屏幕用途
全息漫射	改进的全息光学元件在其应用中为漫射用途
其他用途	改进的全息光学元件在其应用中为上述未列出的其他用途，例如全息掩膜等
不限用途	改进的全息光学元件不限用途，即通用性改进

表7-2-2　全息光学元件中国专利二级技术分支及其定义

二级技术分支	定　　义
结构改进	改进主要涉及全息光学元件的结构方面
工艺改进	改进主要涉及全息光学元件的工艺方面，即制作方法
材料改进	改进主要涉及全息光学元件的材料方面
其他改进	改进主要涉及上述未列出的其他改进，例如全息光学元件的装配方法等

表7-2-3　全息光学元件中国专利效果分支及其定义

效果分支	定　　义
提高光学效率	改进主要在于提高全息光学元件或其所在光学系统对光的利用效率，具体可以是衍射效率、反射效率等
提高生产效率	改进主要在于提高全息光学元件或其所在光学系统的生产效率
大面积制作	改进主要在于全息光学元件的大面积制作
降低成本	改进主要在于降低全息光学元件或其所在光学系统的成本
减小体积	改进主要在于减小全息光学元件或其所在光学系统的体积，例如结构紧凑、节省空间等
减小误差	改进主要在于准确控制全息光学元件制作中相关参数或者减小其所在光学系统中位置偏离、杂散光串扰等噪声的影响
消除像差	改进主要在于消除全息光学元件或其所在光学系统中的像差，即由非近轴光线追迹所得的结果与近轴光线追迹所得的理想状况之间的偏差，例如球差
消除色差	改进主要在于消除全息光学元件或其所在光学系统中的色差，即光源为多色光时像带有色斑或晕环的现象
减小色偏	改进主要在于减小全息光学元件所在光学系统中的色偏，使其更接近真实的色彩
均匀出射	改进主要在于使全息光学元件所在光学系统的出射光线均匀
提高稳定性	改进主要在于提高全息光学元件抵抗高温、潮湿等干扰的能力，使其性能稳定可靠

续表

效果分支	定　义
提高光学头兼容性	改进主要在于全息光学元件所在光学拾取头中对不同厚度光盘的兼容性
其他效果	改进主要在于上述未列出的其他效果

（1）对各技术和效果分支的分析

首先对这些技术分支和效果分支进行了分别统计，结果如表 7 - 2 - 4、表 7 - 2 - 5 及图 7 - 2 - 1 ～图 7 - 2 - 8 所示。

从表 7 - 2 - 4 能够看出，全息光学元件中国专利申请的一级技术分支，主要涉及全息光栅、全息分束、全息透镜、全息导光以及不限用途 5 个方面的改进，分别占到了 28%、18%、14%、10%、9%。另外，还涉及全息滤光、全息光通信、全息瞄准等多个方面，可见其应用之广。

表 7 - 2 - 4　全息光学元件中国专利申请一级技术分支分布

一级技术分支	申请量/项	一级技术分支	申请量/项
全息光栅	112	全息光通信	18
全息分束	73	全息瞄准	14
全息透镜	57	全息屏幕	9
全息导光	40	全息漫射	8
不限用途	36	其他用途	6
全息滤光	24	—	—

其中，占比较高的 5 种主要用途的专利申请量趋势如图 7 - 2 - 1 和图 7 - 2 - 2 所示。不难看出，全息光栅、全息分束和全息透镜方面都有比较明显的高速发展期，不限用途分支几乎一直都有专利申请。在 1986 ～ 2001 年，全息光栅分支专利申请比较零散，从 2003 年起开始快速发展，在 2009 年和 2012 年达到了高峰，分别有 14 项、13 项。1995 年全息分束分支快速发展，在 2005 年达到峰值，有 14 项，之后开始下降，2008 年仅有少量专利申请。1998 年全息透镜分支开始快速发展，申请量最高时仅有 5 项。全息导光分支有两个比较明显的峰值，2003 年和 2014 年分别达到 4 项和 7 项。不限用途分支仅在 2005 年比较突出，有 8 项申请，其余时期几乎都是 1 ～ 2 项。由此可见，在高速发展期和稳步发展期，全息光学元件多个分支技术得到了发展，但在具体时期和发展态势方面有所区别，间接反映了这些用途的全息光学元件所对应的应用领域的发展情况，其中不限用途方面几乎都是材料方面的改进，一直发展缓慢。

从图 7 - 2 - 3 中能够看出，在全息光学元件领域中国专利申请中，二级技术分支主要涉及结构和工艺改进，分别占比为 55% 和 37%，另外还有少量材料改进，仅占 8%。众所周知，材料方面的改进一向比较难并且比较耗时。

其中，结构改进、工艺改进和材料改进的专利申请量趋势如图 7 - 2 - 4 所示。从

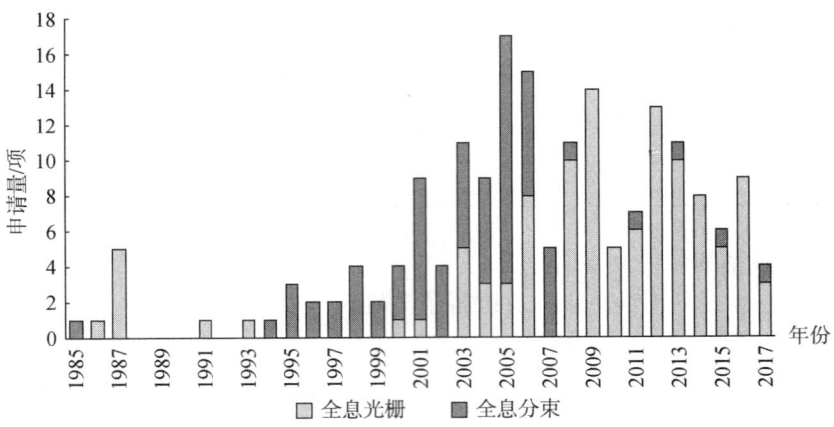

图 7 – 2 – 1   全息光栅和全息分束技术分支中国专利申请量趋势

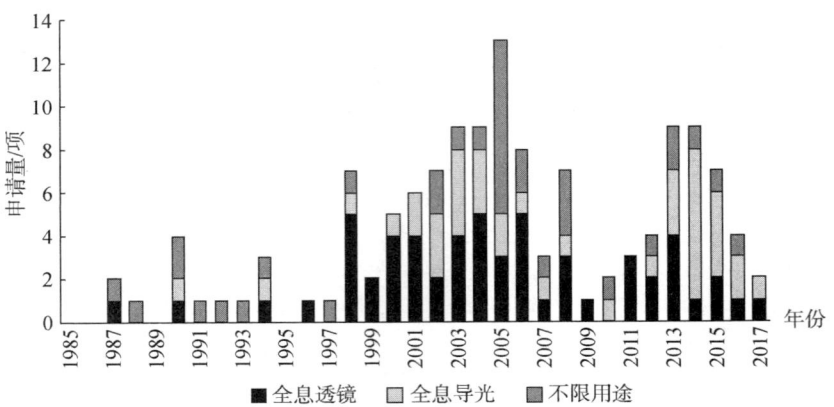

图 7 – 2 – 2   全息透镜、全息导光和不限用途技术分支中国专利申请量趋势

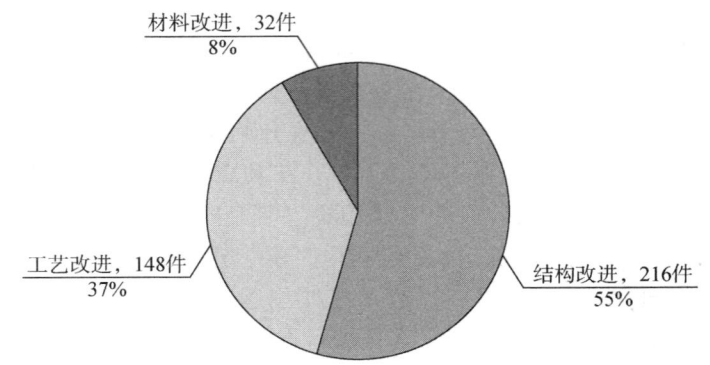

图 7 – 2 – 3   全息光学元件二级技术分支中国专利申请分布

中能够看出，这三个分支的改进呈现出各不相同的发展态势。结构改进分支从 1994 年起快速发展，在 2005 年达到最高峰，有 21 项，之后呈下降态势，在 2015 年再次达到

峰值，有 14 项。工艺改进分支在 1987 年有一次小高峰，有 6 项申请，之后缓慢发展，从 2003 年起开始快速发展，在 2013 年达到峰值，有 16 项。材料改进分支则一直缓慢发展，在 2005 年达到峰值，有 5 项。这也印证了全息光学元件领域在结构、工艺和材料改进分支的发展是有区别的。

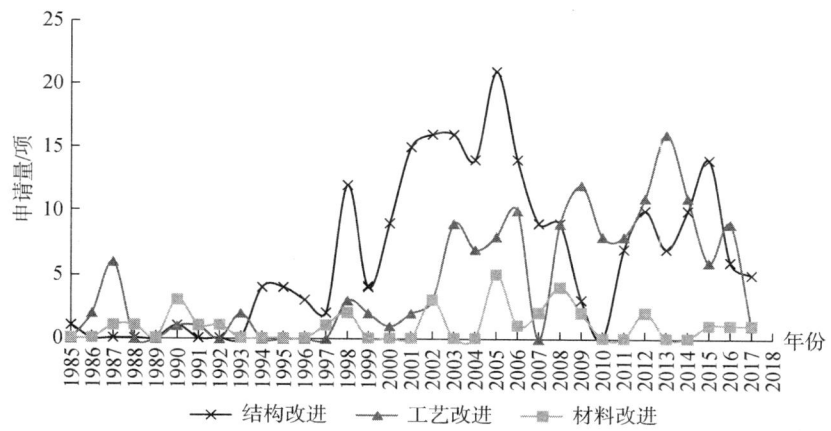

图 7 - 2 - 4　结构改进、工艺改进和材料改进技术分支中国专利申请量趋势

从表 7 - 2 - 5 中能够看出，全息光学元件领域中国专利申请，效果分支主要涉及提高光学效率、提高生产效率、减小误差和降低成本 4 个方面，分别占比为 20%、18%、15%、14%。另外，还涉及减小体积、消除像差、大面积制作等效果。既涉及大量普遍性的需求，又涉及具体应用领域的需求。反映了全息光学元件向着制作更高效、成本更低、功能更丰富、性能更好的方向发展，同时反映了各个应用领域向着小型化、精准化且使用方便的方向发展。

表 7 - 2 - 5　全息光学元件效果分支中国专利申请分布

技术效果分支	专利申请量（项）	技术效果分支	专利申请量（项）
提高光学效率	80	大面积制作	16
提高生产效率	70	消除色差	13
减小误差	59	均匀出射	11
降低成本	55	提高稳定性	8
减小体积	28	减小色偏	6
消除像差	23	提高光学头兼容性	6
其他效果	22	—	—

其中，主要效果分支的专利申请量趋势如图 7 - 2 - 5 和图 7 - 2 - 6 所示。从中能够看出，即使都是普遍性的需求，发展趋势也明显有所区别。提高光学效率和提高生产效率一直都是全息光学元件领域关注的重点，1985 ~ 1997 年为缓慢发展期，已有一些这方面的改进。从 1998 年起，提高光学效率、提高生产效率、减小误差、降低成本 4

个方面的改进开始快速发展，提高光学效率分支在 2002 年和 2005 年分别达到了 10 项和 11 项，提高生产效率分支在 2003 年和 2012 年分别达到了 6 项和 7 项，而减小误差和降低成本自 2001 年起稍微均衡一些，降低成本在 2003 年达到峰值 6 项。另外，这些效果分支的发展趋势与全息光学元件领域的整体趋势大体是一致的。

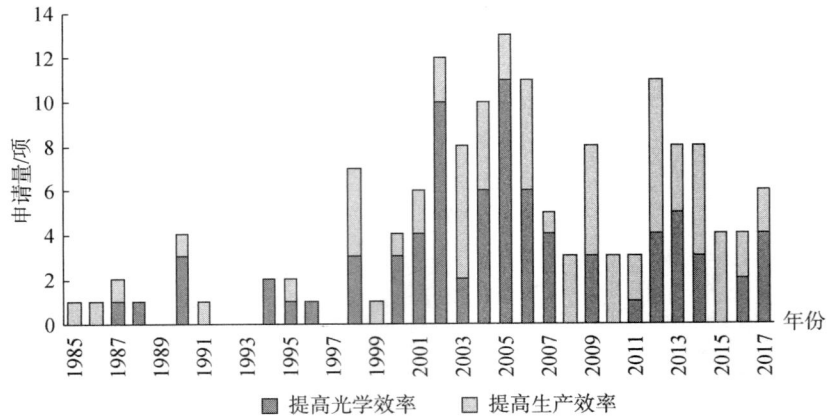

图 7 - 2 - 5　提高光学效率和提高生产效率分支中国专利申请量趋势

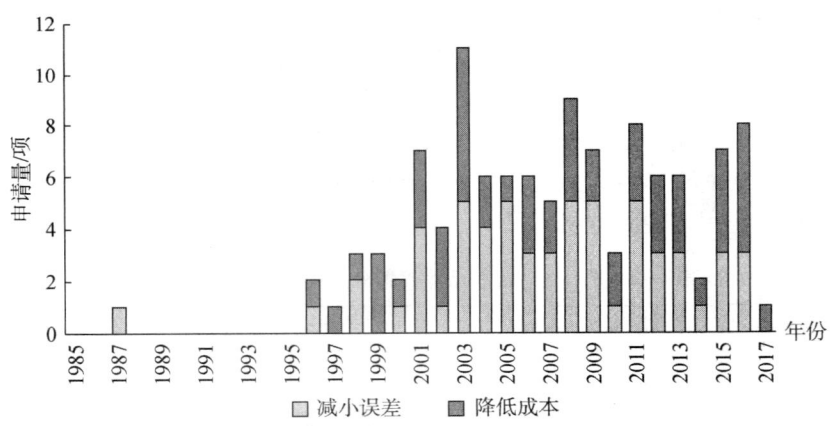

图 7 - 2 - 6　减小误差和降低成本分支中国专利申请量趋势

（2）技术分支与效果分支的组合分析

下面将一级技术分支、二级技术分支与效果分支组合起来进行分析。

首先，将改进分支和效果分支组合起来进行分析。如图 7 - 2 - 7 所示，全息光学元件领域中国专利申请主要集中于结构改进和工艺改进两个分支面。结构改进分支的专利申请侧重于提高光学效率、减小误差、降低成本、减小体积、消除像差 5 个方面的效果分支；工艺改进分支的专利申请侧重于提高生产效率、减小误差、降低成本、大面积制作 4 个方面的效果分支；材料改进分支的专利申请较少，侧重于提高光学效率，其他改进方面的专利申请仅有 1 项，涉及全息光学元件在所应用系统中的装配方法。也就是说，对于全息光学元件结构、工艺、材料等方面的改进，发展并不平衡，

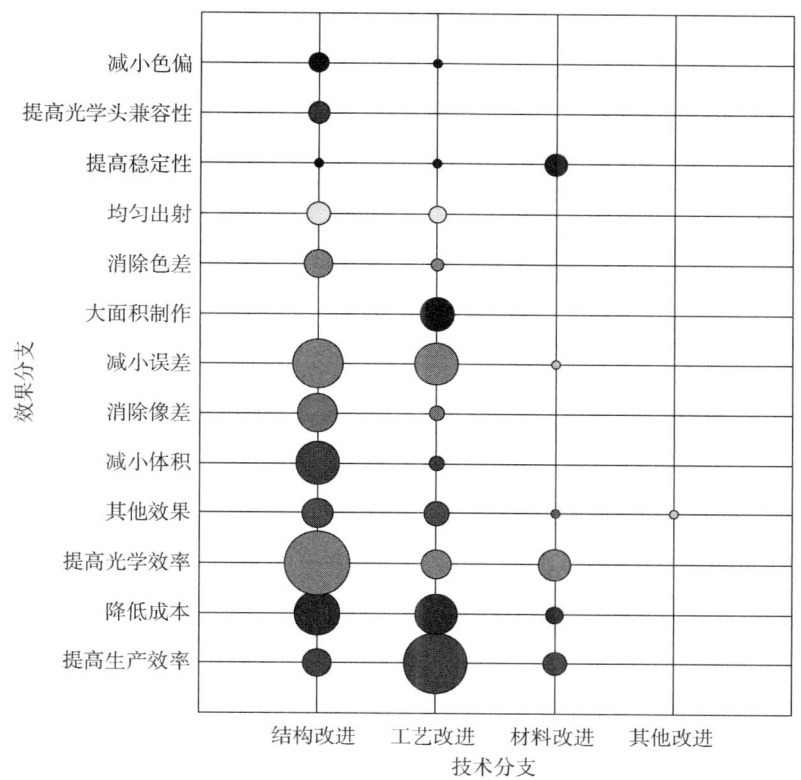

图 7 – 2 – 7　全息光学元件改进技术分支和效果分支的中国专利功效分布
注：圆圈大小表示了申请量多少。

并且各效果分支的改进各有侧重。

　　其次，将改进分支和用途分支组合起来分析。如图 7 – 2 – 8 所示，全息光学元件领域中国专利申请主要集中于全息光栅、全息分束、全息透镜、全息导光 4 个方面，另外有不少专利申请不限用途，即涉及通用性的改进；全息光栅分支的专利申请主要涉及制作工艺的改进，全息分束、全息透镜、全息导光分支的专利申请主要涉及结构方面的改进，不限用途方面的专利申请主要涉及材料改进。可见，全息光学元件在各个用途分支的发展不均衡，这可能与市场需求大小有关。

　　最后，将用途分支和效果分支组合起来分析。如图 7 – 2 – 9 所示，全息光学元件领域中国专利申请中，全息光栅分支的专利申请侧重于获得提高生产效率、减小误差、降低成本、大面积制作等效果；全息分束分支的专利申请除了侧重于减小误差、降低成本，还侧重于提高光学效率；全息透镜分支的专利申请侧重于消除像差、提高光学效率、减小体积、提高生产效率等效果；全息导光分支的专利申请侧重于提高光学效率、均匀出射等效果；不限用途分支的专利申请侧重于提高光学效率、提高稳定性等效果。各用途分支的发展很不均衡，除了减小误差、降低成本、提高光学效率这种普遍性需求以外，效果分支各有侧重，但侧重点并不多。

　　进一步深入研究发现，全息光栅分支的专利申请主要涉及制作工艺的改进，例如，

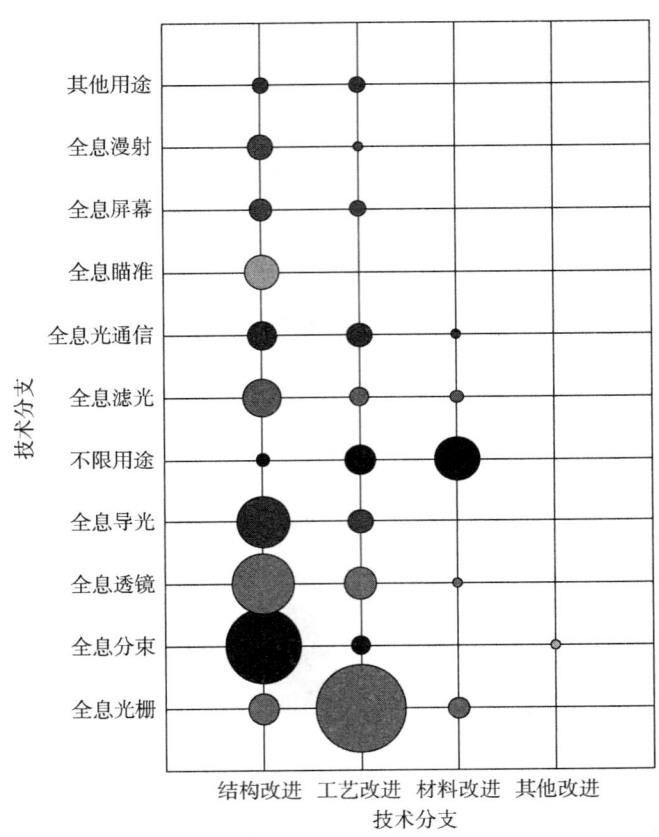

图 7 - 2 - 8　全息光学元件改进分支和用途分支的中国专利功效分布

注：图中圆圈大小表示申请量多少。

干涉条纹的频率、方向、定位、稳定性以及曝光量等参数的精准、快速控制，还有低频、高频、大面积等参数极值化实现。全息分束分支的专利申请主要涉及 DVD 等光盘的光学头、立体显示等热门领域，根据受发光是否一体以及光路中具体使用位置的不同，全息光学元件具体分离的光束不仅涉及光盘的入射光和从光盘反射的反射光，还涉及从光盘反射的反射光，并且全息光学元件的具体分束方式各种各样，以便满足光学头的读取需求。全息透镜分支的专利申请主要涉及 DVD 等光盘的光学头、眼科矫正等领域，主要在于实现多焦，以便满足光学头兼容 DVD 等不同规格的光盘或者眼睛矫正的需求。全息导光分支主要涉及 HoloLens 之类的头戴式显示设备热门领域，主要在于提高光学效率，以实现现实物体的光线与虚像的良好融合。

　　（3）申请人区域与用途技术分支的组合分析

　　从申请人区域与用途技术分支组合的角度出发，分析主要申请人区域在全息光学元件领域的侧重点。

　　首先，如图 7 - 2 - 10 和图 7 - 2 - 11 所示，中国专利申请以全息光栅为主，在全息透镜、全息光通信、全息导光、全息瞄准等用途分支也有一些专利申请；日本则以全息分束为主，另外有一些全息透镜分支的专利申请；韩国在全息透镜和全息分束分支大致持平；美国和德国则以不限用途的通用性专利申请为主，而且美国的在各个用途分支申请量不大，但几乎都有涉及。

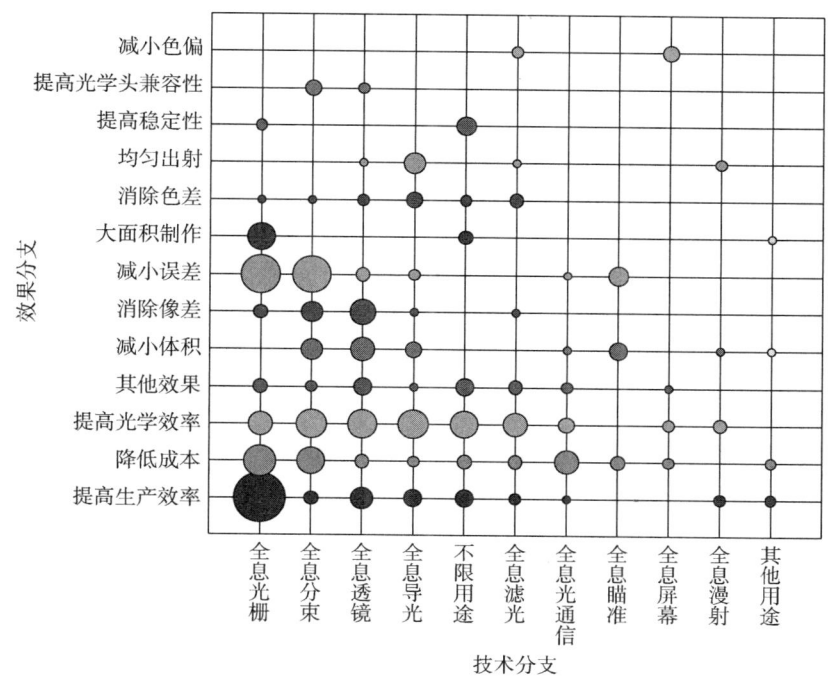

图 7 - 2 - 9　全息光学元件用途分支和效果分支的中国专利功效分布
注：图中圆圈大小表示申请量多少。

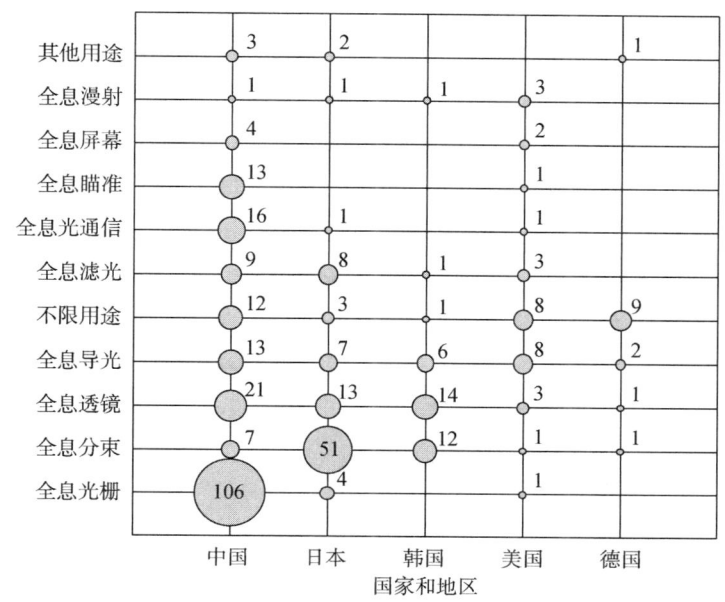

图 7 - 2 - 10　全息光学元件中国专利申请人区域与用途分支的组合分析

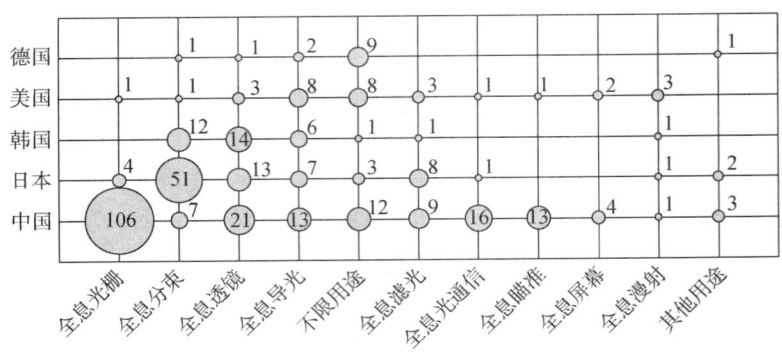

图7-2-11 全息光学元件中国专利用途分支与申请人区域的组合分析

注：图中数字表示申请量，单位为件。

其次，结合前面的申请人区域、主要申请人以及功效分析，不难看出，中国申请人在全息光栅分支的投入取得了大量成果，并且在全息透镜、全息光通信、全息导光、全息瞄准等用途分支也取得了不少成果。日本和韩国申请人则在DVD等光盘的光学头、LCD平板显示器和头戴式显示设备等应用领域的全息光学元件应用占有优势地位。美国和德国申请人则在材料分支较为突出。

综合分析不难看出，无论是技术方面，还是区域方面，全息光学元件各分支的发展很不均衡，有很大的发展空间。我国要在全息光学元件领域进一步发展，提高产业化程度，必须进一步提高科技实力，因此，无论是空白点还是研究热点，都值得我国相关高校、科研院所、企业的研究人员甚至个人研究者关注、挖掘；另外，需要进一步加强专利运用，将专利成果转化成生产力。

（4）主要申请人的用途分支和效果分支的组合分析

从第3章中关于中国专利申请的申请人排名中可以看到，排名第一位和第二位的申请人分别是三星和苏州大学。因此，有必要对这两位申请人进行细致的功效分析，下面具体选择用途分支和效果分支进行组合分析。

三星共有31项相关专利申请。由于三星在申请时间上具有明显的集中性，仅1项申请于2015年。如图7-2-12所示，三星侧重于光学头领域使用的全息透镜和全息分

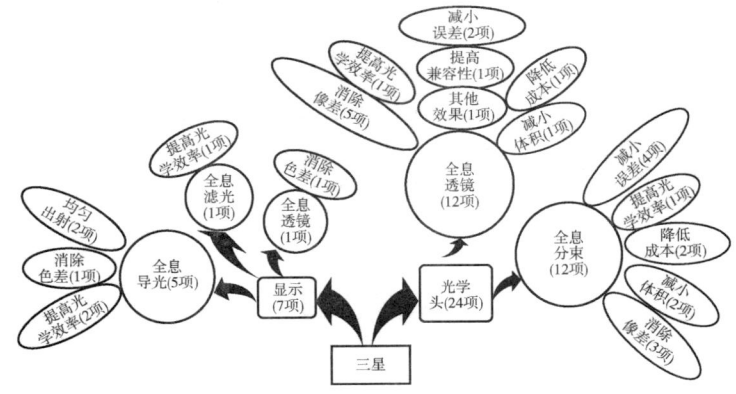

图7-2-12 全息光学元件三星在华专利用途分支和效果分支的组合分析

束两种全息光学元件。其次，三星还比较关注显示领域使用的全息导光、全息滤光、全息透镜 3 种全息光学元件，在全息导光方面改进较多。

苏州大学共有 24 项相关专利申请。苏州大学近十多年来一直有全息光学元件领域的专利申请。如图 7 - 2 - 13 所示，苏州大学专利申请侧重于全息光栅分支，不仅数量占优，持续时间长久，而且改进比较全面，以大面积制作、减小误差为主，共有 13 项申请。另外，苏州大学还涉猎了全息滤光、全息屏幕、全息透镜、全息导光全息光学元件。可见，苏州大学在侧重全息光栅分支的同时还关注了其他全息光学元件。

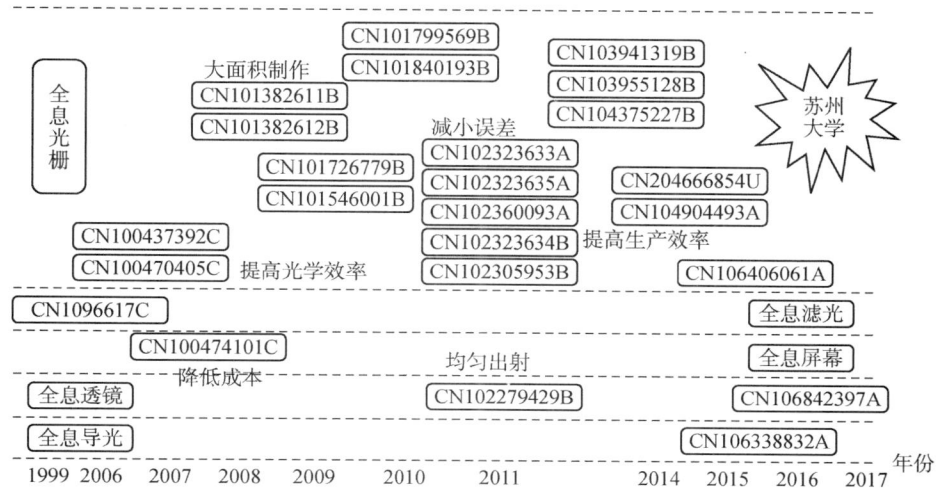

图 7 - 2 - 13　全息光学元件苏州大学专利申请用途分支和效果分支的组合分析

7.2.2　中国重点专利

下面从重点专利的角度对全息光学元件领域中国专利进行梳理。

作为重点专利，首先应当获得业内认可，因而选取同族专利被引用次数作为主要依据；其次，专利权是否有效也非常重要；最后，由于全息光学元件用途广泛并且国内外申请人侧重点不同，需要兼顾主要用途和申请人区域分布，基于这一综合考虑原则，课题组从 398 项专利申请中确定了以下重点专利。

（1）全息光栅

全息光栅方面的重点专利如表 7 - 2 - 6 所示。从中能够看出，重点专利侧重于工艺改进，并且无论是专利数量还是被引证频次，中国申请人苏州大学都占据了一席之地。下面以 CN101133348B、CN1117285C、CN101840193B 为例进行说明。

专利 CN101133348B 的申请日为 2006 年 2 月 28 日，优先权日为 2005 年 3 月 1 日，申请人为荷兰聚合物研究所，同族专利被引用次数为 111 次，同族专利数量为 16 件，目前处于有效状态。其同族专利中的中国分案申请 CN101846811A 处于失效状态。

表 7 - 2 - 6   全息光栅技术分支的中国重点专利

公开(公告)号	专利名称	申请日	同族专利/件	同族专利被引用次数	申请（专利权）人	专利类型	法律状态
CN101133348B	介晶膜中的偏振光栅	2006 - 02 - 28	16	111	荷兰聚合物研究所	发明	有效
CN1117285C	全息光栅及阴型光栅和复制光栅	2000 - 11 - 30	6	26	株式会社岛津制作所	发明	失效
CN101160540B	具有多个全息光学元件的高散射的衍射光栅	2006 - 02 - 09	8	15	瓦萨奇光电有限公司	发明	有效
CN101799569B	一种制作凸面双闪耀光栅的方法	2010 - 03 - 17	2	13	苏州大学	发明	有效
CN101726779B	一种制作全息双闪耀光栅的方法	2009 - 12 - 03	2	12	苏州大学	发明	有效
CN101840193B	一种制作全息光栅的方法	2010 - 03 - 25	3	9	苏州大学	发明	有效

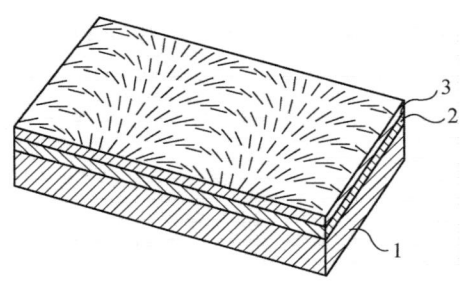

图 7 - 2 - 14   CN101133348B 技术方案示意图

该专利的技术内容：如图 7 - 2 - 14 所示，一种包括偏振敏感光定向层（2）和布置在定向层（2）上的液晶组分（3）的偏振光栅。对应于全息偏振图案的定向图案记录到光定向层中，并且液晶组分排列在光定向层上。因为液晶组分的定向来源是记录到光定向层中的偏振全息图，所以可以用该方法获得基本上无缺陷的图案。由此，可以提供易于制造的并且表现出在可见/IR 波长中的高衍射效率、透明度，中型和大型可用面积，当暴露于中等温度和可见光时的稳定性，以及灵活的设计特征的偏振光栅。

专利 CN1117285C 的申请日为 2000 年 11 月 30 日，优先权日为 2000 年 2 月 25 日，

申请人为株式会社岛津制作所，同族专利被引用次数为 26 次，同族专利数量为 6 件，目前处于失效状态。该专利可以作为我国科研人员进行研发的技术基础。

该专利的技术内容：如图 7 - 2 - 15 所示，一种全息光栅，其中相对在光致抗蚀层（2）上，按照大于所需槽的深度的值通过曝光方式形成的衍射光栅图形，沿与抗蚀图形的刻线方向相垂直，并且相对主板的法线方向的斜上的方向，借助按照 $O_2/$（$CF_4 + O_2$）在 0.1 ~ 0.9 的比例范围而适当混合的 CF_4 与 O_2 的混合气体，进行蚀刻处理，直至光致抗蚀层（2）完全消失，直接在光学玻璃主板（1）上，刻线而形成所需深度的槽。该全息光栅具有耐久性，漫射光值优良，衍射效率较高，并且较宽波段的衍射变化较小。

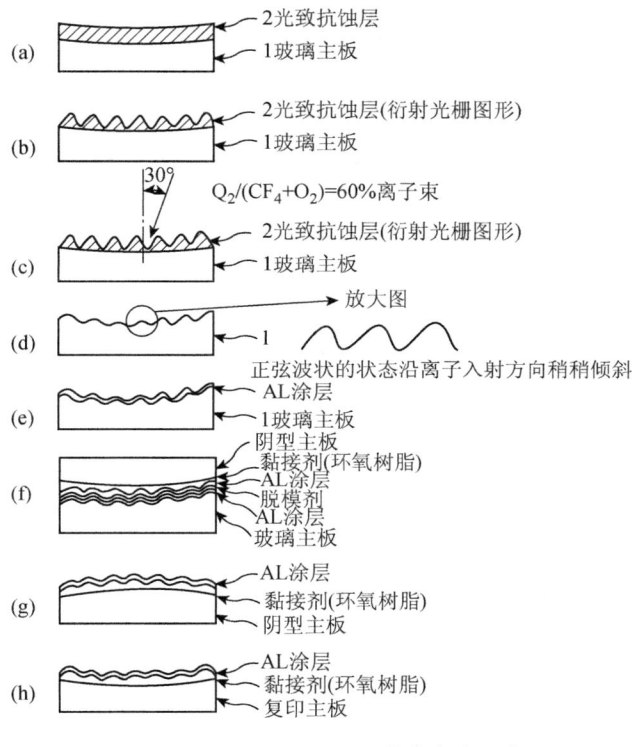

图 7 - 2 - 15　CN1117285C 技术方案示意图

专利 CN101840193B 的申请日为 2010 年 3 月 25 日，申请人为苏州大学，同族专利被引用次数有 9 次，同族专利数量为 3 件，目前处于有效状态。

该专利的技术内容：如图 7 - 2 - 16 所示，一种在有像差光栅基底上制作低衍射波像差光栅的方法，包括由一平行光记录光束和另一波面可调的平行光记录光束组成全息干涉记录光场，在其中一束记录光束的发散光路中放入一个变形镜，通过控制变形镜，获得用于补偿全息光栅基底像差的全息记录干涉光场。在此过程中，由变形镜、变形镜控制器与干涉仪三者构成全息记录干涉光场的闭环控制和检测系统；利用经过对变形镜调整后获得的全息干涉记录光场对涂有感光材料的全息记录基板曝光，记录全息光栅，经显影，完成所需低衍射像差光栅的制作。

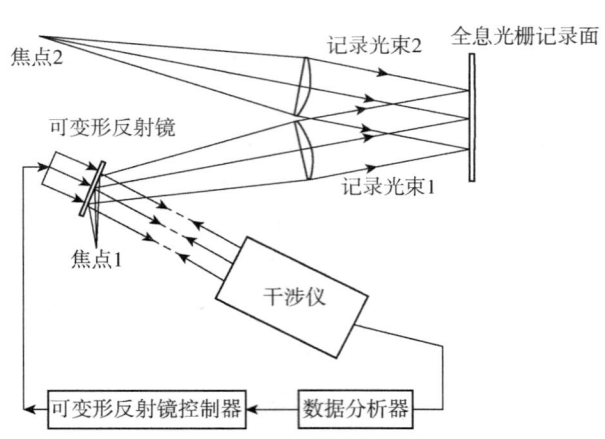

图 7 - 2 - 16　CN101840193B 技术方案示意图

（2）全息分束

全息分束技术分支的重点专利如表 7 - 2 - 7 所示，从中能够看出，涉及光学头的专利比较多，其次是显示，申请人全部为外国申请人，日韩企业占据了绝对优势，仅专利 CN1050200C 属于英国企业。下面挑选 CN1050200C 和 CN1290101C 进行说明。

表 7 - 2 - 7　全息分束技术分支的中国重点专利

公开(公告)号	专利名称	申请日	同族专利/件	同族专利被引用次数	申请（专利权）人	专利类型	法律状态
CN1050200C	显示器件	1995 - 06 - 07	24	102	理奇蒙德全息研究与发展有限公司	发明	失效
CN1290101C	光学摄像管、光盘及其信息处理装置	2001 - 07 - 07	13	71	松下电器产业株式会社	发明	有效
CN100380477C	可兼容不同厚度光记录介质的光拾取装置	1998 - 02 - 13	94	67	三星电子株式会社	发明	有效
CN1069989C	半导体激光装置和使用它的光拾取装置	1995 - 07 - 28	4	63	三洋电机株式会社	发明	失效

公开(公告)号	专利名称	申请日	同族专利/件	同族专利被引用次数	申请(专利权)人	专利类型	法律状态
CN1307441C	光学元件、其金属模及光学元件加工方法	2003 - 04 - 18	5	54	柯尼卡株式会社	发明	失效
CN1914556B	光源装置和二维图像显示装置	2005 - 01 - 26	12	49	松下电器产业株式会社	发明	有效
CN1049063C	光学头器件和光学信息装置	1994 - 06 - 02	7	41	松下电器产业株式会社	发明	失效
CN101283453A	固态成像装置及其制造方法	2006 - 07 - 13	8	39	住友电气工业株式会社	发明	失效
CN1187743C	光学元件、光源装置、光头装置以及光信息处理装置	2001 - 06 - 29	5	37	松下电器产业株式会社	发明	失效
CN1314027C	半导体光源、光摄像头装置和数据记录/重放装置	2001 - 07 - 04	7	34	松下电器产业株式会社	发明	有效
CN1779809A	光拾取装置	2001 - 06 - 21	7	34	日本先锋公司	发明	失效

专利 CN1050200C 的申请日为 1995 年 6 月 7 日，优先权日为 1994 年 6 月 7 日，申请人为理奇蒙德全息研究与发展有限公司，同族专利被引用次数为 102 次，同族专利数量为 24 件，目前处于无效状态。该发明专利涉及显示中采用的全息光学元件，旨在提供多个观察区，可以作为我国科研人员进行研发的技术基础。

该专利的技术内容：如图 7 - 2 - 17 所示，全息光学元件（3），包括至少两组区（3l，3r），每一组区都与另一组区不同，并且与另一组的相邻区交织或重叠，并且它的结构使入射在每一组区上的光被引导到多个观察区中相应的一个或多个区（5l，5r）上，从而解决了现有的全息元件入射到全息光学元件上的光被引向单个观察区的问题。

专利 CN1290101C 的申请日为 2001 年 7 月 7 日，优先权日为 2000 年 7 月 7 日，申

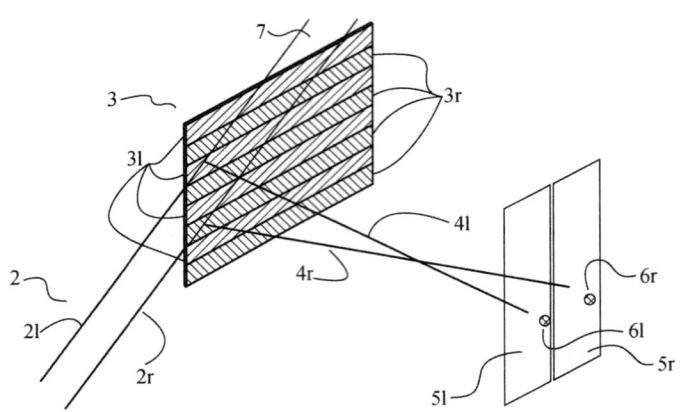

图 7 - 2 - 17　CN1050200C 技术方案示意图

请人为松下电器产业株式会社，同族专利被引用次数为 71 次，同族专利数量为 13 件，目前处于有效状态。该发明专利涉及光学头中采用的全息光学元件，旨在消除光学头中偏移的影响。需要注意的是，该专利在中国有 4 件分案申请：CN1674117A 处于失效状态，CN100388370C、CN100385547C、CN100454404C 均处于有效状态。

　　该专利的技术内容：如图 7 - 2 - 18 所示，光学摄像管（20），包括第一和第二半导体激光光源（1a，1b），其分别射出波长 λ1 和 λ2 的光束（2，25）；聚光光学系统（6），其接受第一和第二半导体激光光源射出的光束向光盘（7）上收敛微小光点；衍射部件（4），其衍射光盘反射光束；接受衍射部件所衍射的各衍射光并根据其光通量输出电信号的光传感部分（81，82，83），其包括接受衍射部件的 +1 次衍射光（10，12）的光传感部分 PD0，当光传感部分 PD0 的中心与第一和第二半导体激光光源各发

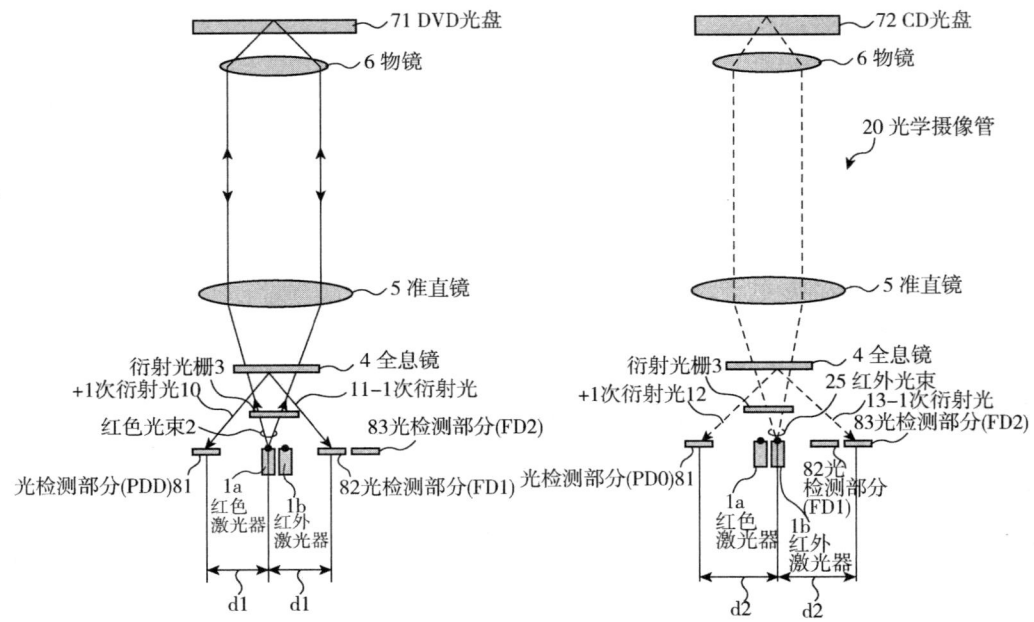

图 7 - 2 - 18　CN1290101C 技术方案示意图

光点之间的距离分别为 d1、d2 时，满足 λ1/λ2 = d1/d2。借此，可对 CD 和 DVD 进行良好再生；可在同一装置上实施微分相位法、PP 法、3 光束法 3 种 TE 信号检测方式；减少光传感部分的数量，从而缩小光传感器的面积，减少电流电压转换输出的电路元件数量，实现小型化。

（3）全息透镜

全息透镜技术分支的重点专利如表 7 - 2 - 8 所示，从中能够看出，涉及光学头的专利比较多，并且全部来自外国申请人，以日韩企业为主。下面挑选专利 CN1252702C、CN100474417C、CN100337278C、CN100501845C 进行说明。

表 7 - 2 - 8　全息透镜技术分支的中国重点专利

公开（公告）号	专利名称	申请日	同族专利/件	同族专利被引用次数	申请（专利权）人	专利类型	法律状态
CN1252702C	用于光学拾取头装置的物镜	2001 - 09 - 11	52	106	三星电子株式会社	发明	有效
CN100474417C	可兼容的光拾取器	2002 - 10 - 15	9	59	三星电子株式会社	发明	失效
CN100337278C	光学元件、透镜、光头、光学信息装置及采用其的系统	2003 - 11 - 25	6	57	松下电器产业株式会社	发明	有效
CN100501845C	光头装置、使用该装置的光信息装置及光盘记录器	2004 - 02 - 27	6	54	松下电器产业株式会社	发明	有效
CN1211790C	全息光学元件和采用该元件的光学拾取装置	2001 - 11 - 19	9	32	LG 电子株式会社	发明	有效
CN1214377C	物镜和光拾取装置	2000 - 10 - 04	5	29	索尼公司	发明	有效
CN1285927A	可程序设计的矫正透镜	1998 - 12 - 24	19	29	诺瓦提斯公司	发明	失效
CN1285929A	复合型全息多焦透镜	1998 - 12 - 24	18	27	诺瓦提斯公司、加利福尼亚大学董事会	发明	失效
CN104755968B	透视式近眼显示器	2013 - 10 - 24	7	18	高通股份有限公司	发明	有效
CN1130708C	半导体激光装置	1998 - 09 - 30	3	16	松下电器产业株式会社	发明	失效

专利 CN1252702C 的申请日为 1998 年 3 月 28 日，优先权日为 1997 年 3 月 28 日，申请人为三星电子株式会社，2014 年变更为东芝三星存储技术韩国株式会社，同族专利被引用次数为 106 次，同族专利数量为 52 件，目前处于有效状态，但是未按时缴纳第 20 年年费。该发明专利涉及光学头中采用的全息光学元件，在该领域影响较大，预计不久可以作为我国企业进行研发的技术基础。

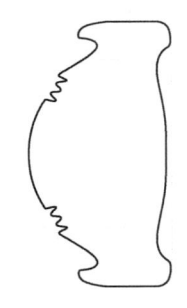

该专利的技术内容：如图 7 - 2 - 19 所示，一种用于光学拾取头装置的物镜，将光源发出的具有特定波长的光束聚焦于光记录载体的信息记录面上，物镜具有绕光轴的内区、环绕该内区的全息环区以及环绕该全息环区的外区，在工作时，该物镜的内区透射 650nm 和 780nm 波长的光束，该物镜的全息环区衍射 780nm 波长的光束并且将该光束移相 180°，该全息环区透射 650nm 波长的光束并且将该光束移相 360°，该物镜的外区则透射 650nm 波长的光束，透过该物镜的内区和外区 650nm 波长的光束被聚焦到厚度相对小的光记录载体的信息面上，

图 7 - 2 - 19　CN1252702C
技术方案示意图

透过该内区和被该全息环区衍射 780nm 波长的光束被聚焦到厚度相对大的光记录载体的信息记录面上，由此使聚焦于该光记录载体上的束斑尺寸变小。因此，能兼容数字视盘（DVD）和可记录小型盘（CD - R），并消除由于光盘间厚度差产生的球差。

专利 CN100474417C 的申请日为 2002 年 10 月 15 日，优先权日为 2001 年 11 月 15 日、2002 年 7 月 23 日，申请人为三星电子株式会社，同族专利被引用次数为 59 次，同族专利数量为 9 件，目前处于失效状态。

该专利的技术内容：如图 7 - 2 - 20 所示，可兼容的光拾取器包括：光学部件（1）用于发出一个适于高密光盘（50a）的短波长光束（1a）和至少一个适于至少一种低密光盘（50b，50c）的长波长光束（1b，1c），和用于接收和检测高密光盘和低密光盘反射的光束；物镜（40）用于通过聚焦入射的短波长和长波长光束，在高密光盘和低密光盘上形成光点；衍射装置（15）用于通过衍射光学部件输出的短波长光束，根据短波长光束的波长变化来校正色差；发散透镜（17）用于通过折射从光学部件向物镜行进的长波长光束，从而相对于至少一种低密光盘增加工作距离；第一和第二相位校正器（20，30）。借此，能够减小由于模式跳跃产生的短波长光束的散焦，而且能够保证一个足够的工作距离，以使物镜相对于长波长光源发出的光束不会与低密光盘发生碰撞。

专利 CN100337278C 的申请日为 2003 年 11 月 25 日，优先权日为 2002 年 11 月 25 日，申请人为松下电器产业株式会社，同族专利被引用次数为 57 次，同族专利数量为 6 件，目前处于有效状态。

专利 CN100501845C 的申请日为 2004 年 2 月 27 日，优先权日为 2003 年 2 月 27 日，申请人为松下电器产业株式会社，同族专利被引用次数为 54 次，同族专利数量为 6 件，目前处于有效状态。

这两件发明专利涉及光学拾取头中采用的全息光学元件，也是该领域影响较大的申请。

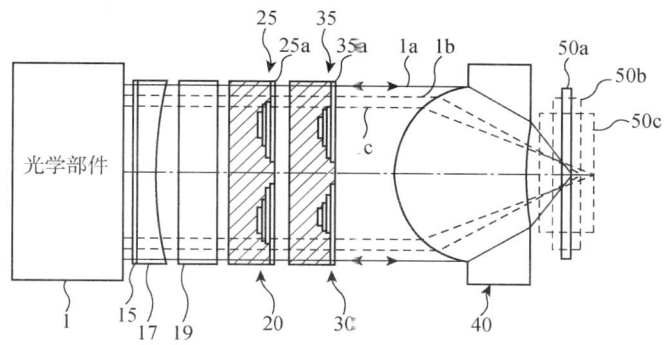

图 7 – 2 – 20　CN100474417C 技术方案示意图

专利 CN100337278C 的技术内容：如图 7 – 2 – 21 所示，一种光学透镜包括一全息图（134）、一折射透镜（144）和一相位级差（1442）。该全息图（134）具有截面形状为锯齿形的锯齿形光栅，通过设定锯齿形光栅的高度，该全息图（134）对于蓝光可最强产生 +2 级衍射光以及对于红光可最强产生 +1 级衍射光。蓝光的 +2 级衍射光被聚集穿过厚度为 t1 的基底，且红光的 +1 级衍射光被聚集穿过厚度为 t2 的基底（t1 < t2）。当蓝光穿过该相位级差时产生的光程长度差为蓝光波长的 5 倍。

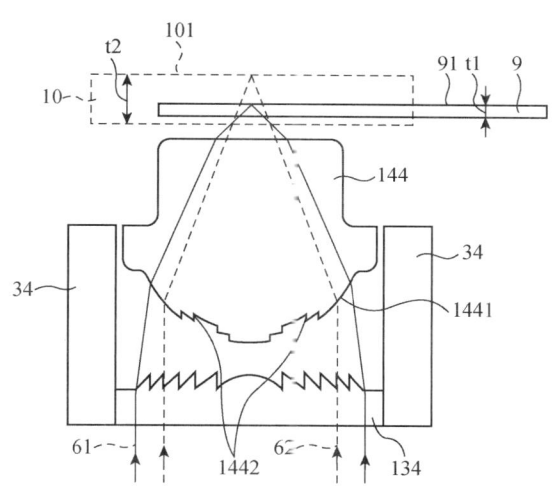

图 7 – 2 – 21　CN100337278C 技术方案示意图

CN100501845C 的技术内容：如图 7 – 2 – 22 所示，在使用 NA 大的物镜来进行高密度光盘的记录或再现的光头装置中，为了进行 DVD 等现有型光盘的记录或再现，使用锯齿状全息元件（13、134）。对于密度最高的第 3 代光盘（9），使用波长 λ1 的蓝色光束（61），将锯齿高度设为光路长度 2λ，使用 2 次衍射光，计算的衍射效率为 100%。对于 DVD 等第 2 代光盘（10），使用波长 λ2 的红色光束（62），产生 1 次衍射，计算的衍射效率为 80%。全息元件（13、134）对于红色光束（62）起到比对蓝色光束（61）的凸透镜作用弱的凸透镜作用。对于 CD 等第 1 代光盘，使用红外线光束（25），在红外线的激光光源与物镜（14、144）之间配置中继透镜（24），从红外线的激光光源（23）射出的光束由中继透镜（24）大致会聚后，边扩散边入射到物镜（14、144），利用物镜（14、144）通过经1.2mm的基体材料，在光盘的记录面上聚光成微小斑点。全息元件（13、134）对红外线光束（25）产生波长1倍的光程差，高效衍射+1次衍射光，光的损失少。

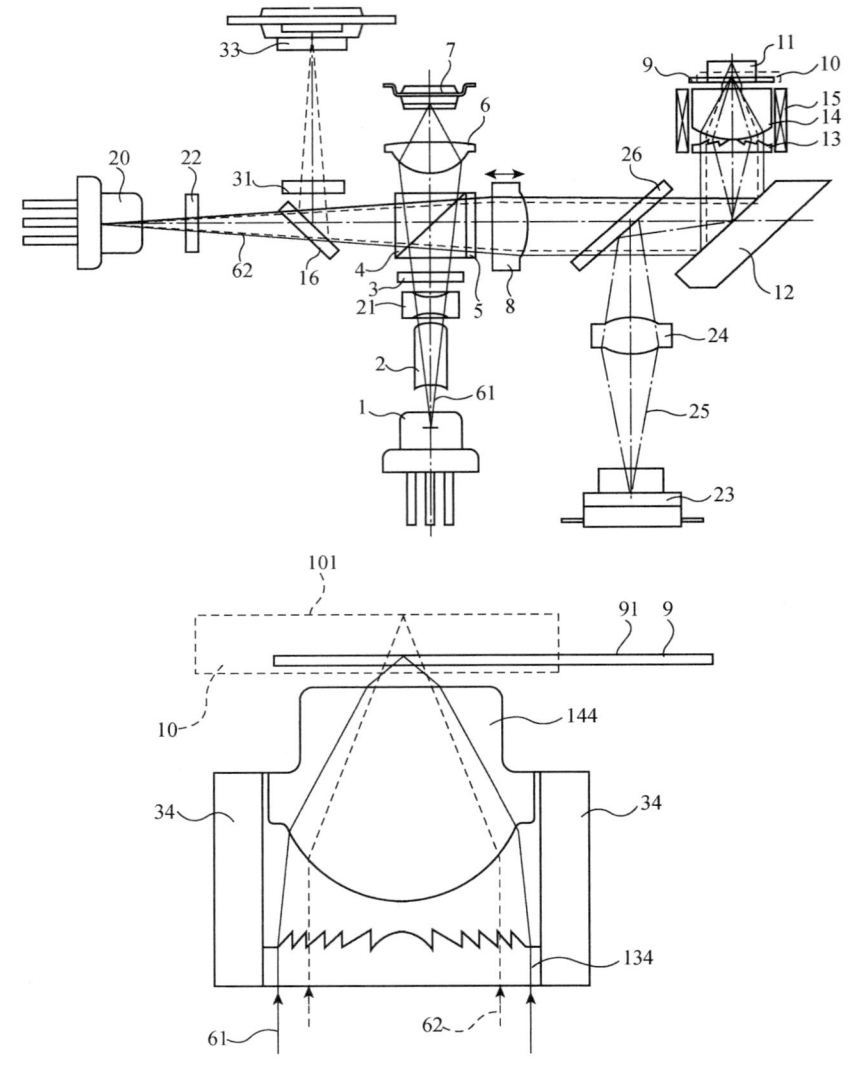

图7-2-22　CN100501845C技术方案示意图

（4）全息导光

全息导光技术分支的重点专利如表7-2-9所示。从中能够看出，涉及显示的专利比较多，并且全部来自外国申请人，日韩企业占了接近一半。下面对专利CN100410727C、CN1263603A、CN100456068C进行说明。

表7-2-9　全息导光技术分支的中国重点专利

公开(公告)号	专利名称	申请日	同族专利/件	同族专利被引用次数	申请（专利权）人	专利类型	法律状态
CN100410727C	光学装置以及虚像显示装置	2005-03-28	38	278	索尼株式会社	发明	有效
CN1263603A	光辐射集中装置	1998-07-16	11	265	特拉森有限公司	发明	失效
CN1559000A	波导、边缘发光照明装置和包含这种装置的显示器	2002-09-06	7	167	皇家飞利浦电子股份有限公司	发明	失效
CN1358333A	用于凝聚光辐射的装置	2000-05-25	10	145	特尔雷森有限责任公司	发明	失效
CN100456068C	光学器件与图像显示设备	2006-09-29	8	137	索尼株式会社	发明	有效
CN1266529C	背光单元	2003-11-03	13	110	三星电子株式会社	发明	有效
CN1279393C	背光单元	2003-05-23	10	101	三星电子株式会社	发明	有效
CN1784630A	用于液晶显示器的结构化半透反射片	2004-04-27	6	97	3M创新有限公司	发明	失效
CN1538220A	用于显示装置的发光单元	2003-06-20	5	90	三星电机株式会社	发明	失效
CN105190407A	波导显示器中经复用全息图的小块化	2013-12-18	6	76	微软技术许可有限责任公司	发明	审查中
CN1049500C	含有反射型全息光元件的液晶显示器	1994-10-19	15	68	摩托罗拉公司	发明	失效
CN101512403A	角度扫描式全息技术照明器	2007-08-22	9	67	高通MEMS科技公司	发明	失效
CN1257433C	照明系统与采用此系统的投影机	2002-09-23	10	59	三星电子株式会社	发明	失效

专利 CN100410727C 的申请日为 2005 年 3 月 28 日，优先权日为 2004 年 3 月 29 日，申请人为索尼株式会社，同族专利被引用次数高达 278 次，同族专利数量为 38 件，目前处于有效状态。

该发明专利涉及虚像显示装置中采用的全息光学元件，特别是反射体全息光栅，在该领域影响较大，具体可参见日本重点专利中的同族日本专利 JP5387655B2 的相关介绍。

专利 CN1263603A 的申请日为 1998 年 7 月 16 日，优先权日为 1997 年 7 月 18 日，申请人为特拉森有限公司，同族专利被引用次数有 265 次，同族专利数量为 11 件，目前处于失效状态。

该专利的技术内容：如图 7-2-23 所示，太阳能聚光器（10）包括高透射率平板（12）和多路传输全息光学薄膜（14），多路传输全息光学薄膜（14）位于高透射率平板（12）上以便形成光导结构，多路传输全息光学薄膜（14）具有多个衍射结构，衍射结构有两个或多个角度和光谱多路传输的区域，多路传输全息薄膜（12）适合于把光辐射（16，16′，16″）耦合至高透射率平板。借此，具有能量损失低和不需要跟踪机构的效果。

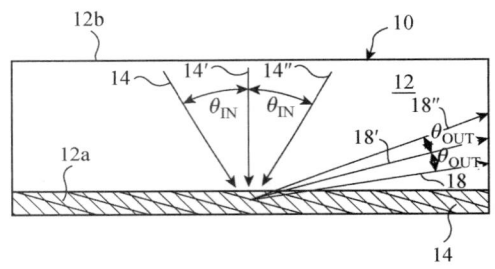

图 7-2-23　CN1263603A 技术方案示意图

专利 CN100456068C 的申请日为 2006 年 9 月 29 日，优先权日为 2005 年 9 月 29 日，申请人为索尼株式会社，同族专利被引用次数为 137 次，同族专利数量为 8 件，目前处于有效状态。

该专利的技术内容：如图 7-2-24 所示，光学器件（20）包含导光板（21）、第一与第二反射体积全息衍射光栅部件（30，40）；第一部件（30）具有从其内部向其表面延伸并且以等间距排列的干涉条纹；干涉条纹与第一部件的表面形成在其间形成倾斜角度。第一部件（30）具有以下情形：（a）在位置比最小倾斜角度区域更远离第二部件（40）的外部区域中，干涉条纹的倾斜角度随着与最小倾斜角度区域的距离增大而增大；（b）在位置比最小倾斜角度区域更靠近第二部件（40）的内部区域中，干涉条纹的倾斜角度包括邻近最小倾斜角度区域放置的内部区域中的最大倾斜角度，并且随着与最小倾斜角度区域的距离增大而减小。由此，可以减小依赖于准直光束入射角的颜色与亮度的不均匀性。

（5）不限用途

不限用途技术分支的重点专利如表 7-2-10 所示，从中能够看出，涉及的专利全

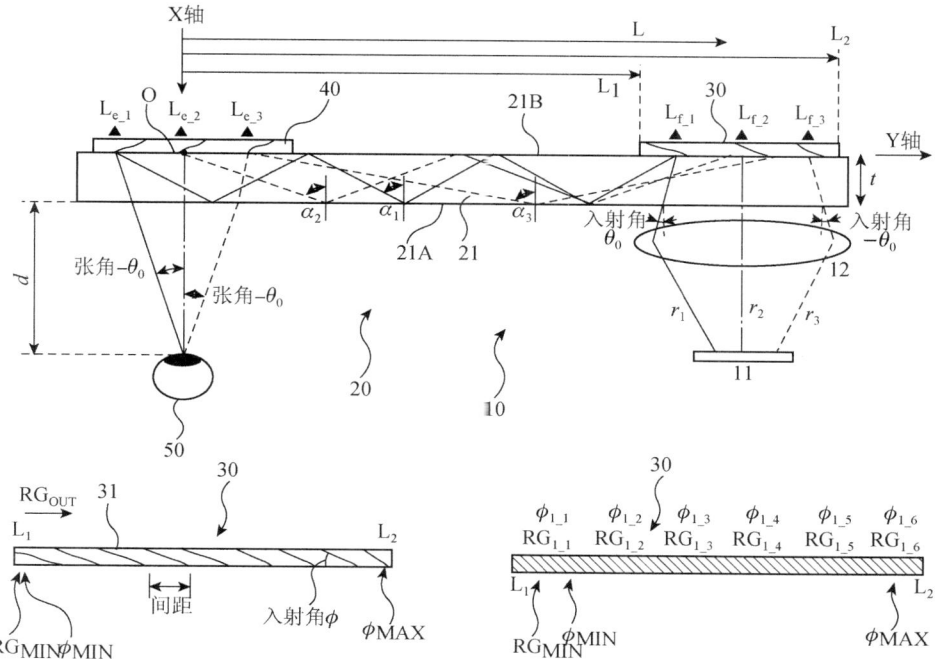

图 7 - 2 - 24　CN100456068C 技术方案示意图

部是材料改进，数量也相对多，全部来自外国申请人，全部为美国和德国企业。下面对专利 CN1564834A、CN101713923B 进行说明。

表 7 - 2 - 10　不限用途技术分支的中国重点专利

公开（公告）号	专利名称	申请日	同族专利/件	同族专利被引用次数	申请（专利权）人	专利类型	法律状态
CN1564834A	用于快速大规模生产全息记录制品的方法和组合物	2002 - 08 - 07	14	233	英法塞技术公司	发明	失效
CN1050620A	在光聚合物中形成反射全息图的全息光学元件	1990 - 06 - 22	7	173	纳幕尔杜邦公司	发明	失效
CN1048755A	用于折射率成像的全息光聚合物组合物和元件	1990 - 07 - 14	14	122	纳幕尔杜邦公司	发明	失效

续表

公开（公告）号	专利名称	申请日	同族专利/件	同族专利被引用次数	申请（专利权）人	专利类型	法律状态
CN101668782A	具有高折射指数的芳族脲烷丙烯酸酯类	2008-03-28	14	117	拜尔材料科学股份公司	发明	失效
CN101339335A	非蚀刻的平面偏振选择衍射光学元件	2008-07-03	7	45	JDS 尤尼弗思公司	发明	失效
CN101069109A	由用于以快速动力学产生折射率梯度层的有机－无机混合材料制成的光学元件及其制造方法	2005-12-19	13	34	EPG（德国纳米产品工程）股份有限公司	发明	失效
CN101713923B	具有低交联密度的光聚合物配制剂	2009-10-09	20	30	拜尔材料科学股份公司	发明	有效
CN101069108A	由用于产生横向分辨率高的折射梯度层的有机－无机混合材料制成的光学元件及其制造方法	2005-12-19	13	28	EPG（德国纳米产品工程）股份有限公司	发明	失效
CN1295262C	显示高度光诱导双折射的均聚物	1998-05-04	17	27	拜尔公司	发明	有效
CN101657483A	基于聚（ε－己内酯）聚酯多元醇的辐射交联和热交联PU系统	2008-03-28	11	20	拜尔材料科学股份公司，拜尔材料科学有限责任公司	发明	失效
CN1054324A	对长波长可见光光化辐射敏感的光聚合组合物	1991-01-12	7	20	纳幕尔杜邦公司	发明	失效

专利 CN1564834A 的申请日为 2002 年 8 月 7 日，优先权日为 2001 年 8 月 7 日、2002 年 5 月 16 日，申请人为 INPHASE，同族专利被引用次数高达 233 次，同族专利数量为 14 件，目前处于无效状态。该发明专利涉及用于快速大规模生产全息记录制品的方法和组合物，可以作为我国企业进行研发的技术基础。

该专利的技术内容：为了制备基于双组分聚氨酯基质体系的高性能全息记录制品，

例如，多元醇和所有的添加剂必须基本不含水分。一旦将异氰酸酯与多元醇，包括催化剂和所有其他组分混合在一起，必须进行脱气以除去在混合过程中引入混合物的所有残存空气。脱气耗费时间，并且在所有的空气气泡都被从异氰酸酯－多元醇混合物中排出之前不能允许聚氨酯反应的进行。该发明的快速大规模生产克服了此类方法限制，从而可以进行高性能全息记录制品的大规模生产。

专利 CN101713923B 的申请日为 2009 年 10 月 9 日，优先权日为 2008 年 10 月 1 日，申请人为拜尔材料科学股份公司，同族专利被引用次数为 30 次，同族专利数量为 20 件，目前处于有效状态。

该专利的技术内容：光聚合物配制剂，包含三维交联的有机聚合物 A）或者其前体作为基质，化合物 B），其包含在光化辐射作用下与烯键式不饱和化合物通过聚合进行反应的基团并且以溶液或者分散体形式存在于基质中，C）至少一种光敏引发剂，三维交联的有机聚合物的网络密度，表示为桥接两个聚合物链的链段的平均分子量为至少 2685 克/摩尔。三维交联的有机聚合物包含氨基甲酸乙酯基团。由该光聚合物配制剂生产的介质可以产生具有高衍射效率和高亮度的无色全息图。

7.3　日本专利技术分析

在全息光学元件领域中，如前所述，日本处于领先和主导地位，日本该领域专利分类体系发展比较健全，细分比较深入，因此，本节基于日本专利分类号 F – Term，从技术分支和重点专利的角度进行了技术分析。

7.3.1　技术分支分析

在全息光学元件技术领域，根据全息光学元件的应用，日本公开的申请主要涉及全息扫描、全息光栅、漫射板、全息透镜、装饰或显示、光通信或电路设备、仪器操作或检测 7 个技术分支。上述 7 个技术分支的申请量分布情况如图 7 – 3 – 1 所示，从专利申请来看，全息光学元件的应用主要集中在装饰或显示、衍射光栅、透镜 3 个技术分支中。

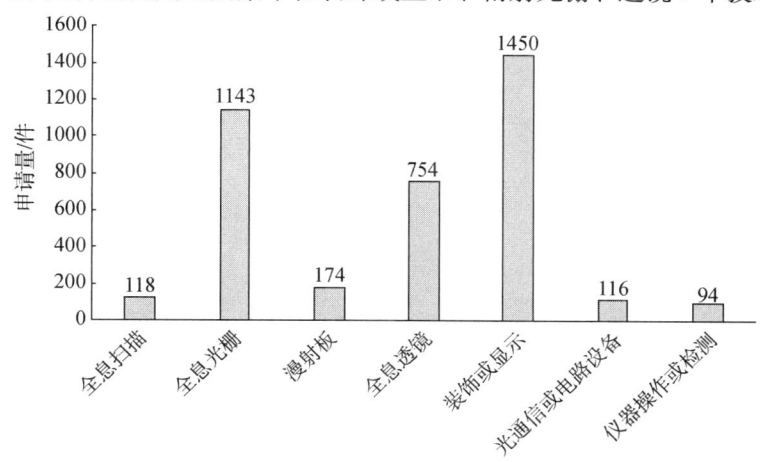

图 7 – 3 – 1　全息光学元件日本专利主要技术分支的申请量分布

（1）全息扫描

如图7-3-2所示，全息光学元件在扫描装置中的应用研究起步较早，1982年和1994年的申请量分别出现两个高峰，但申请量未超过20项，尤其2000年之后，每年的申请量不足5项，2015年的申请量为0项，由此可见全息光学元件在扫描装置中的应用的专利数量一直不高，近几年还呈明显的下降趋势。

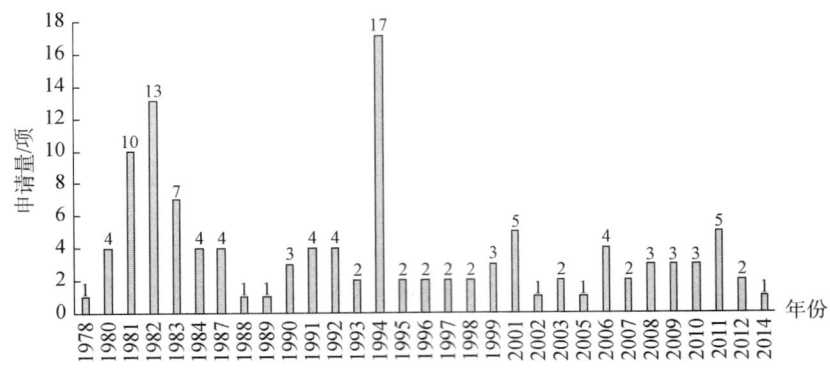

图7-3-2　全息扫描技术分支日本专利申请趋势

（2）全息光栅

全息光栅是全息光学元件的主要应用之一。如图7-3-3所示，日本相关专利申请的数量自1993年开始显著增长，进入高速发展期；但自2010年开始，申请量还是呈缓慢下降的趋势，与全息光学元件日本专利申请整体申请趋势类似。

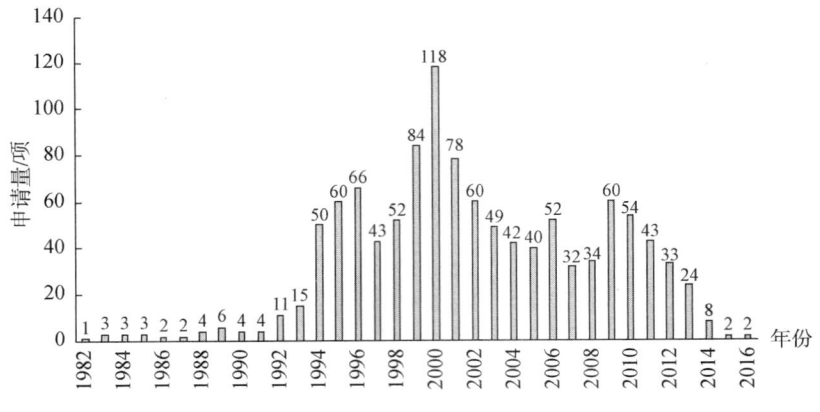

图7-3-3　全息光栅技术分支日本专利申请趋势

（3）漫射板

如图7-3-4所示，漫射板虽然不属于全息光学元件的主要应用，但在1995~2002年仍有一个小高峰，而且在2011年之后仍有少量申请。

（4）全息透镜

全息透镜是全息光学元件的主要应用之一。如图7-3-5所示，在2000年之后，专利申请数量下降较快。

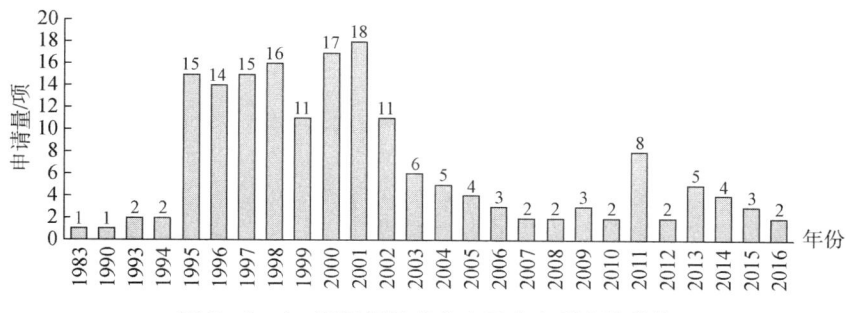

图 7 - 3 - 4   漫射板技术分支日本专利申请趋势

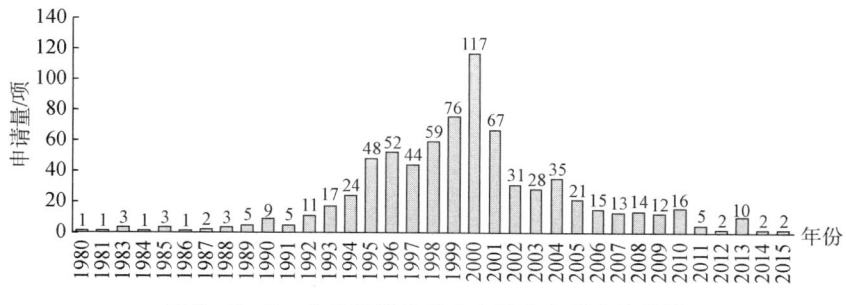

图 7 - 3 - 5   全息透镜技术分支日本专利申请趋势

（5）装饰或显示

装饰或显示属于全息光学元件的主要应用之一。如图 7 - 3 - 6 所示，从 1994 年开始，相关专利申请进入高速发展期，在 2000 年之后，全息光学元件整体申请趋势下滑的情况下，该技术分支的申请量也一直维持在 50 项左右，未呈现大起大落的趋势。

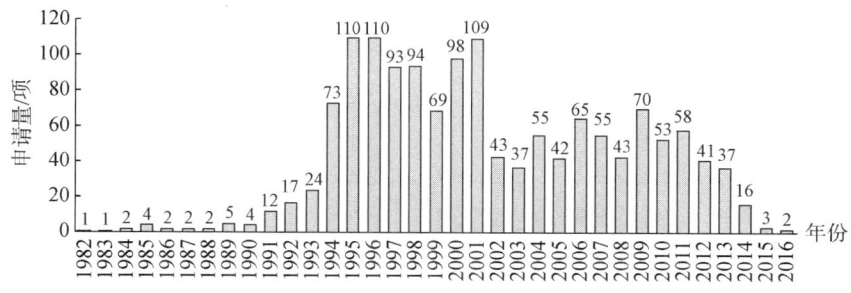

图 7 - 3 - 6   装饰或显示技术分支专利申请趋势

（6）光通信或电路设备

如图 7 - 3 - 7 所示，全息光学元件在光通信或电路设备中的应用申请量较小，2000 年为申请高峰期，有 14 项申请，大部分年申请量在 10 项以下。

（7）仪器操作或检测

如图 7 - 3 - 8 所示，全息光学元件在仪器操作或检测的应用，申请量一直较小，2000 年和 2010 年有两次申请高峰，分别有 10 项和 9 项专利，近几年一直保持了少量的申请量。

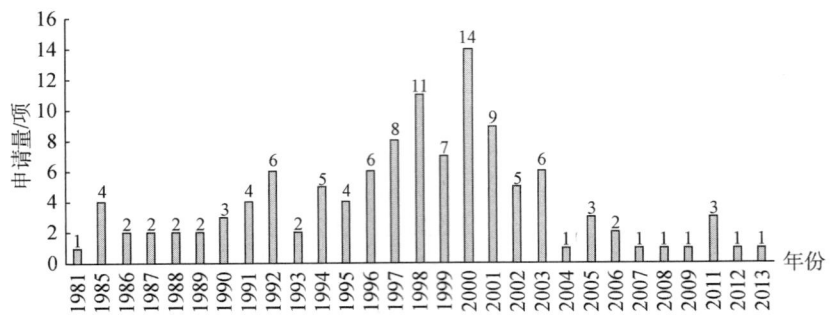

图7-3-7 光通信或电路设备技术分支日本专利申请趋势

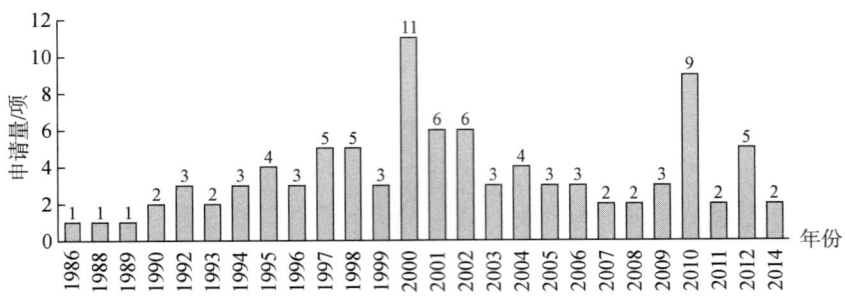

图7-3-8 仪器操作或检测技术分支日本专利申请趋势

为了解日本主要申请人对这7个技术分支的研究投入情况，图7-3-9列出了前15位申请人在这7个技术分支的申请量分布。

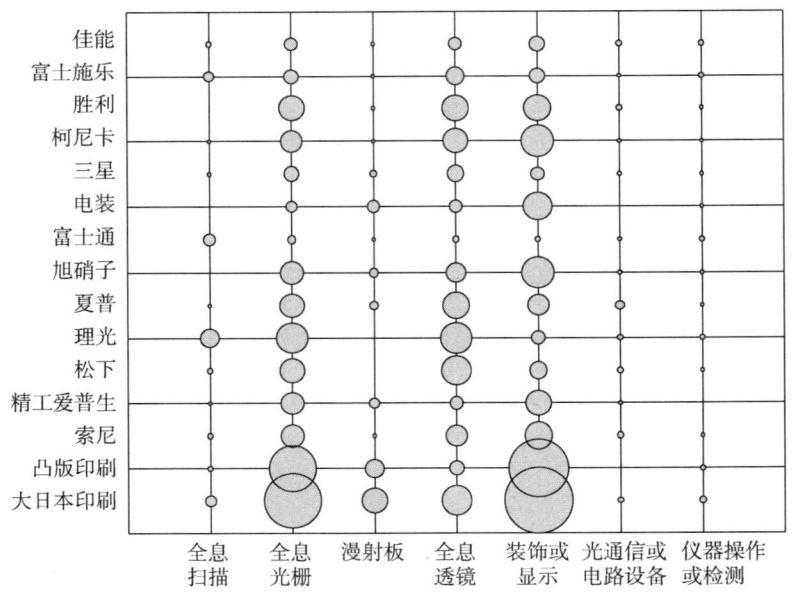

图7-3-9 全息光学元件日本主要申请人各技术分支申请分布

注：图中圆圈大小表示申请量多少。

从图 7-3-9 中可以看出，这 15 家企业主要的研发方向集中在装饰或显示、全息光栅、全息透镜 3 个技术分支，理光和富士通在全息扫描技术分支也进行了一定的研发。

下面针对每一个技术分支的申请人分布进行统计分析，图 7-3-10 列出了排名前 5 位申请人的具体申请量分布。

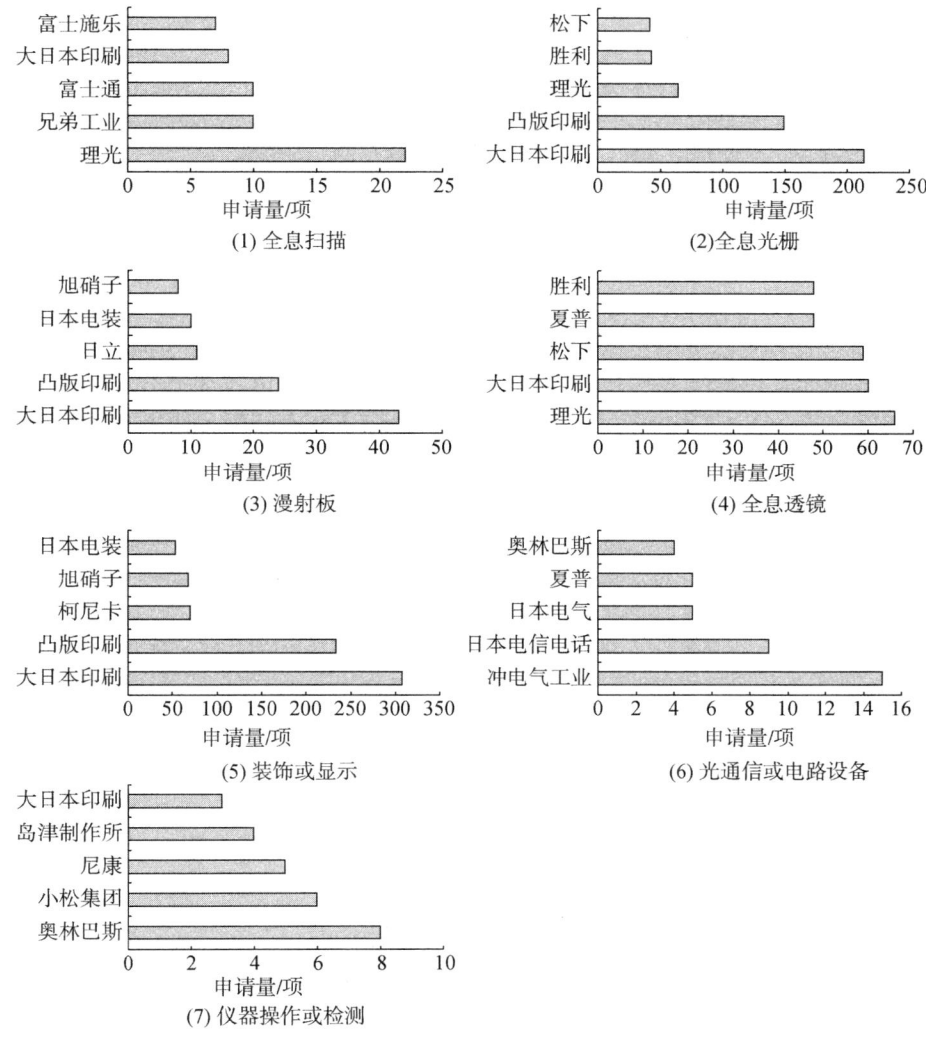

图 7-3-10　全息光学元件日本专利各技术分支申请人专利申请分布

从图 7-3-10 中可以看出，全息光学元件在光通信或电路设备、仪器操作或检测这两个方向的应用，各企业的研究投入相对较少，而且在这两个技术分支中，申请量靠前的企业也不再局限于总申请量前 15 位的企业。

7.3.2　日本重点专利

课题组根据申请的同族专利数量、被引用次数和法律状态等因素，选择如下重点专利进行分析。

（1）JP1974130746A

JP1974130746A 是第一件涉及全息光学元件的专利申请，申请日为 1973 年 4 月 17 日，申请人为富士胶片株式会社。该申请于 1974 年 12 月 14 日公开，直到 1983 年 11 月 7 日才进行授权公告（JP1983049850B2），历时 10 年。除日本外，该申请还具有美国同族专利，该专利申请的同族专利被引用 25 次，且该申请直到保护期限届满才失效，由此可以看出，该涉及全息光学元件的申请专利权很稳定，属于早期的基础性专利。

该专利的技术内容：如图 7-3-11 所示，涉及一扫描转换系统，能将圆形扫描转化为线性扫描，该系统中采用由两光束相干得到的全息图作为偏转角修正部件。

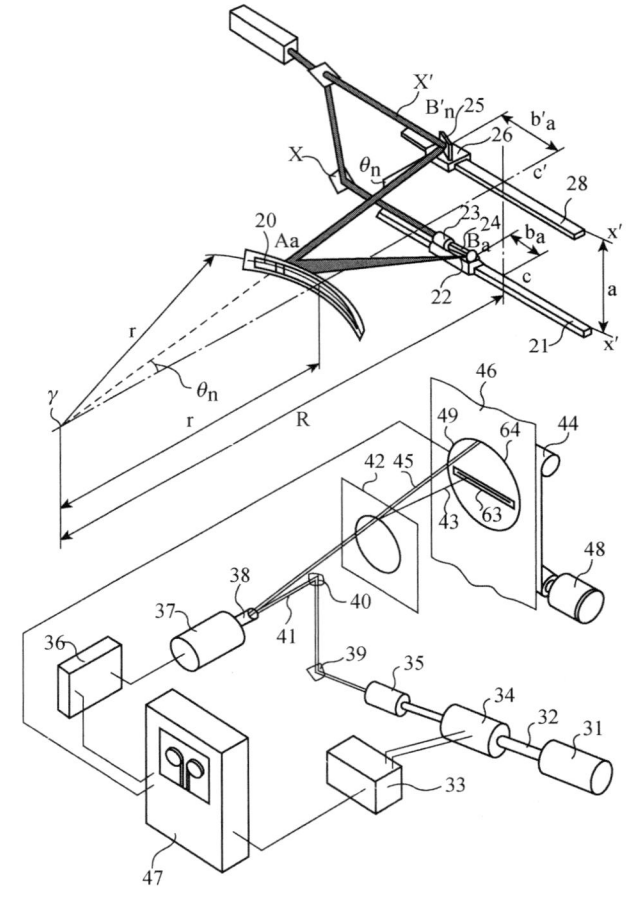

图 7-3-11　JP1974130746A 技术方案示意图

（2）JP4775674B2

专利 JP4775674B2 的申请日为 2000 年 1 月 21 日，申请人为柯尼卡美能达精密光学株式会社。该专利目前处于有效状态，其专利同族数量为 124 件。

如图 7-3-12 所示，JP4775674B2 涉及一种光学头装置，可对使用至少两种不同波长的光线的不同类型光信息记录媒体执行记录和/或再现。在用于再现第二光盘的第二半导体激光器中，光检测器以及全息件被一体化在激光器/检测器合成单元中。从第二半导体激光器中发出的光通量经全息件传送，然后在表示光合成装置的分束器上反射，并经分束器、准直透镜以及 1/4 波长板传送变成准直光。进一步经孔径、物镜并且经第二光盘的透明衬底将它会聚在信息记录面上。由信息位调制并在信息记录面反射的这个光通量由 1/4 波长板、准直透镜和分束器经物镜和孔径再阶传送，然后在分束器中被反射并由全息件衍射，从而进入光检测器，在该检测器中使用从其输出的信号来获得读出记录在第二光盘上信息的信号。

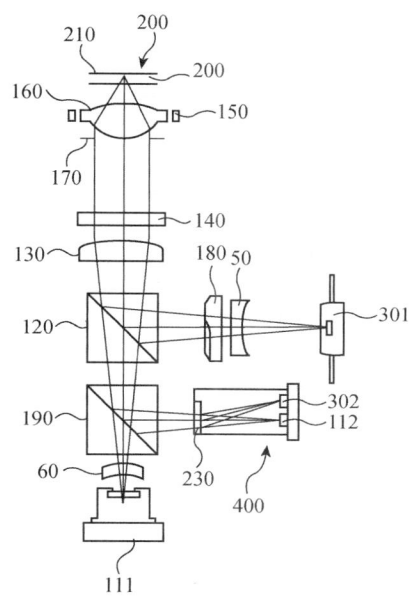

图 7 – 3 – 12　JP4775674B2 技术方案示意图

（3）JP5387655B2

专利 JP5387655B2 的申请日为 2005 年 3 月 28 日，申请人为索尼公司，其专利同族数量为 38 件，专利同族被引用次数为 275 次，属于全息光学元件领域的高引证频次专利。

如图 7 – 3 – 13 所示，JP5387655B2 提供一种光学装置，可以消除或减少单色像差和衍射色差，提高图像分辨率，减少使用全息元件的数量，增加光瞳直径。光学装置包括光波导、第一反射体全息光栅和第二反射体全息光栅，光波导引导满足全反射条件的平行光束组；第一反射体全息光栅衍射和反射从外部入射到光波导上的不同方向的平行光束组，使得平行光束组满足光波导内部的全反射条件；第二反射体全息光栅通过衍射和反射从光波导射出的平行光束组，使得平行光束组不满足光波导内部的全反射条件，通过光波导的部分平行光束在从外部入射到光波导到从光波导出射的时间内全反射不同次。

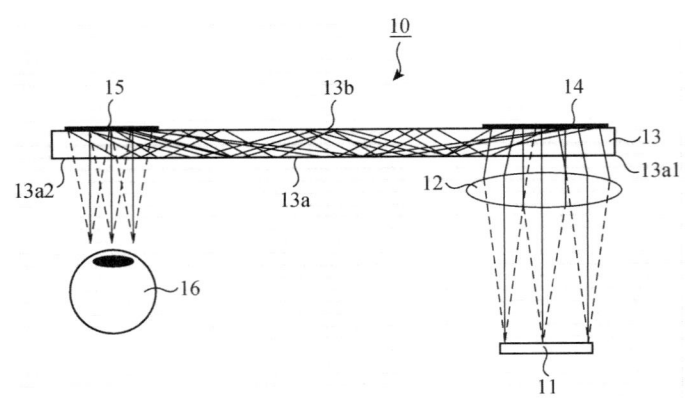

图 7 - 3 - 13　JP5387655B2 技术方案示意图

7.4　全球重点专利分析

下面根据专利同族数量、被引用次数、法律状态等条件，对全球各技术分支重点专利进行分析。

（1）专利 CN1295524C 的国际申请日为 2002 年 3 月 14 日，优先权日为 2001 年 4 月 16 日，申请人为 3M 创新有限公司。该专利于 2007 年 1 月 17 日获取授权，2013 年之后停止缴纳年费，法律状态为失效状态。该专利属于全息反射镜或者全息反射偏振器技术领域。该专利的同族专利数量为 14 件，同族专利被引用次数为 181 次，表明该专利的影响力较大，由于该专利现在处于失效状态，因此该技术可被公众免费使用。

该专利技术内容：如图 7 - 4 - 1 所示，一种含有由很多交替的聚合物层组成的光学堆栈的多层聚合物薄膜，该堆栈的表层具有与堆栈中的层不同的机械、光学或化学性质。在一个实施方案中，该多层聚合物薄膜含有一个或多个全息图，能够产生吸引人而有用的光学效果，可用于多层反射镜或者多层反射偏振器等。

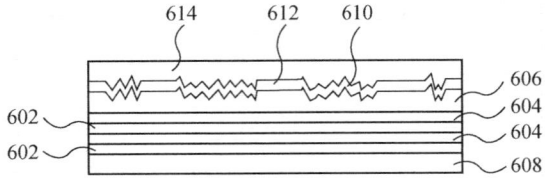

图 7 - 4 - 1　CN1295524C 技术方案示意图

（2）专利 GB2101764B 的申请日为 1983 年 1 月 19 日，优先权日为 1981 年 4 月 29 日，申请人为皮尔金顿有限公司（PILKINGTON P. E. LIMITED），该专利目前处于失效状态。该专利的同族专利数量为 11 件，同族专利被引用次数为 290 次，该申请的技术领域属于隐形眼镜领域，该专利属于采用全息技术的隐形眼镜领域较重要的专利。

　　该专利技术内容：如图 7 - 4 - 2 所示，隐形眼镜具有透射全息图，其在波长和/或振幅选择基础上提供衍射光焦度，来自近处和远处物体的光可以聚焦在老花眼佩戴者的视网膜上。类似地，植入物镜片可以具有透射全息图以校正非调节视觉。该发明在提供具有双焦点作用的人造眼睛晶状体而不需要明显的近视区和远视区的情况下特别有用。

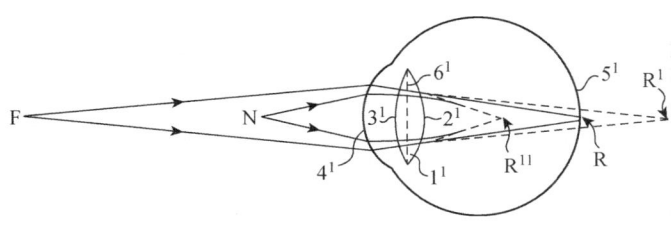

图 7 - 4 - 2　GB2101764B 技术方案示意图

　　（3）专利 US6492065B2 的申请日为 1998 年 12 月 4 日，优先权日为 1997 年 12 月 5 日，申请人为日本胜利株式会社（VICTOR CO OF JAPAN LTD）。该专利同族专利数量为 2 件，同族专利被引用次数为 64 次，该申请的技术领域涉及全息图彩色滤光片领域，该申请的法律状态为有效状态。

　　该专利技术内容：如图 7 - 4 - 3 所示，薄板玻璃层通过黏结剂紧密黏结到全息彩色滤光片的表面，并且薄板玻璃层的厚度和黏结剂的厚度之和小于多个全息透镜的玻璃中的焦距的最小焦距。结果，被全息彩色滤光片衍射和分离的光被完全聚焦在对应颜色的图像元件电极上，从而消除由于混色的色彩再现恶化。

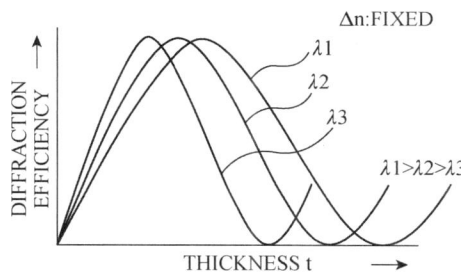

图 7 - 4 - 3　US6492065B2 技术方案示意图

　　（4）专利 JP3396890B2 的申请日为 1992 年 2 月 21 日，申请人为松下电器产业株式会社（PANASONIC）。该申请的同族专利数量为 4 件，同族专利被引用次数为 41 次，该申请的技术领域涉及全息光栅领域，该申请的法律状态目前处于失效状态，该专利属于较重要的专利。

　　该专利技术内容：如图 7 - 4 - 4 所示，一种光学拾取装置，其中来自光源的光导入信息介质并且从信息介质反射的光导入全息图以在光电探测器上成为 + 1 阶衍射光束，从而获得信息信号。全息图具有阶梯式横截面构造，并且阶梯式横截面的构造的宽度与全息图的光栅栅距之比设置为对应于全息图的表面内的位置。

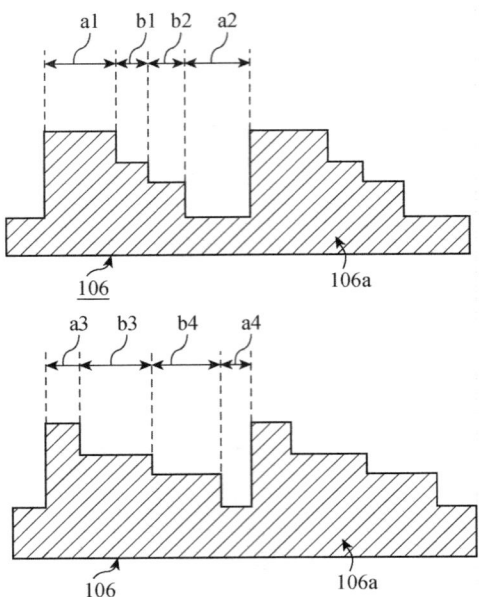

图 7 - 4 - 4   JP3396890B2 技术方案示意图

7.5   小   结

从前文对全息光学元件领域中国、日本和全球专利的技术分析中可以看出：

第一，无论是在区域分布还是技术分支分布上，全息光学元件的发展都不太均衡，发展空间还很大。

第二，国内外申请人在技术研究方向各有优势，中国申请人在全息光栅方面占优，外国申请人在光学头、显示等领域内使用的全息光学元件及其材料方面占优。

第三，近几十年来，全息光学元件领域在材料技术分支上仍然发展缓慢。

第8章　全息防伪重点技术分析

8.1　概　　念

防伪（Anti-counterfeiting）是指为防止以假冒为手段，对未经商标所有权人准许而进行仿制、复制或伪造和销售他人产品所主动采取的一种措施。全息防伪技术是指将全息与防伪技术相结合应用于产业发展的一种技术，通过全息图像的唯一性和不可复制的特点，实现防止被标的物被假冒以及真伪验证。全息防伪是应用激光全息技术发展起来的一种新型防伪技术，又称激光全息防伪，其通过展示物体的全部信息的特点来实现防伪。

8.2　技术发展

随着其他防伪技术的进步，全息防伪也得到新的发展与应用，经过数十年发展，激光全息防伪产品也从最初的全息防伪标识逐步升级发展为第二代、第三代甚至第四代全息防伪技术。

8.2.1　第一代激光模压全息图像防伪技术

20世纪60年代初激光出现之后，其高亮度、高单色性和高相干度的特性，迅速推动了全息技术的发展，许多种类的全息图被制作出来，全息理论得到很好的验证，由于拍摄和再现时的特殊要求，从诞生之日起，就几乎一直被局限在实验室中。

20世纪70年代末期，人们发现全息图片具有包括三维信息的表面结构（即纵横交错的干涉条纹），这种结构可以转移到高密度感光底片等材料上。1980年，美国科学家利用压印全息技术，将全息表面结构转移到聚酯薄膜上，从而成功地印制出世界上第一张模压全息图片，这种激光全息图片又称彩虹全息图片，它是通过激光制版，将影像制作在塑料薄膜上，产生五光十色的衍射效果，并使图片具有二维、三维空间感，在普通光线下，隐藏的图像、信息会重现。当光线从某一特定角度照射时，又会出现新的图像。这种模压全息图片可以像印刷一样大批量快速复制，成本较低，且可以与各类印刷品相结合使用。至此，全息摄影向社会应用迈出了决定性的一步。由于当时这种模压全息图片的制作技术非常先进，只有少数人掌握，于是被用作防伪标识。

其防伪的原理是：

①在激光全息图片拍摄的整个过程中，如果有一项条件不同（如拍摄彩虹全息的条件），则全息标识的效果就会有差异。

②这种全息图像的全息信息用普通照相无法拍摄，因而全息图案难以被复制。

8.2.2 第二代改进型激光全息图像防伪技术

第一代激光全息防伪技术的泛滥，促使人们不得不开始对现有技术进行改进。改进后的技术主要有3种：

（1）应用计算机图像处理技术改进全息图像

计算机图像处理技术改进激光全息图像经历了两个发展形态，第一形态是计算机合成全息技术，这种技术是将系列普通二维图像经光学成像后，按照全息图像的成像原理进行处理后记录在一张全息记录材料上，从而形成计算机像素全息图像。观察这种像素全息图像时，可在不同的视角看到不同的三维图像，其图形和色彩都具有异常灵活多变的动态效应，并且不受再现光线方向的限制。第二形态是计算机控制直接曝光技术，与普通全息成像不同，这种技术不需要拍摄对象，所需图形完全由计算机生成，通过计算机控制两束相干光束以像素为单位逐点生成全部图案，对不同点可改变双光束之间的夹角，从而制成具有特殊效果的三维全息图。

（2）透明激光全息图像防伪技术

普通的激光全息图像一般是用镀铝的聚酯膜经过模压（也可以先用聚酯薄膜经过模压再镀铝）而成，镀铝的作用是增加反射光的强度，使再现图像更加明亮。照明光和观察方向都在观察者这一侧，这样的激光彩虹模压全息图是不透明的。透明激光全息图像实际上就是取消了镀铝层，将全息图像直接模压在透明的聚酯薄膜上。1996年，我国公安部将透明激光全息图像应用在居民身份证上，将身份证用透明膜整体覆盖，在光线下观察身份证正面时，不但能看清证件内容，还能看到透明膜上显现出来的二维、三维彩虹全息图像（"长城"及"中国"的中英文字样）。

（3）反射激光全息图像防伪技术

反射激光全息图像成像原理是将入射激光射到透明的全息乳胶介质上，一部分光作为参考光，另一部分透过介质照亮物体，再由物体散射回介质作为物光，物光和参考光相互干涉，在介质内部生成多层干涉条纹面，介质底片经处理后在介质内部生成多层半透明反射面（例如 $6\mu m$ 厚的乳胶层里可以有 20 多个反射面），用白光点光源照射全息图，介质内部生成的多层半透明反射面将光反射回来，迎着反射光可以看到原物的虚像，因而称为反射激光全息图。

8.2.3 第三代加密全息图像防伪技术

加密全息图像是指采用诸如激光再现、光学微缩、低频光刻、随机干涉条纹、莫尔条纹等光学图像编码加密技术，对防伪图像进行加密而得到的不可见或变成一些散斑的加密图像。

（1）激光再现

利用光学共轭原理将文字或图像信息存贮在全息图像中。在普通环境下，这些信息不会显现，当用激光笔照射时，人们可借助硫酸纸或白纸看到所存贮的信息。所存贮的信息可以是文字、标识、灰度图像，甚至一篇文章，表现形式有反射式和透射式两种。

（2）光学微缩

将文字信息用光学微缩的方式记录在全息图上，平常肉眼难以辨认，在 10 倍甚至 100 倍放大镜下才可观察到具体内容，一般情况下，中文可缩至 0.1mm，英文可缩至 0.05mm。

（3）低频光刻

在全息图上以非干涉方式将预先设计好的条纹花样以缩微的形式直接记录在全息图上，这些花样的条纹密度比普通干涉条纹低 10 倍，在 100 线/mm 左右，直观效果是在全息图上某些部位具有类似金属光泽的衍射花样，若条纹花样是用计算机产生的全息图，则可用激光再现其信息。

（4）随机干涉条纹

在制作全息图时引入随机机制，在全息图上记录随机干涉花样，这种花样具有明显的特征，且不可重复。即使同一个人使用同样的工艺在不同的时刻所产生的花样都不相同，是一种很好的防伪方式。除静态平面干涉条纹，目前已发展到动态、立体干涉条纹，仿冒者根本无法复制。

（5）莫尔干涉加密

利用莫尔原理，即两套周期性结构的条纹重叠可产生第三套周期结构花样的原理，在其中一套条纹中改变其位相并编码一个图案，这种图案在平时是隐藏的，不能分辨，当与另一套周期条纹重叠时图案显现出来。

加密全息图像因其不可见或只显现一片噪光，如没有密钥很难破译，所以具有一定的防伪功能。它在通常环境下无法分辨，因此不具备为普通大众所识别的可能性。

8.2.4　第四代激光全息防伪技术

（1）组合全息图

组合全息图是将几十甚至几百个不同的二维图像通过几十甚至几百次曝光所记录的全息图。其效果可以从两个方面体现，一是类似于平面动态设计，可以拍摄各种花样的平面动态变化图案，二是利用 3D 软件或借助数码相机，将三维目标的各个侧面及随时间的变化过程记录下来，制作四维全息图。该全息图不仅能够记录和再现物体的三维空间特性，还能记录和再现该三维物体随时间的变化，这是一种防伪性能极高的全息图，与普通 2D/3D 或真三维全息相比较，具有以下特点：

①信息量巨大，制作工艺复杂：普通全息防伪标贴往往通过几次曝光就可以完成，而制作四维全息图需要对几十甚至几百帧二维图像进行记录，曝光次数是普通全息的几十甚至几百倍，需要专用的仪器设备及更加精巧的工艺过程才能实现。

②拍摄对象没有限制，拓展了激光全息的应用范围：普通全息记录三维模型需要 1:1 的模型实体进行拍摄，而四维全息则首先从各个角度采集物体的信息，然后对采集到的二维图像进行合成制作全息图，从而对拍摄的对象没有限制，可以是真人、真物体，甚至是计算机构制的虚幻物体，比例也无需 1:1。

③真彩色四维显示，普通全息标识望尘莫及：传统全息标识只能实现平面层次感，三维全息图也只能表现 1:1 静物的三维立体特征，且不能还原物体的真色彩。四维全

息则不同，在以真彩色反应三维空间物体的同时，还能附载该三维空间随时间的变化，这样的全息标识如同一幅内容丰富的小电视，设计者可在上面尽情挥洒。

（2）真三维全息图

全息图的一个重要特征就是能够实现三维显示，真三维全息图就是利用真实三维雕刻模型制作全息图。其防伪意义在于两个方面，一是三维模型全息图的拍摄难度比普通2D/3D高很多，尤其是将二者结合起来；二是即使仿冒者能够制作三维模型全息图，但三维雕刻及拍摄时物体的角度等也会有很大差异，很难成功。因此，这是一种高防伪性的全息图。

图8-2-1列出了全息防伪技术的发展路线，对于每一代的全息防伪技术，以中国专利数据为基础，选取了具有代表性的专利对技术发展予以表示。

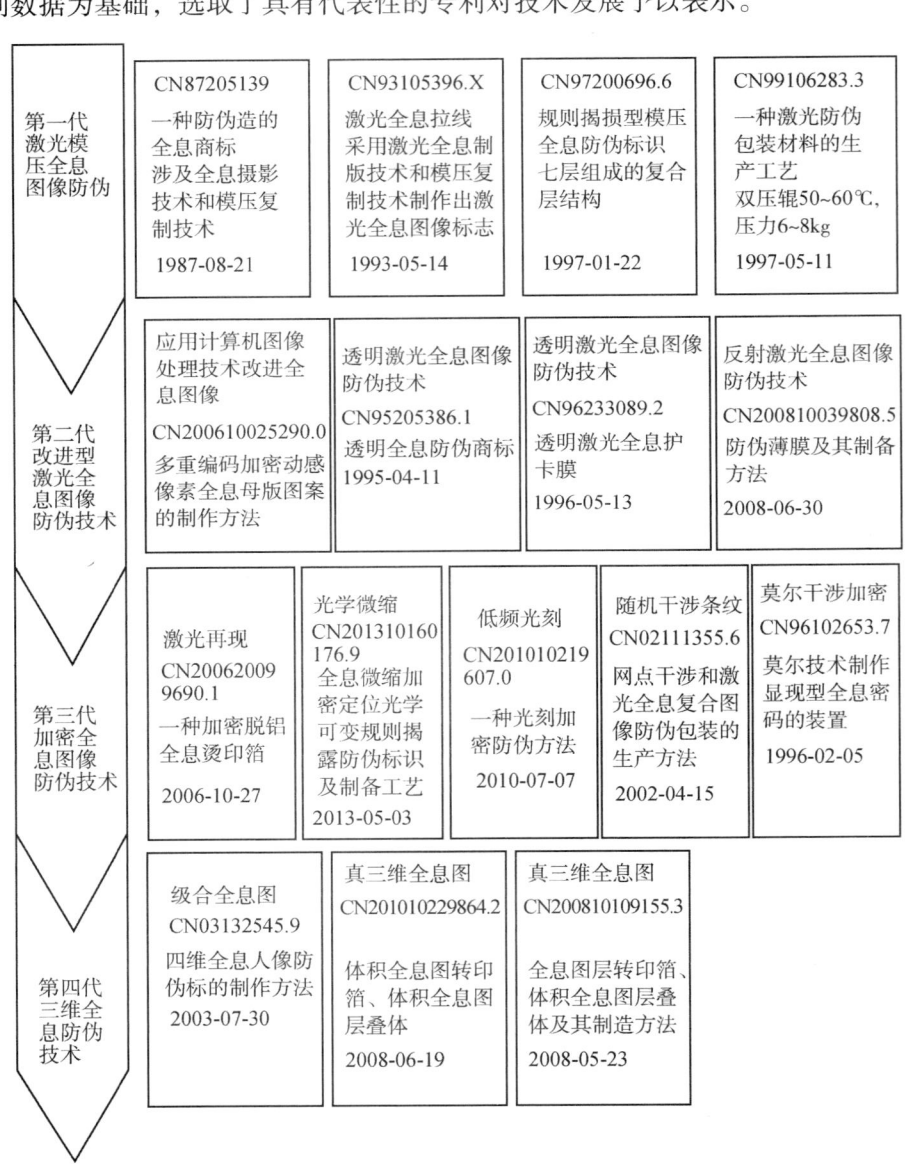

图8-2-1　全息防伪技术的发展路线

图 8 – 2 – 2 中展示了全息防伪的主要应用，除了传统的全息标签，还包括证件、卡、券的防伪保护膜，纸币、票券的防伪安全线，光盘的防盗版，物品的防伪包装，防伪封签，防伪印章等。

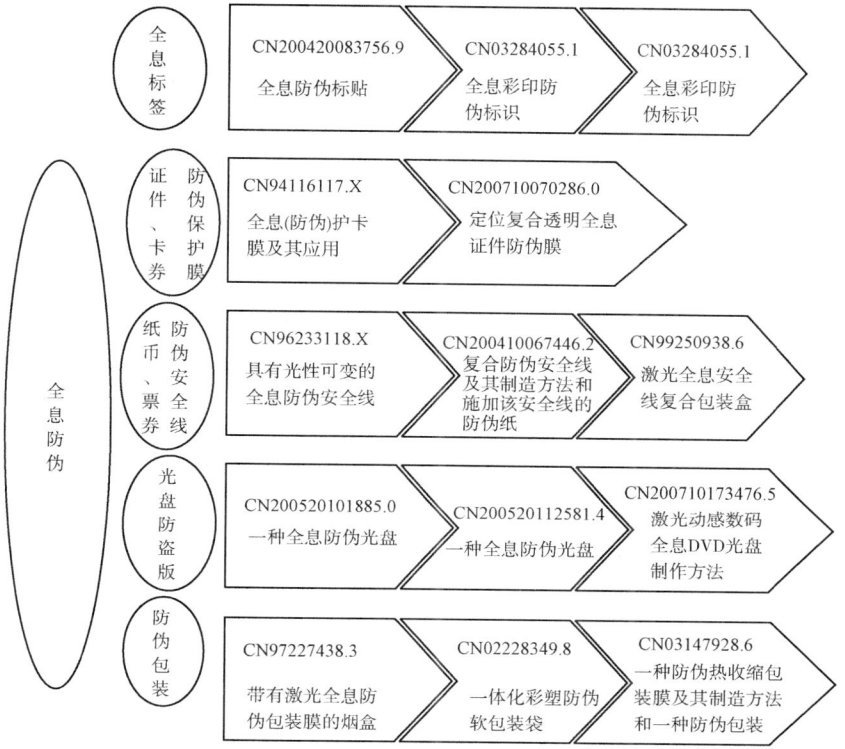

图 8 – 2 – 2　全息防伪不同应用领域国内代表性专利分布

8.3　重点专利

在前文全球和国内申请人排名的基础上，本节选取了申请量排名靠前的申请人专利进行分析，具体包括大日本印刷、凸版印刷、德国捷德、中国印钞造币总公司、泰宝集团、湖北联合天诚等，以获得全息防伪领域的主要研究方向。

8.3.1　纸币或证件防伪

中国印钞造币总公司的专利主要集中在对纸币或证件的防伪研究。

例如申请号为 CN201410396036.6 的专利申请，请求保护一种体积反射全息防伪元件及有价物品，图 8 – 3 – 1 示出了一种防伪元件，具有基材薄膜 5，感光聚合物防伪层 6，UV 光字微结构防伪层 7，光学黑微结构 8，金属反射层 9，镂空图案 10。图 8 – 3 – 2 示出了具有该防伪元件的钞票。该发明采用了将计算机点阵体积反射全息与具有光学黑效果的光学微结构的光学防伪特征相结合，并可选择性地组合表面浮雕全息结构，使其在视觉效果上实现了光学黑、大角度衍射效果与包含三维立体全息效果、平面闪耀效果或双通道立体效果等体积反射全息，以及具有明亮彩虹效果表面浮雕全息的多维组合，有效地提高综合防伪水平。

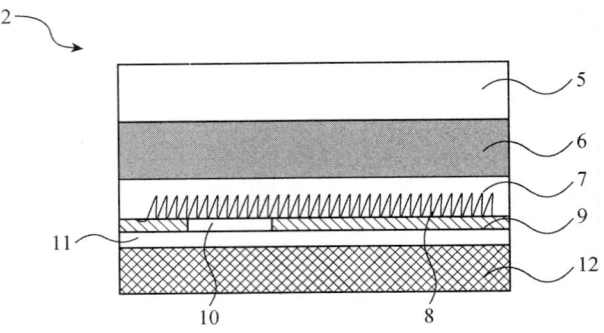

图8-3-1　CN201410396036.6专利防伪元件示意图

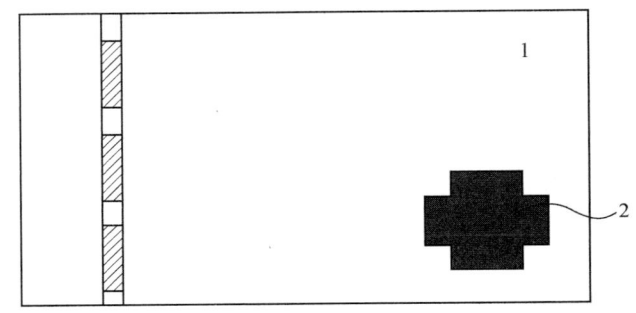

图8-3-2　CN201410396036.6专利具有防伪元件的钞票示意图

纸币上有一条大家都最熟悉的"线"，是判定纸币真伪的关键，称为安全线，它属于防伪线，而且是一种专利技术，最早由英格兰银行印钞厂总经理斯坦利·张伯伦与波尔公司合作研制出，在钞票中加入防伪的安全线，也称之为"张伯伦线"。

随着科技的发展及工艺的改进，传统的安全线防伪如镂空脱铝、微缩文字、磁性机读、色彩转换、多彩荧光、全息图像等已司空见惯，安全线的防伪已越来越趋向更直观、更复杂、更具高科技含量的方向发展，很多专利采用了将全息图像与其他多种防伪手段结合来提高防伪性。

中国印钞造币总公司致力于防伪安全线的研究，有很多专利涉及对防伪安全线的改进。

例如，申请号为CN200410067446.2的专利，请求保护一种复合防伪安全线，如图8-3-3所示，将非晶合金丝3置于全息薄膜层1、3之间，充分利用非晶合金丝所具有的电磁特性，真正实现钞票纸的三线防伪目的，既能肉眼可视防伪，又能机器识别防伪，最终还能由专家分析，而且机读电磁特性非常稳定。

磁性全埋安全线采用了特殊磁性材料和先进技术，机读性能更好。另外，光变镂空开窗安全线和磁性全埋安全线分别位于票面两边，也有利于防止变造人民币。

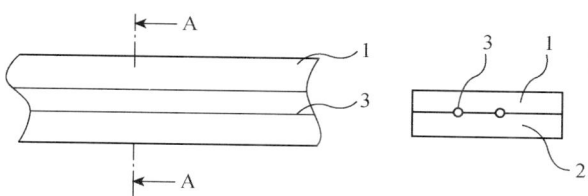

图 8 – 3 – 3　CN200410067446.2 技术方案示意图

　　例如，申请号为 CN03137378.X 的发明专利，如图 8 – 3 – 4 所示，其请求保护一种"磁性编码安全线"，其包括：承载磁性物质的载体线，该载体线有宽度；在所述的载体线上间隔的印有磁性区域，并且在另一面模压激光全息，实现全息与磁性编码结合的安全线，通过一维、二维、三维及多维磁性编码提高了防伪水平；并且将所述的磁性编码与全息、镂空金属文字、色墨遮盖、有色磁物质相结合，形成更具防伪能力的新的防伪技术，大大提高了防伪效果。将磁性编码措施与全息镂空文字结合，达到一线防伪、二线防伪和三线防伪的完美统一。

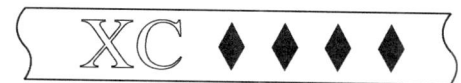

图 8 – 3 – 4　CN03137378.X 技术方案示意图

　　另外，德国捷德公司在纸币或证件防伪等方面也进行了专利布局，下面依据被引用次数对其重点专利进行了分析。

　　（1）CN1039482C

　　该专利是德国捷德公司在中国最早的申请，共有 31 件同族专利，同族专利被引用次数为 147 次，申请日为 1994 年 2 月 14 日，授权公告日为 1998 年 8 月 12 日，终止日期为 2011 年 2 月 14 日。该申请主要涉及一种诸如钞票、身份证等票证，含有至少一个多层防伪部件。该票证至少包括二层中间有以凸纹形式存在的衍射结构，特别是全息图像结构的反应漆层。另有一反射层处于所述二层漆层之间。该申请的出发点在于提供一种带有凸印全息图像的票证，其中的凸印全息图像为具有良好层复合物的简单层状结构，所述凸印全息图像费效比较好且易于生产，而且全息图像与票证不可改变地连接。

　　如图 8 – 3 – 5 所示，防伪部件 9 设置于票证 1 的一个预定区域上。根据需要，部件 9 可以是线状或条状，也可是具有一定轮廓外形的标记。票证包括其中以凸纹形式凸印有衍射结构的可用紫外光固化或可化学固化的漆层 2（该漆层 2 形成全息图像结构）及最好为金属层的薄反射层 3。部件 9 通过黏合剂层 4 不可剥离地与票证 1 相连接。一个表面结构对应于任何所期望衍射结构相干条纹图案的原模用于凸印漆 2 中的凸纹结构，漆 2 在凸印过程中利用紫外光辐射进行固化。在此之后，层 2 中经凸印的结构加上了一层连续的或有网眼的反射层 3，最好为一金属层。

　　可见，该申请中防伪技术主要达到的效果是使得用于防伪识别的全息图不易被从

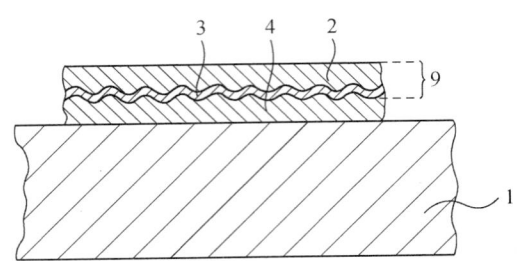

图 8 - 3 - 5　CN1039482C 技术方案示意图

票证上剥离，一旦强行剥离就会造成票证的破坏。

（2）CN100567022C

2003 年，德国捷德公司与全息防伪技术相关的专利申请数量增长速度显著提高。CN100567022C 的申请日为 2003 年 2 月 12 日，授权公告日为 2009 年 12 月 9 日，目前处于有效状态，其共有 18 件同族专利，总被引用次数为 95 次。该申请主要涉及一种用于嵌埋或敷设在防伪文件中的防伪元件，所述防伪元件从防伪文件的两面都可以识别。

如图 8 - 3 - 6 所示，在基底 S 的一侧设有两个干涉元件 I_1 及 I_2。这两个干涉元件 I_1 及 I_2 互相面对面地设置，其间设有一个不透光的金属反射层 R，这三者互相连接在一起。在基底 S 的另一侧表面上压有全息浮凸图形 8。该浮凸图形 8 也可以压制在一个附加的漆层上，该漆层位于基底两个侧面中的一个侧面上。两个干涉元件 I_1 及 I_2 各包括一个吸收层及一个介电层，这两个干涉元件 I_1 及 I_2 在不同的视角上显示出例如从绿色变到深红色的二色变异彩色偏移效果。如果吸收层 A_1 及 A_2 的材料及厚度相同并且介电层 D_1 及 D_2 的材料及厚度也相同，那么防伪元件的正反两面显示出相同的彩色偏移效果。

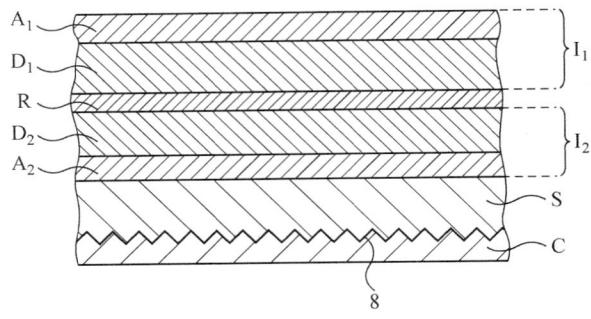

图 8 - 3 - 6　CN100567022C 技术方案示意图

这样的防伪文件，如果从干涉元件 I_1 方向看去，由于金属反射层 R 的存在，可以观察到辉煌的彩色偏移效果。但是在这个方向上看不到全息效果。同样是这个防伪元件，但是从相反方向即从基底一侧看去时，则可观察到不同的彩色偏移效果以及由衍射构造 8 产生的衍射效果。总的来说，该层叠构造，其一侧显示出全息效果及彩色偏移效果的叠加效果，其另一侧则仅显示出彩色偏移效果而没有衍射效果。

在该申请中，全息图已经不是唯一的用于被识别的防伪特征，而是与色移效果结合，共同形成防伪标识，从而使得防伪手段更不易被仿制，提高了防伪的可靠性。

（3）CN101120139B

德国捷德公司作为全球安全印刷品企业，近年来常常在一件安全印刷品中采用多种防伪手段相结合，共同达到防伪目的。例如，CN101120139B 涉及全息防伪手段与其他防伪手段相结合，该申请的申请日为 2006 年 2 月 10 日，授权日为 2012 年 4 月 4 日，目前处于有效状态，其共有 18 件同族专利，被引用次数为 261 次。该申请涉及用于保护有价物品的安全元件、装备有这种安全元件的安全纸件和有价物品的制造方法，具体如图 8 - 3 - 7 所示。

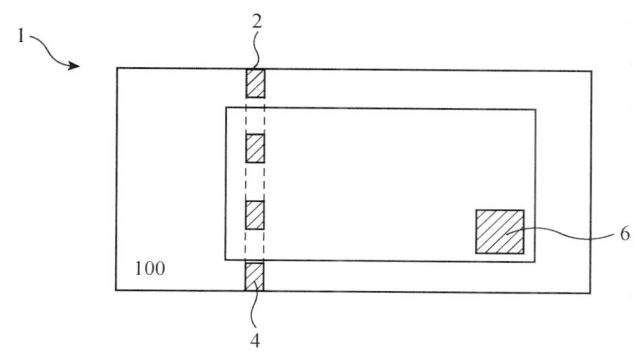

图 8 - 3 - 7　CN101120139B 技术方案示意图

以钞票 1 为例，图 8 - 3 - 7 示出具有两个安全元件 2 和 6 的钞票的示意图，第一安全元件构成安全线 2，其在钞票 1 表面上的某些窗口区域 4 中突出，在这些窗口区域之间的区域中嵌在钞票 1 内。第二安全元件由任何形状的固定安全元件 6 形成。所述第一和第二装置布置成当通过第一装置的聚焦元件观察时，第二装置的微观结构呈现为被放大的方式。第二鉴别特征是机器和/或视觉可检验的且不受第一鉴别特征的第一装置的影响。该机器可读层包括例如磁性、导电、偏振、相位移动、磷光或荧光物质的机器可读特征物质。可包括例如模压全息图或亚光结构，以作为另外的鉴别特征。

该申请的侧重点在于其他多种防伪技术与全息结构的组合使用，从而能够从多方面提高防伪技术的水平。

（4）CN101959696B

2008 ~ 2009 年，德国捷德公司的申请量和授权量都达到高峰，这个阶段的申请涉及了防伪结构的精细化改进以及全息防伪手段与其他防伪手段相结合，通过各种不同的技术手段与全息防伪技术结合使用，以期获得更好的防伪效果。CN101959696B 的申请日为 2009 年 2 月 17 日，授权日为 2013 年 6 月 12 日，图 8 - 3 - 8 示出了其技术方案示意图。该专利目前处于有效状态，其共有 12 件同族专利，总被引用次数为 59 次。涉及一种用于保护有价物品的安全元件，其中具有色移效应的薄膜元件和浮雕漆层中的浮雕图案被叠置，具有所述浮雕图案的所述浮雕漆层在子区域中被金属化，以及通过透明漆层将部分金属化的浮雕漆层的浮雕图案变平，所述浮雕漆层和透明漆层的折射率差异不超过0.3，所述浮雕图案构成衍射图案或无色图案，所述衍射图案为全息图、全息光栅图像或类全息状衍射图案。安全元件12包括全息图14和色移区域16；对观看者而言，全息图14和色移区域16以完全对齐的方式相邻设置，并且各自的视觉效果互不干扰。

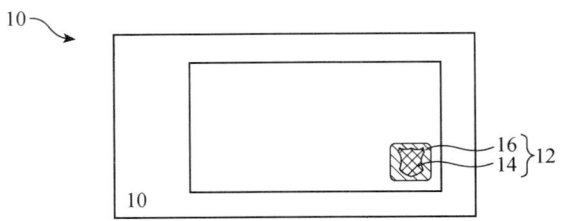

图8-3-8　CN101959696B技术方案示意图

　　图8-3-9示出了该专利安全元件的示意图，安全元件50包括仅存在于金属化区28中，并在薄膜元件32中不具有等同物的空隙58。这些空隙58拓展为"PL"字母序列的形式，在这些空隙58的区域，薄膜元件32的色移效应通过金属化区28而能够看得见，从而使得这些区域在全息图40内形成具有对比色彩效果的负信息段。空隙52以数字串"10"的形式设置在薄膜元件32的金属反射层34中的全息图区域40之外。空隙52在色移区域42之内形成透明或半透明区域，其在投射光下产生明显的对比效果。在全息图区域40之内设置薄膜元件32的空隙54并且与金属化区28中的空隙56对齐，从而使得在全息图区域40内产生透明区域。

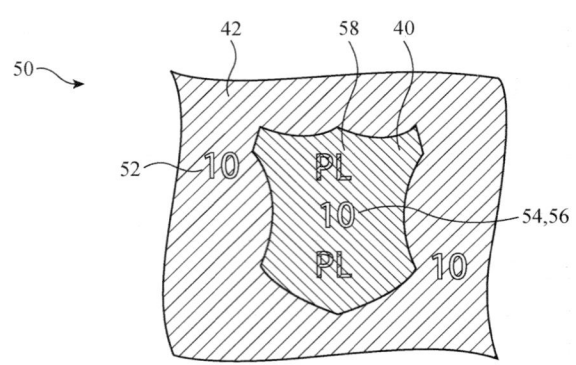

图8-3-9　CN101959696B安全元件示意图

　　（5）CN102971154B

　　2013年后，德国捷德公司与全息防伪相关的申请量仍然维持在一个较高的水平，相关申请涉及多种防伪手段的结合，其涉及的防伪标识结构复杂，趋于精细化，全息图仍然是其应用的一种防伪手段。

　　CN102971154B申请日为2011年5月5日，授权日为2016年5月4日，目前处于有效状态，其共有13件同族专利，被引用次数为45次。CN102971154B用于在载体上制造微结构的方法，该微结构载体作为防伪元件的组元，可以被单独或者作为微光学图示配置的一部分采用，并且，其微结构载体能够提供微图案或者微图案观察器件。

如图 8 – 3 – 10 所示，防伪元件 2 是防伪线，在某些窗口区域 4 中出现在钞票 1 的表面上，而在居间区域中嵌入钞票的内部。防伪元件 3、6 是任意形态的联结转印元件。它们也可以是配置在钞票的贯通口或者窗口区域之中或者之上的覆盖箔片形式的防伪元件。

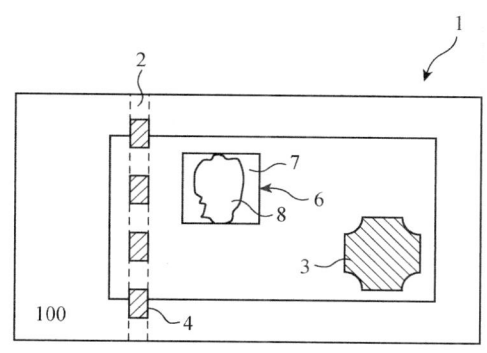

图 8 – 3 – 10　CN102971154B 技术方案示意图

如图 8 – 3 – 11 示出了 CN102971154B 的防伪元件 5 示意图，其具有透明塑料箔片形式的载体材料 10，载体 10 的上侧设置有栅格状配置的微透镜 11 在载体的表面上形成具有预选对称性的二维布拉维点阵。微图案 40 具有由转印层的施加区域或者由受体箔片的黏结剂层的施加区域确定的一次结构，以及由载体箔片 21 的压印图案确定的二次结构，以及呈全息图形式的第三结构。微图案载体 45 于是可以与微图案观察器件（例如与微透镜）组合成微光学图示配置，微结构载体 45 具有载体箔片 51 和黏结剂层 53，微图案元件被转印至所述黏结剂层 53。微图案经由微透镜 11 被观察到，经由所述微透镜观察者感觉呈放大形式的压印图案。从相反侧观察时，观察者感觉到全息图片。由于微图案的（即微图案元件之间的距离）尺寸处于人眼的分辨率极限之下，观察者感觉全息图片是全域图片。

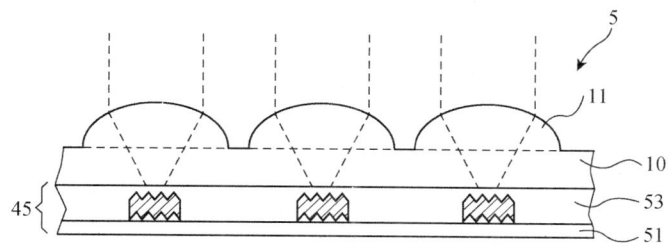

图 8 – 3 – 11　CN102971154B 防伪元件示意图

目前，德国捷德公司的多件发明专利申请仍在审查中，主要涉及全息防伪手段与其他防伪手段相结合以及防伪结构高度精细化的防伪标识。从与全息防伪技术相关的申请量可见，全息防伪技术仍属于该公司的常用技术之一，目前并不会单独使用全息防伪结构，而是与其他多种防伪结构一起构成精细复杂的防伪标识。

8.3.2　防伪纸或防伪标识

现有技术防伪标识的防伪技术已出现被复制、仿制的情况，泰宝集团、凸版印刷、湖北联合天诚等公司提出了一些相关的专利申请，涉及具有防伪性能好，防止二次转移的技术。

CN201655152U 是泰宝集团于 2009 年 12 月 16 日提出的申请，于 2010 年 11 月 24 日获得授权，目前处于有效状态。如图 8 - 3 - 12 所示，该专利涉及一种三维信息化防转移高性能防伪标识，包括基体层，在于所述基体层为易碎基体层，易碎基体层上设有基本信息层，所述基本信息层上设有防复制橙信息层、彩虹信息层、扭缩币纹信息层、条形码信息层、金属银亮变信息层、光栅亮色信息层。基体层为易碎基体层，利用激光全息技术对整个标识表面的每个点用信息进行了记录，当标识受到外力的时候，经过处理的纸张发生变形，从而导致全息信息的位移，于是使得标识的外观发生变化，利用激光技术将大量的防伪技术埋藏在表面信息之中，在容纳巨量信息的同时又能提高制作的难度，防伪性能好。

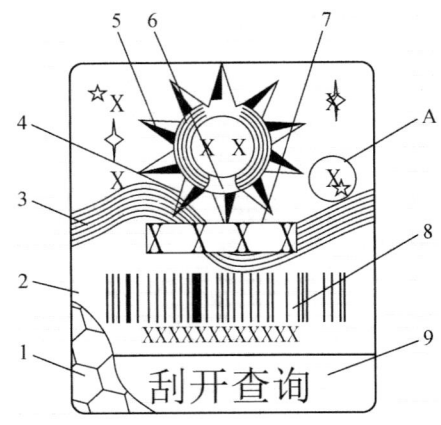

图 8 - 3 - 12　CN201655152U 技术方案示意图

关于各种烫印箔技术的专利申请涵盖了油墨印刷、数码印刷、模压全息烫印箔的特点，将原有防伪产品的防伪特征集于一体；具有高信息承载能力和随机性，增加了适用性、美观度、防伪性能等。例如，CN103862907B 涉及一种彩色全息数码信息烫印箔及其制备方法。该烫印箔包括基材层 1、离型层 2、成像层 3、全息图像层 4、凹印油墨保护层 5、镀铝层 6、涂布层 7、印刷层 8 和背胶 9 从上到下依次相连；镀铝层 6 和印刷层 8 之间设置有涂布层 7，涂布层 7 的制备方法是将 20 ~ 50 份异丙醇放入容器中，再加入 1 ~ 2 份 MACROMELT 6239，在 60 ~ 70℃ 的温度下匀速搅拌直至 MACROMELT 6239 完全溶解。如图 8 - 3 - 13 所示，该烫印箔采用模压机和凹印机连体实现同步运转的办法，在烫印箔隔离层面进行彩色印刷，涵盖了油墨印刷、数码印刷、模压全息烫印箔的特点。

各种具有防伪功能的包装，如防伪瓶盖、防伪密封圈等是全息防伪技术产业的重要组成部分，例如，CN104369975B 涉及一种多金属色防伪铝箔封口垫片及其制备方法，多金属色防伪铝箔封口垫片是离型成像层、彩色印刷层、全息信息层、镀铝层、介质层、感应层、EVA 胶层、封口层从外到内依次相连，利用凹印、模压一体化手段实现在同一个层面上可显现多种金属色全息图文防伪技术。在瓶盖设计方面，山东泰宝集团提交了若干涉及全息防伪技术的专利申请。例如，CN104875947B 涉及一种防伪瓶盖，防伪瓶盖的离型层、全息层、镀铝层、印色层、数码层、固化胶层与瓶盖顶层从外到内依次相连，瓶盖顶层是无色透明的；所述的镀铝层完全覆盖数码层，制作时通过烫印技术将数码防伪烫印箔烫印到瓶盖顶部。

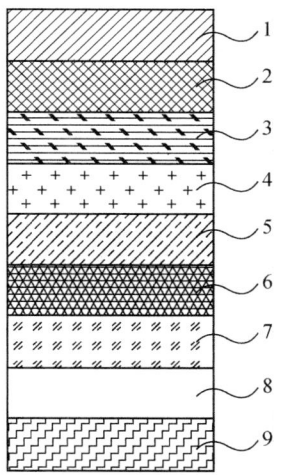

图 8 - 3 - 13　CN103862907B
技术方案示意图

将全息防伪技术与其他防伪技术相结合进行创新，申请了若干具有多重防伪技术的防伪标识。如 CN205767829U，涉及一种全息可刮式信息追溯防伪包装盒，盒体上设有可变数码，可变数码上覆盖刮刮墨，其特征是，所述盒体刮刮墨区域，其断面结构，从下至上包括基材、可变数码层、刮刮墨层、金属铝层、全息信息层、耐碱涂料保护层，其中，刮刮墨层、金属铝层、全息信息层、耐碱涂料保护层完全一致，且刮刮墨层覆盖可变数码层，可变数码层为油墨印刷的条形码、二维码或可变数字。使用者在刮开刮刮墨后可变数码不会被刮坏，同时保持完整清晰，利于使用者查询商品信息、辨别真伪以及信息追溯；多次使用定位印刷或套准印刷，使得刮刮墨层、金属铝层、全息信息层、耐碱涂料保护层完全一致，防伪性能高。刮刮墨区域上有全息图，美观漂亮（见图 8 - 3 - 14）。

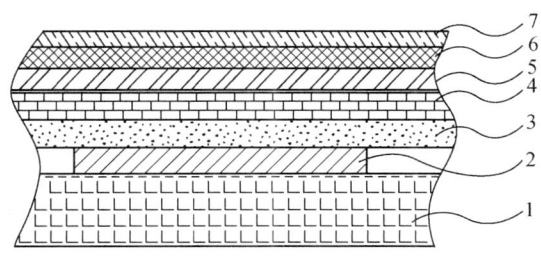

图 8 - 3 - 14　CN205767829U 技术方案示意图

凸版印刷株式会社在全息图的印刷方面有着很强的技术实力，在全息防伪方面申请了大量专利，涉及全息防伪的多个方面。表 8 - 3 - 1 示出了其同族专利被引用次数较多的专利，多数专利为比较早期的专利。

表8-3-1　凸版印刷株式会社被引用次数较多的专利

专利公开/公告号	申请日	同族被引用次数/次
CN1133142C	1994 - 12 - 27	132
JPH10129107A	1996 - 11 - 01	45
JP2000218908A	1999 - 01 - 28	27
JP2926781B2	1989 - 09 - 29	27
JP2737996B2	1989 - 03 - 31	25
JP2540991B2	1990 - 07 - 13	24
CN103090319B	2010 - 08 - 05	23
JP4352544B2	1999 - 12 - 21	20
JP1998307201A	1997 - 05 - 08	20
JP1996152842A	1995 - 02 - 02	16
JP2001228800A	2000 - 02 - 15	15
JP3684653B2	1996 - 03 - 08	15
JP1996262963A	1995 - 03 - 22	15
JP5453921B2	2009 - 05 - 20	14
JP4882397B2	2006 - 02 - 01	13
JP2004078725A	2002 - 08 - 21	12
JP4677688B2	2001 - 06 - 29	12
JP2000211257A	1999 - 01 - 27	12
JP1988106780A	1986 - 10 - 24	12
JP1994018746B2	1985 - 10 - 03	12
JP4487521B2	2003 - 09 - 10	11
JP2004163797A	2002 - 11 - 15	11
JP1999227368A	1998 - 02 - 19	11
JP1997016703A	1995 - 06 - 29	11
JP1996211226A	1995 - 02 - 01	11
JP3552262B2	1994 - 02 - 09	11
JP2822826B2	1993 - 01 - 07	11

下面具体介绍该公司的一些代表性专利。

（1）公告号为 CN1133142C 的发明专利是最早在中国申请的全息防伪方面的专利，申请日为 1994 年 12 月 27 日，也是被引用次数最多的专利。如图 8－3－15 所示，依顺次将全息照相形成层、透明蒸发层、着色层、附着加固层和黏合层层合到基条（2）的下表面。在黏合层的存在下将层合体用作封条。基条（2）优选具有足够刚性及表面平直度。全息形成层（4）具有立体型全息图像。透明蒸发层为多层陶瓷层，通过交替层合高和低折光指数层而形成，其厚度优选为 1μm 或更小。在透明蒸发层中，预定波长范围内的可见光颜色根据视角而在透射或反射时发生变化。其提供了一种构造简单且可用于很容易鉴定真伪的层合体。

图 8－3－15　CN1133142C 技术方案示意图

（2）公告号为 JP4810718B2 的发明专利公开了一种机器可读的全息图，用形成在微单元上的不同的衍射光栅图案组成的特殊信息，微单元由排列在基层表面的不同形状的衍射光栅图案组成，在排列过程中，特殊信息被加入微单元中，如图 8－3－16 所示。

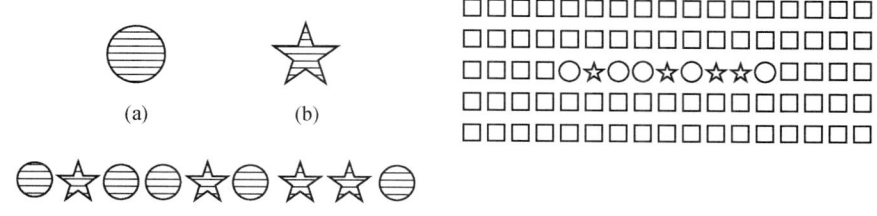

图 8－3－16　JP4810718B2 技术方案示意图

（3）公开号为 JPH10129107A 的发明专利公开了一种防伪标识，包括具有第一荧光信息图案 14 的基层材料 2、照片 3、全息图层 8、第二信息图案 15 形成在全息图层上，包括用于长波和短波紫外光的荧光图案，可剥落保护层 5。应用于 ATM 卡、会员卡。通过提供第一荧光信息图案来简化信息的识别，通过提供具有不同紫外光波长的第二荧光信息图案来简化身份判断和防伪验证，如图 8－3－17 所示。

（4）公开号为 JPH10140500A 的发明专利公开了一种防伪纸，具有切开部分 10 用于放置防伪部件，防伪部件具有全息图层、反射层 16、透明层 12，并具有荧光或磷光层 18。该发明的防伪纸易于检测，并且可以生物降解，如图 8－3－18 所示。

（5）公开号为 JP2001228800A 的发明专利公开了一种全息密封方法，将全息图与密封条结合，将全息密封条 10 和易碎密封 20 用于 ROM 来防止被移除。全息密封条具

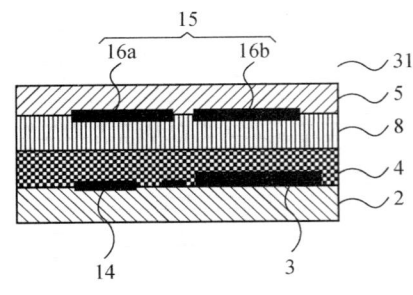

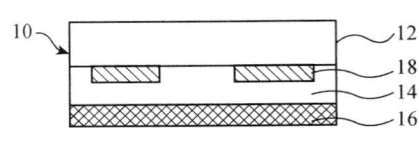

图 8 - 3 - 17　JPH10129107A 技术方案示意图　　图 8 - 3 - 18　JPH10140500A 技术方案示意图

有支持层 1、分离剂层 2、全息图层 3、蒸镀层 4、黏结剂层 5、隔离物 6，易碎密封层压在隔离物上。由于带有全息图层的全息密封条很容易被移动，这种设计可以防止未授权地或错误地替换 ROM，如图 8 - 3 - 19 所示。

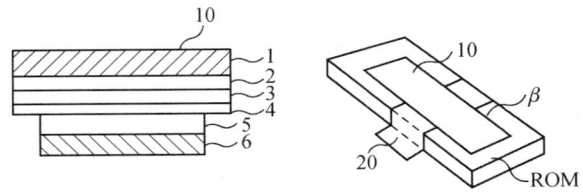

图 8 - 3 - 19　JP2001228800A 技术方案示意图

（6）公开号为 JPS63106780A 的专利是关于一种用于防伪的全息带，具有表面浮雕全息图的树脂层 2、金属反射层 3、释放 - 修饰层 4、压敏黏结层 5、透明塑料膜 1。修饰层上印有图案、照片、文字等，反射层和修饰层之间的力小于透明塑料层与树脂层之间的力，如图 8 - 3 - 20 所示。

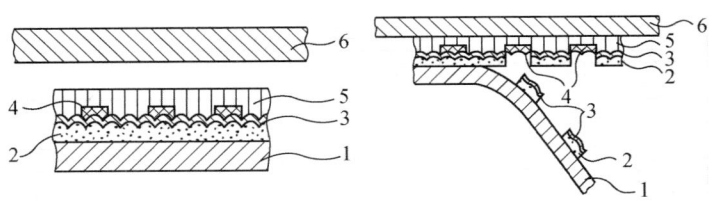

图 8 - 3 - 20　JPS63106780A 技术方案示意图

另外，湖北联合天诚在印刷纸等方面进行了专利申请。

专利 CN102501667B 涉及一种全息网点印刷纸，申请日为 2011 年 10 月 26 日，该专利要解决的问题是能够提供一种在精准的位置上，既带有激光镭射效果图案，又含有印刷机印刷的精美图案叠加的纸，如图 8 - 3 - 21 所示，所述全息网点印刷纸包括：在纸基材 1 上，通过印刷机以网点 2 为基准，依次印刷有相互嵌套、叠加在各个网点 2 上的油墨像素点 3，其中还包括在任意指定的网点 2 上印刷有 UV 胶点 4，在 UV 胶点 4 上转移有带有亮反光的全息反射信息层所构成的一种具备明亮光感反射光线的纸，网点 2 上既可以印刷带有色彩的油墨像素点 3，也可以是通过 UV 胶点 4 贴敷上含有全息反射信息层 11 的复合层 18。该专利将全息图案与精密印刷相结合，从而能够较为方便地生产防伪性能好的标签。

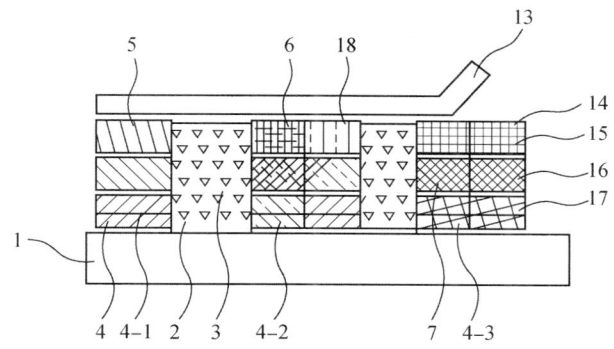

图 8 - 3 - 21　CN102501667B 技术方案示意图

8.3.3　防伪设备及相关技术改进

泰宝集团和湖北联合天诚等公司在全息防伪印刷设备以及全息防伪印刷技术等方面进行申请，通过印刷准确、连续、废品率降低等方面的改进，缩短了生产周期，有效地降低了生产成本，提高了生产效率。

泰宝集团在 2009 年提出了 CN101934627B 的发明专利申请，该申请于 2012 年获得授权，目前处于有效状态。如图 8 - 3 - 22 所示，该专利涉及一种组式物流双向全息定位套印机，所述套印机由放卷装置、光电识别控制装置、电控底座、牵引装置、套印装置、收卷装置组成，收放卷装置与电控底座呈一体式结构，套印装置位于电控底座上方，收放卷装置位于套印装置两侧，在套印装置之前设有光电识别控制装置，并与放卷装置相配套；所述放卷装置由一组卷筒承印物放卷装置和多组卷筒全息防伪膜放卷装置构成，每组放卷装置对应一组光电识别控制装置，多组卷筒全息防伪膜放卷装置放卷方式为各组独立放卷，且组序排列图案与卷筒承印物的预留套印区域一一对应。

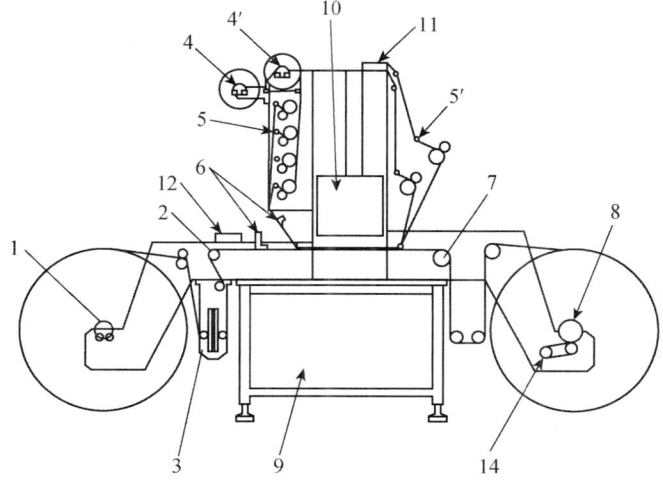

图 8 - 3 - 22　CN101934627B 技术方案示意图

湖北联合天诚在模印转移方法等方面进行了申请，例如，CN102514414B 涉及一种全息防伪膜压膜的转移方法，申请日为 2011 年 11 月 14 日。

该专利提供一种新的模板转移方法，以解决价格高昂的模板使用寿命低的问题。具体步骤为在 PET 基膜上，采用模压机将全息镍板模压转移制作带有全息信息层的 PET 膜，并在 PET 膜母版上真空镀钛，即在 PET 膜母版上镀一层氮化钛层，制成带状全息钛膜母版膜带 1。然后将带状全息钛膜母版膜带 1 作为母版带 1，通过所述相互对压的工作辊 4、5 对压转移母版带 1 上的图案于基膜 2 上，形成全息光纹信息层，构成转移膜 8，对转移膜 8 采用 UV 胶后固化方式，形成全息膜 9，如图 8－3－23 所示。

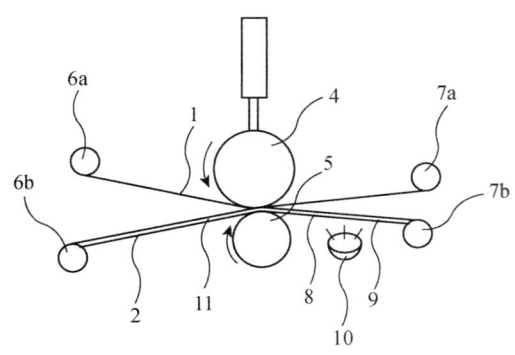

图 8－3－23　CN102514414B 技术方案示意图

该专利将传统的、制作复杂、成本高的镍板作为母版的原有全息转移方法改变为采用能够替代镍板的带状全息钛膜母版膜带作为母版进行全息转移。将转移膜镀氮化钛后，由于氮化钛有高硬度，满足模压和转移要求，可将镀氮化钛的全息膜用作转移方法中的母版，节约镍板材料及制作镍板时的复杂过程的同时，增加了版的转移面积，延长了镍板的使用寿命，大大降低了生产转移膜的成本。

8.3.4　微全息图的结构

在大日本印刷的同族被引用次数较高的中国专利中，涉及微全息图的结构方面的研究。

例如，CN101667007B 涉及真实性证明用的光学构造体、记录媒体及确认方法，申请日为 2006 年 10 月 9 日，如图 8－3－24 所示。

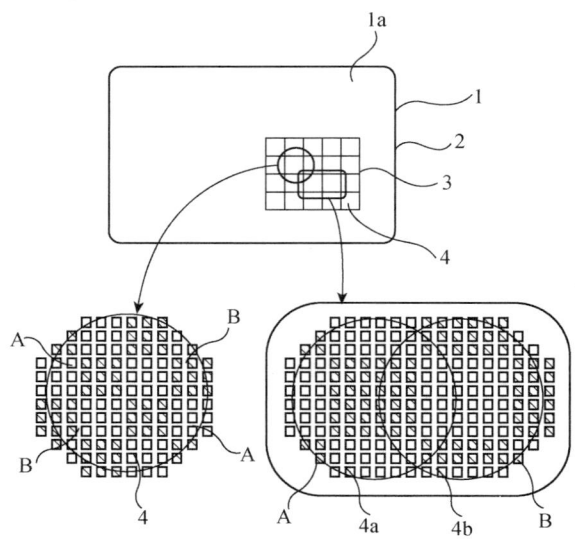

图 8－3－24　CN101667007B 技术方案示意图

　　在传统技术中，由于全息图的区域大或位置明显，容易发现全息图的存在和其位置，也容易进行全息图的分析，这对于防伪安全性是不充分的。该发明的光学构造体能够再现照射相干光时视觉上可辨认的信息，并能够将其存在隐蔽或加以混淆，以提高防伪安全性。真实性证明用记录媒体 1 设有基底 2 和在基底 2 上层叠的真实性证明用的光学构造体 3。这些层叠的基底 2 和光学构造体 3 的组合体的上方可设透明的保护层 1a。构成光学构造体 3 的微小光学单位区 4 的尺寸在 0.3mm 以下。各微小光学单位区 4 含有多个微区，所述多个微区存储有深度信息，所述深度信息是将不同的原图像的傅立叶变换像的相位信息多值化而得到的。

　　其中，所述多个微区包括在蚀刻性基板或电离放射线固化树脂的固化树脂膜上形成的微细凹凸，并且当存储有所述深度信息的所述微区被照射了相干光时，基于所述不同的原图像产生具有多值化相位信息的全息图。通过将基于原图像的多值化的深度信息设为两个种类以上，能够改变再现全息图时相干光的条件，例如改变照射角度等。由此，更难以解析，而且在再现像全部确认后才能证明真实性，因此具有真实性的保证能力，即可靠性更高的优点。

　　专利 CN1930531B 涉及被层叠到热转印片的全息图或者衍射光栅的转印方法和被转印介质，申请日为 2005 年 3 月 16 日，如图 8 - 3 - 25 所示。

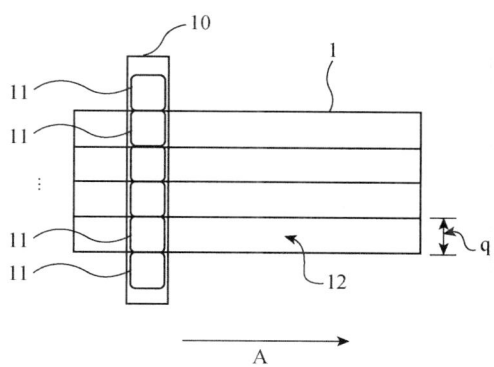

图 8 - 3 - 25　CN1930531B 技术方案示意图

　　该发明提供使用层叠全息图等的热转印片以及转印全息图等的方法。在转印层叠在基材薄膜（2）上全息图或者衍射光栅的热转印片（1）的方法中，将由微小面积单位的热源（11）连续加热的方向 A，和用于提高全息图或者衍射光栅光学效果的记录信息的方向 B 作为相同方向。该发明解决了热转印相对辊压或模具转印相比，转印前后图像变化大、全息图效果降低的问题。

　　CN101329546B 涉及体积全息图转印箔、体积全息图层叠体以及它们的制造方法，申请日为 2008 年 6 月 19 日，如图 8 - 3 - 26 所示。

　　该发明的体积全息图转印箔不具有反射层。另外，该转印箔除了体积全息图层 2 以外，通过使用图像形成层 3，在使用该发

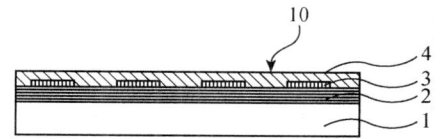

图 8 - 3 - 26　CN101329546B 技术方案示意图

明的体积全息图转印箔来制作体积全息图层叠体时，可以与所述图像形成层一起转印所述体积全息图层，所以可以制作防伪功能更出色的体积全息图层叠体。

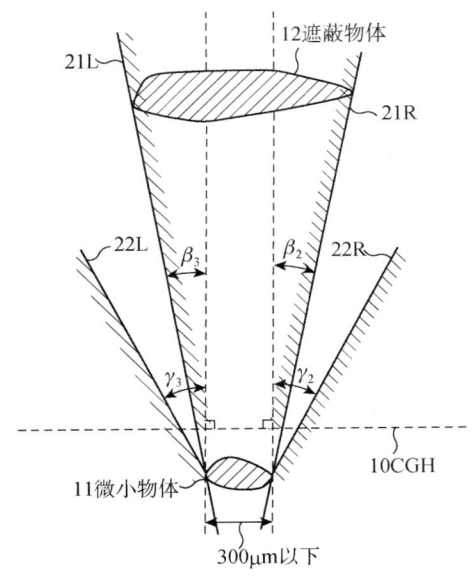

另外，在该发明中，图像形成层 3 比所述体积全息图层 2 更靠近热合层 4 一侧形成，所以在使用该发明的体积全息图转印箔来制作体积全息图层叠体时，可以减低图像形成层 3 引起的凹凸形状在体积全息图层 2 叠体的表面的形成。所以，如果利用该发明的体积全息图转印箔，则难以伪造在所述图像形成层 3 上形成的图像，所以可以制作防伪功能更出色的体积全息图层叠体。

CN100527017C 涉及记录有真伪判定信息的全息图，申请日为 2004 年 12 月 28 日，如图 8－3－27 所示。

该发明提供了一种防伪效果好的全息图，作为真伪判定信息的微小物体 11 配置在用裸眼容易辨识的大小的遮蔽物体 12 的背后，以某些方向的观察中，真伪判定信息被遮蔽物

图 8－3－27　CN100527017C 技术方案示意图

体遮蔽，从另外方向能观察到，并且，以能够用相互不同的色彩观察到所述真伪判定信息和所述遮蔽物体的方式进行。所述微小物体 11 是用裸眼难以分辨的大小，以能够通过使用放大观察单元来观察到。

CN1153099C 涉及真正性识别系统及真正性识别薄膜的使用方法，申请日为 1999 年 8 月 27 日，如图 8－3－28 所示。

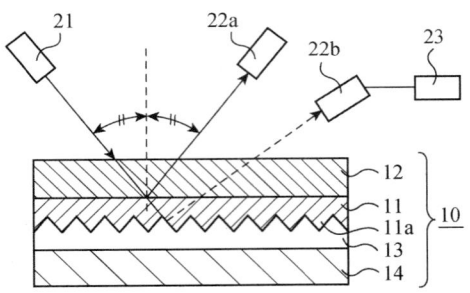

图 8－3－28　CN1153099C 技术方案示意图

该发明提供的真正性识别薄膜 10 至少包括反射性薄膜 11，反射性薄膜 11 具有在入射的光中仅反射左圆偏振光或者右圆偏振光之一而生成反射光的圆偏振光选择性，并在其上设有全息图形成部 11a。该全息图形成部 11a 把与反射光相同的圆偏振光的光反射到与反射光不同的方向上，形成全息图像。放置在不同位置上的检测器分别检测来自反射性薄膜 11 的反射光和来自全息图形成部 11a 的全息图像。这样制造的真正性识别薄膜伪造困难，能够容易地用目视和机械进行真正性识别。

8.4 小   结

本章对全球范围内申请量排名靠前的大日本印刷、凸版印刷以及在国内申请量靠前的泰宝集团、中国印钞造币总公司、湖北联合天诚、德国捷德公司等申请人专利申请数据和重点研发方向进行了分析。

通过对上述 6 个公司的申请进行分析发现，其研发方向主要集中在纸币或证件防伪、防伪纸或防伪标识、防伪设备及相关技术改进、微全息图的结构等方面，这几个方面也是全息防伪技术的重点应用和技术领域。

第9章 主要申请人技术分析

9.1 全息存储

9.1.1 INPHASE

（1）公司简介

INPHASE 成立于 2000 年，是阿尔卡特－朗讯旗下贝尔实验室的衍生公司，在 3 家风险投资机构的资助下取得了不少可喜的成果。其中，在 2002 年的 NAB2002 会议上，INPHASE 展示了使用全息记录媒体的播放系统和全息记录光盘，记录容量达到 100GB，可以容纳 30 分钟的非压缩数字 HDTV 视频内容，数据传输速率为 160Mbits/s。

（2）申请量分析

在专利申请方面，以北京合享智慧科技有限公司的 INCOPat 数据库（www. incopat. com）为检索依据，以 INPHASE 作为申请人或权利人检索入口，查找到与 INPHASE 有关的全球专利申请量达到了 277 件。

（3）授权分析

如图 9 - 1 - 1 所示，在 277 件专利申请中，除 33 件为 PCT 申请外，其余 244 件为普通申请；授权专利达到了 127 件，授权率为 52%。说明 INPHASE 在专利申请质量方面具有较高的水平，其专利技术含金量较高。

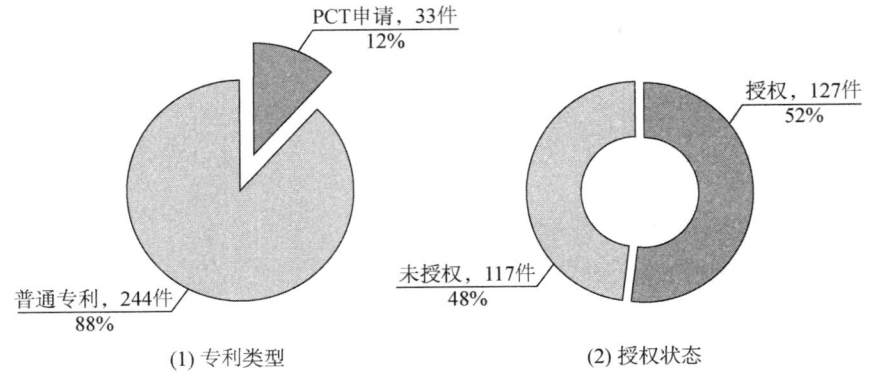

(1) 专利类型   (2) 授权状态

图 9 - 1 - 1 INPHASE 专利申请类型和授权分布

（4）专利法律状态

在中国（不含台湾）申请的 11 件专利中，仅 1 件被授权；其余 10 件专利申请中，有 8 件在申请公开后被视为撤回，另 2 件经实质审查后被驳回。可见 INPHASE 中国专利的审查结果并不乐观，尤其是视为撤回的数量较高，需要注意的是，唯一被授权的专利申请 CN101681144B 仍处于授权有效状态。该专利申请日为 2007 年 8 月 17 日，最终的专利权人为 INPHASE 和日立两家公司，距发明专利保护期限 20 年还有不到 10 年时间，国内相关研发人员在布局相关技术的专利或产品时需要规避该专利保护范围。

（5）申请人首次申请技术分布

在首次申请技术分布中，全息存储各技术分支申请分布情况如图 9 - 1 - 2 所示。由图可见，INPHASE 的研发重点在于光路结构、存储材料、数据处理、伺服等技术方面，同时，其在不同的技术分支的研发还与该领域知名公司进行了合作，例如，任天堂（NINTENDO）、日立（HITACHI）、拜耳（BAYER）等。

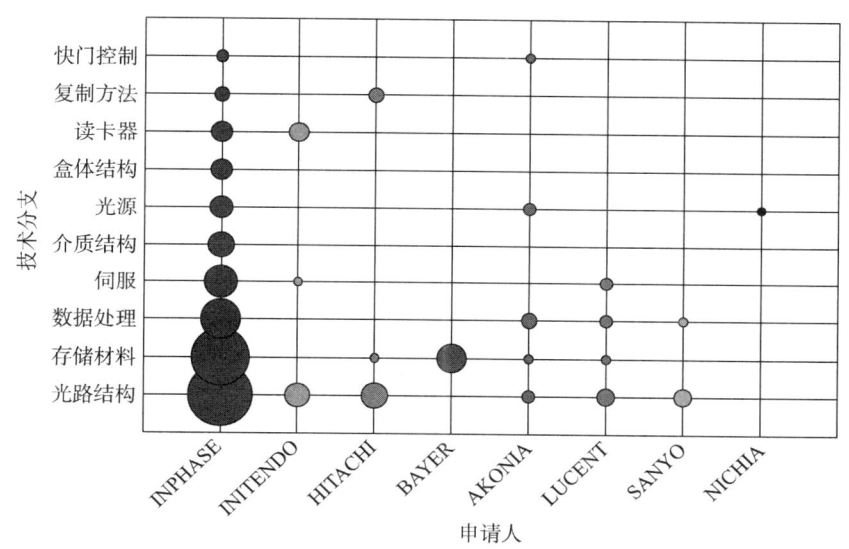

图 9 - 1 - 2　INPHASE 全息存储具体分支分布

注：图中圆圈大小表示申请量多少。

（6）主要发明人分析

根据发明人进行统计后，主要发明人的申请量分布如图 9 - 1 - 3 所示。

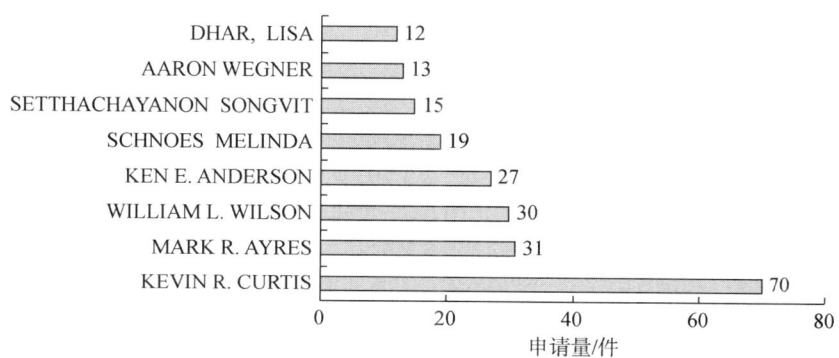

图 9 - 1 - 3　INPHASE 全息存储主要发明人申请量分布

通过发明人的申请量分析可见，KEVINR. CURTIS 参与申请的专利数量明显多于其他发明人，说明该发明人在技术研发方面属于核心研发人员。此外 WILLIAM I. WILSON、MARK R. AYRES、KEN E. ANDERSON 也属于具有一定研发实力的发明人。

主要发明人所涉及的全息存储技术分支分布如图 9 - 1 - 4 所示。

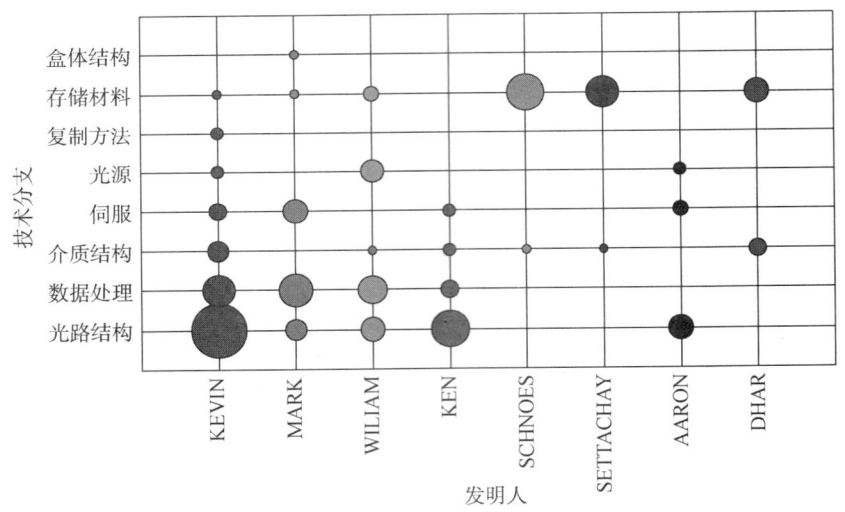

图 9 - 1 - 4　INPHASE 发明人全息存储技术分支分布

注：图中圆圈大小表示申请量多少。

通过对发明人所申请专利涉及的技术分支可见，从事光路结构技术研发的主要发明人有 KEVIN、KEN，参与数据处理技术研发的主要发明人有 KEVIN、MARK、WILLIAN，参与存储材料技术研发的主要发明人有 SCHNOES、SETTHACHAY。

（7）技术与功效分析

在将 INPHASE 全息存储的专利申请进行归并同族专利后，将这些专利申请按照技术分支与效果分支进行逐一标引，获得的技术分支申请分布和技术功效分布如图 9 - 1 - 5 和图 9 - 1 - 6 所示。

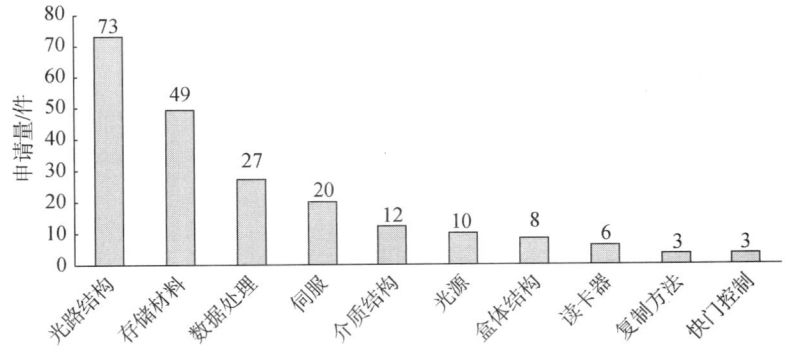

图 9 - 1 - 5　INPHASE 全息存储专利申请技术分支分布

由图 9 - 1 - 5 可知，INPHASE 主要从事光路结构和存储材料方面的研发，在数据处理、伺服等方面也有一定的扩展研发。

由于全息存储光路分同轴、离轴两种，通过对 INPHASE 涉及光路类型专利进行分析可知，在全息存储的光路结构上，INPHASE 主要从事离轴光路技术研发，在同轴光路技术方面也有一定的研究。在存储方式上，现有全息存储包括按页面存取、按位存取（即微全息）两种方式，通过对 INPHASE 涉及存储方式专利进行分析得出。

在全息存储的方式方面，INPHASE 主要从事页面存取方式的全息存储，在按位存取方式的全息存储方面也有一定的研究。

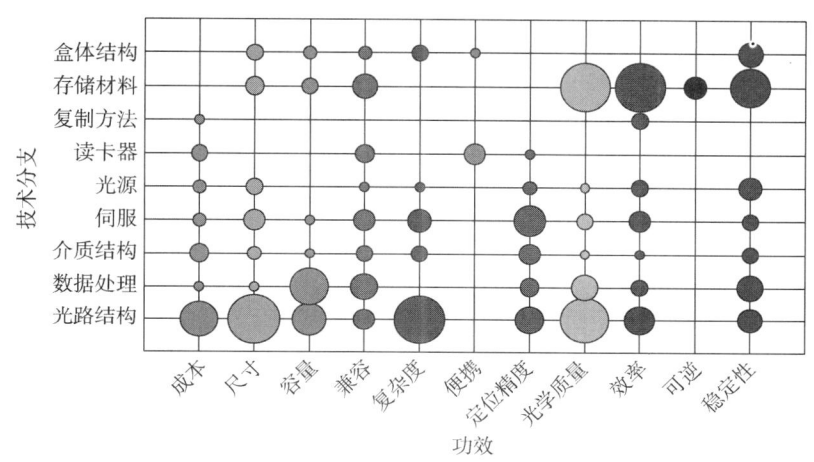

图 9 - 1 - 6　INPHASE 全息存储专利申请技术功效分布

注：图中圆圈大小表示申请量多少。

其中，

关于部分效果分支的解释如下：

兼容：指与其他产品设备、物质等的兼容性、可扩展性；

复杂度：指物理结构方面或材料工艺方面的复杂程度；

定位精度：指光路、数据寻址等的定位精度；

光学质量：包含了信噪比、失真度、光束均匀性、材料的衍射效率、读写性能、折射率等；

效率：包含了响应速度、读写速度等。

从图 9 - 1 - 6 可以看出，INPHASE 在解决有关成本、尺寸、复杂度等方面的问题时，主要是从光路结构上进行改进；在解决容量方面的问题时，主要是从数据处理以及光路结构上进行改进；在解决定位精度方面，主要从伺服控制方面进行改进；在解决光学质量方面的问题时，主要从光路结构、存储材料方面进行改进；在提高稳定性方面，主要从存储材料方面进行改进。

（8）重点专利

经统计，INPHASE 所申请的专利中，其同族被引用次数大于 50 次的专利有 35 项，下面将这些专利作为重点专利进行了汇总如表 9 - 1 - 1 所示。

表 9 - 1 - 1　INPHASE 重点专利汇总

公开/公告号	申请日	同族被引用次数/次	发明名称
US6482551B1	1998 - 12 - 09	269	Optical article and process for forming article
US6103454A	1998 - 03 - 24	259	Recording medium and process for forming medium
CN1530774A	2004 - 03 - 10	249	多处发生的复用全息
EP1457974A1	2004 - 03 - 09	223	Polytopic multiplex holography
US6765061B2	2002 - 07 - 30	170	Environmentally durable, self - sealing optical articles
US7480085B2	2006 - 05 - 25	155	Operational mode performance of a holographic memory system
US6650447B2	2001 - 07 - 27	152	Holographic storage medium having enhanced temperature operating range and method of manufacturing the same
US6780546B2	2002 - 06 - 11	151	Blue - sensitized holographic media
US6743552B2	2002 - 05 - 16	143	Process and composition for rapid mass production of holographic recording article
US5920536A	1998 - 06 - 22	137	Method and apparatus for holographic data storage system
US7116626B1	2002 - 11 - 27	114	Micro - positioning movement of holographic data storage system components
US20030206320A1	2003 - 04 - 11	114	Holographic media with a photo - active material for media protection and inhibitor removal
CN1578930A	2002 - 09 - 12	113	环境中耐久的、自密封的光学制品
US7167286B2	2006 - 06 - 23	113	Polytopic multiplex holography
US7092133B2	2003 - 10 - 06	108	Polytopic multiplex holography
CN1564834A	2002 - 08 - 07	107	用于快速大规模生产全息记录制品的方法和组合物
US7848595B2	2005 - 02 - 28	106	Processing data pixels in a holographic data storage system
US6909529B2	2002 - 05 - 13	105	Method and apparatus for phase correlation holographic drive
US20040027625A1	2003 - 04 - 11	103	Holographic storage media
US20050270855A1	2005 - 05 - 31	103	Data protection system
US20030039001A1	2002 - 07 - 31	102	System and method for reflective holographic storage with associated multiplexing techniques

公开/公告号	申请日	同族被引用次数/次	发明名称
US6721076B2	2002 - 07 - 31	94	System and method for reflective holographic storage with associated multiplexing techniques
CN1523584A	2003 - 11 - 21	81	用于实现基于页的全息只读存储器记录和读取的方法
US20030048494A1	2002 - 02 - 07	73	Associative write verify
WO2008125199A1	2008 - 03 - 28	73	Aromatic Urethane Acrylates Having a High Refractive Index
EP2137732B1	2008 - 04 - 04	72	Advantageous Recording Media For Holographic Applications
US7295356B2	2002 - 01 - 31	71	Method for improved holographic recording using beam apodization
US5892601A	1997 - 07 - 03	61	Multiplex holography
US5808998A	1995 - 12 - 27	60	Bit error rate reduction by reducing the run length of same - state pixels in a halographic process
US6018402A	1998 - 03 - 24	58	Apparatus and method for phase - encoding off - axis spatial light modulators within holographic data systems
US6939648B2	2002 - 04 - 03	57	Optical article and process for forming article
US6697180B1	2002 - 08 - 09	57	Rotation correlation multiplex holography
US6700686B2	2002 - 01 - 24	56	System and method for holographic storage
JP2008250337A	2008 - 05 - 14	55	Methods For Implementing Page - based Holographic Recording And Reading
US5943145A	1995 - 05 - 05	53	Phase distance multiplex holography

（9）小　　结

通过以上分析可以看出，INPHASE 在全息存储方面研究技术领域较为广泛，主要从事光路结构、存储材料、数据处理、伺服等方面的技术研发。从其全球专利授权率来看，该公司的相关专利申请质量较高；从其同族专利被引证次数来看，其在全息存储技术领域属于领先地位，对相关技术的研发起到了推动作用。

9.1.2　OPTWARE

（1）公司简介

OPTWARE 位于日本横滨，于 1999 年由风险投资创建，以开发出偏振同轴全息光存储技术而闻名，它成功地开发了世界上第一个商用化系统。其主要寻找在高容量光盘存储领域利用全息记录技术的方法，于 2004 年 8 月 23 日正式发布偏振同轴全息技术，当时，OPTWARE 将使用全息记录技术的光盘称为全息通用光盘（Holographic Versatile Disc，HVD），并于 2005 年宣布获得了来自 6 家厂商共 3.6 亿日元的投资，而这 6 家公司也成为 OPTWARE 的主要股东。OPTWARE 是从事全息光盘系统的商品化研究为数不多的企业之一，采用同轴式光全息记录与再现原理，打破了传统的全息记录与再现必须在防震台上进行的限制，将全息存储技术朝着实用化、商品化方向推进了一大步。

（2）专利申请量分析

在专利申请方面，以 INCOPAT 数据库（www.incopat.com）为检索依据，以 OPTWARE 作为申请人或权利人检索入口，得到 OPTWARE 全息存储全球专利申请量共 199 项，均为发明申请，同族专利共为 108 件。

（3）专利申请的技术构成

从图 9 - 1 - 7 可以看出，OPTWARE 的专利申请涉及的技术分类主要有：将光束从光源引导到记录载体上去或从记录载体引导到检测器上去的装置（G11B）和全息摄影工艺过程或设备及其零部件（G03H）构成，二者之和占到了总申请量的 72%，说明 OPTWARE 专注于这两个领域，由于全息存储中光学元件以及空间光调制器（G02B、G02F）也是重要组成部分，因此占据了一定比例。

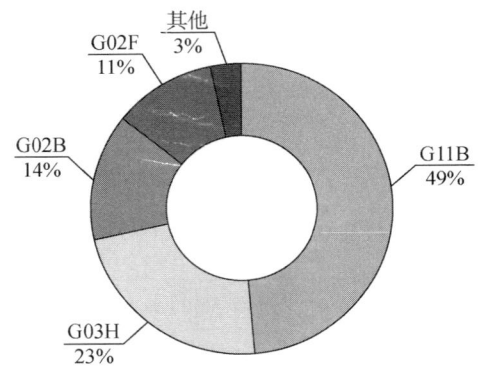

图 9 - 1 - 7　OPTWARE 全息存储专利申请技术构成 IPC 分布

（4）法律状态分析

如表 9 - 1 - 2 所示，OPTWARE 在全球总共获得 51 件授权专利，且全部为发明专利，但是其中共有 42 件失效专利，仅有 9 件维持有效；其中，6 件中国专利全部由于未缴年费而失效，如表 9 - 1 - 3 所示，其中涉及代表性专利 CN1196117C。因此，国内企业和科研团体可以不受这些失效专利限制。

表 9 - 1 - 2　OPTWARE 全息存储全球授权专利及法律状态　　　单位：件

	全球专利法律状态	在华专利法律状态
有效	9	0
失效	42	6

表9-1-3　**OPTWARE 全息存储中国授权专利及其法律状态**　　单位：件

专利号	申请日	发明名称
CN1196117C	1999-02-26	光信息记录装置及方法、光信息再生装置及方法、光信息记录再生装置
CN100378819C	2001-03-09	光拾取装置
CN1254806C	2001-03-09	光信息记录装置、光信息再现装置、光信息记录再现装置和光信息记录媒体
CN1280799C	2001-06-28	光信息记录和/或再现装置和方法
CN1206635C	2001-10-11	光信息记录装置和方法，光信息再生装置和方法，光信息记录再生装置和方法以及光信息记录媒体
CN100437770C	2004-10-21	光信息记录方法

（5）主要发明人及其技术分布

按发明人进行统计后，主要发明人的申请量分布如图9-1-8所示。

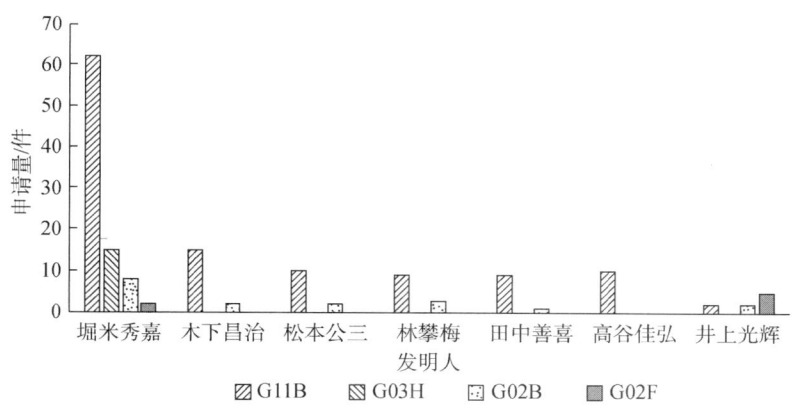

图9-1-8　**OPTWARE 主要发明人专利申请及其技术分布**

通过图9-1-8可见，堀米秀嘉作为公司的创始人，也是同轴全息技术的提出者，参与了公司的大部分专利申请，并且涉及多个技术方面，包括 G11B（将光束从光源引导到记录载体上去或从记录载体引导到检测器上去的装置）、G03H（全息摄影工艺过程或设备及其零部件）、G02B（光学元件）和 G02F（空间光调制器）。此外，参与 G11B 分类的主要发明人还有木下昌治、松本公三、林攀梅、田中善喜和高谷佳弘，经过进一步核实，田中善喜、高谷佳弘和木下昌治的技术研发主要集中在 G11B 分类的存储介质结构方向，参与 G02F 分类的空间光调制器技术研究的主要发明人则是井上光辉。

（6）技术功效分析

如图9-1-9所示，OPTWARE 主要采用页面同轴技术来获得全息存储设备尺寸的减小，这也和其核心技术——偏振同轴全息技术相对应，其次在设备尺寸方面利用了中间光学元件。在全息存储技术上，除了尺寸，信噪比、准确记录和再现以及稳定性都是业界关注的焦点，在这些方面OPTWARE也保持了重点关注。在结构的改进上，除了其核心的同轴技术，OPTWARE在光盘的记录结构方面也做出了重要改进，这也和其创造性地提出了采用单独寻址光路相对应。在此之外，OPTWARE还利用离轴复制技术提高了母盘复制的安全性，以及对全息光盘的外壳体防损伤方面进行了研究。

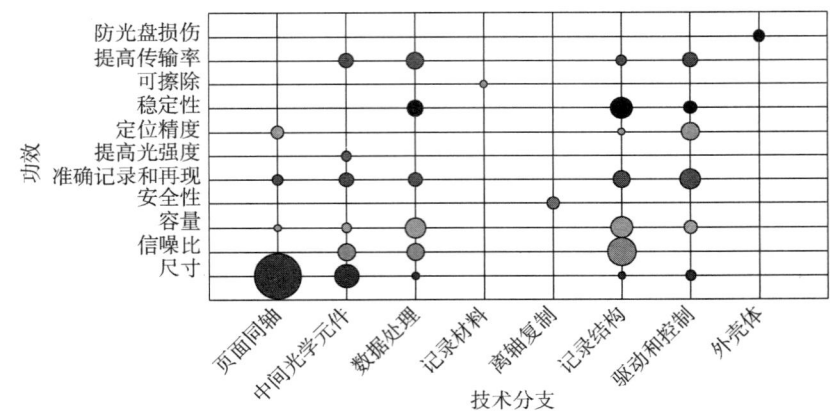

图9-1-9　OPTWARE全球专利申请技术功效矩阵

注：图中圆圈大小表示申请量多少。

其中，关于部分技术分支和效果的解释如下：

安全性：指能排除非法复制；

提高光强度：指提高干涉光的强度；

定位精度：指光路、数据寻址等定位精度；

稳定性：指数据记录和再现的稳定性；

中间光学元件：包含了中继透镜、空间调制器等从光源到记录介质的光路之中的光学元件；

驱动和控制：指伺服装置的驱动和控制。

（7）小　　结

OPTWARE专利申请以全息同轴技术为主，从全息同轴光路设计、中间光学元件、光信息记录媒体、驱动和控制、记录介质盒等多个角度进行技术保护。在专利法律状态方面，由于大部分专利处于失效状态，特别是其中国专利全部失效，因此，国内企业可以不受该些失效专利限制，但是在实施其国外专利时，仍要重点关注其专利的法律状态，比如核心技术JP4366458B2、JP4156911B2、US7719952B2都处于专利有效状态。

9.1.3　通用电气

（1）公司简介

通用电气的历史可追溯到托马斯·爱迪生，他于1878年创立了爱迪生电灯公司。

1892 年，爱迪生通用电气和汤姆森 – 休斯敦电气公司合并，成立了通用电气。2009 年，美国通用电气研究中心（GE）的微全息存储研究组研制了微全息存储系统，基于新开发的光致聚合物材料，以 405nm 的脉冲激光器作为记录光源，在 120mm 大小的光盘上实现 500GB 的存储容量。

（2）申请量分析

在专利申请方面，通用电气全息存储全球专利申请量达到了 80 项，数据来源于智慧芽数据库。

（3）法律状态分析

为便于分析，在 80 项专利申请中，其中国专利申请的法律状态和美国专利的法律状态如图 9 – 1 – 10 所示。

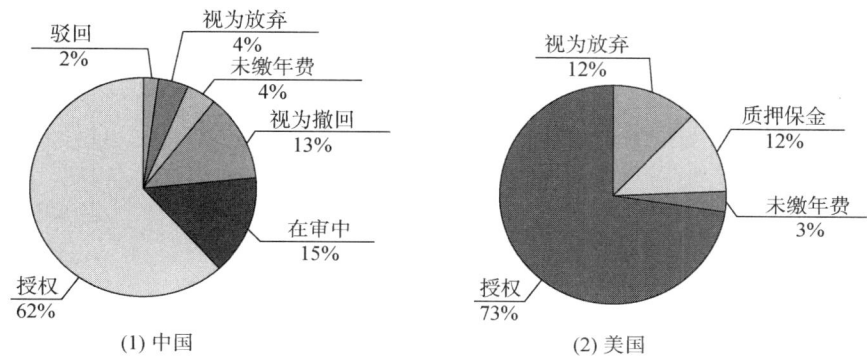

(1) 中国　　　　　　　　　(2) 美国

图 9 – 1 – 10　通用电气全息存储中国和美国专利法律状态

从图 9 – 1 – 10 来看，①中国专利申请通过实质审查的比例为 70%❶；美国专利申请通过实质审查比例为 76%❷，可见，通用电气专利的实质审查通过比例是相当高的，这表明了通用电气专利具有较高的申请质量。②虽然自 2012 年后未再就新的内容提出申请，但对于通过实质审查的专利申请，通用电气的大部分专利权为有效；另外，仍有一些中国专利申请处于审查中的状态，具体如表 9 – 1 – 4 所示。

表 9 – 1 – 4　通用电气全息存储领域处于审查中的中国专利申请

最早优先权日	公开号	发明名称
2007 年 9 月 25 日	CN106008455A	用于存储全息数据的组合物和方法
2008 年 12 月 31 日	CN102272835A	用于多层光学数据存储介质的双束记录和读出的系统和方法

---

❶　在中国专利制度中，视为放弃和未缴年费均是通过实质审查后发生的，因此通过实质审查比例 = 授权比例 + 视为放弃比例 + 未缴年费比例 = 62% + 4% + 4% = 70%。

❷　在美国专利制度中，未缴年费是通过实质审查后发生的，通过实质审查比例 = 授权比例 + 未缴年费比例 = 73% + 3% = 76%。

续表

最早优先权日	公开号	发明名称
2010 年 12 月 29 日	CN102592612A	用于增加容量的非二值全息图
2011 年 11 月 17 日	CN103123793A	用于光学数据存储介质的可反饱和吸收的敏化剂及其使用方法
2011 年 12 月 20 日	CN103177741A	用于对数据解码的方法和系统
2012 年 7 月 31 日	CN103578493A	堆叠膜阀构件、装置和制造方法
2012 年 7 月 31 日	CN103578494A	全息数据存储介质和其关联的方法

通过对这些在审专利申请进行分析发现，这些申请包括近年提出的分案申请、处于复审程序之中或因提交实审请求晚而仍处于实审程序中。一定程度上反映了通用电气对于全息存储领域有一定的信心。

（4）技术分支分析

在 80 项专利申请中，通用电气的专利申请以微全息为主并且材料相关的申请也占一定比例。表明通用电气在微全息路线方向有深入的研究和布局。

（5）小　　结

通用电气的全息存储技术线路以微全息为主，并在材料相关领域也有一定比例的申请。从其授权率可以看出，其技术原创性较高，通过审查的专利权有效比例较高。

9.1.4　索　　尼

（1）公司简介

索尼是一家全球知名的大型综合性跨国集团，总部设在日本东京。

索尼作为世界视听、电子游戏、通信产品和信息技术等领域的先导者，是世界最早便携式数码产品的开创者，是世界最大的电子产品制造商之一，也是世界电子游戏业三大巨头之一。索尼作为世界十大专利公司之一，拥有超过 3000 项的专利技术发明。

索尼在全息存储领域具有较高的技术水平。2008 年，索尼的 Miyamoto 等人提出了一种微全息存储系统的构型，其采用 405nm 的激光器和两束相向传播的高斯光束干涉的形式，其轨道寻址伺服系统和自动聚焦控制伺服装置实现了系统在全息图写入和读出过程中的动态控制。基于上述内容，索尼在日本、中国、美国分别申请了专利（同族专利分别为：CN101162590A、CN101162590B、JP2008097702A、JP4305776B2、US20080089209A1、US7936656B2）。

在全息存储方面，索尼投入了大量的人员进行研发，在全息存储的光路结构各分支均投入了研究，并申请了多件专利，在业界占有一定地位。

（2）申请量分析

在专利申请方面，索尼全息存储全球专利申请量达到 351 项，数据来源于智慧芽专利数据库。

（3）主要发明人分析

索尼全息存储领域主要发明人分布如图 9－1－11 所示：

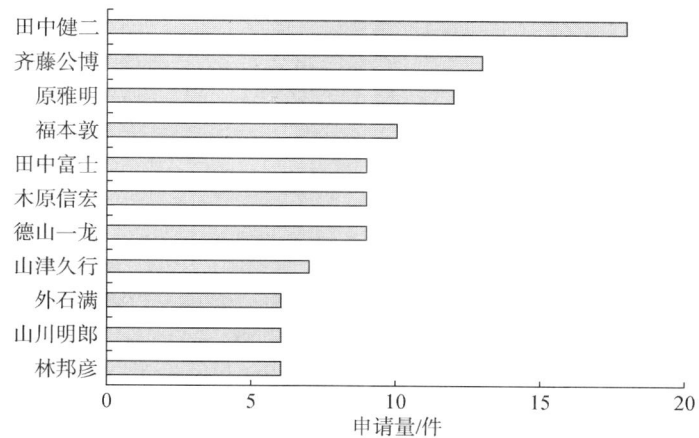

图 9－1－11　索尼全息存储中国专利申请主要发明人分布

　经过统计发现，索尼在全息存储技术领域的发明人超过了 60 名，数量较多，申请量在 6 件以上的发明人有 11 名，说明了索尼在全息存储领域投入了大量人力。前 4 名发明人分别为田中健二、齐藤公博、原雅明、福本敦，他们的申请量均超过 10 件，值得重点关注。

（4）技术分支分析

　将索尼全息存储中国专利申请进行同族专利合并后，按照技术分支和效果分支进行逐一标引，获得如下结果。索尼各技术分支专利布局如图 9－1－12 所示。

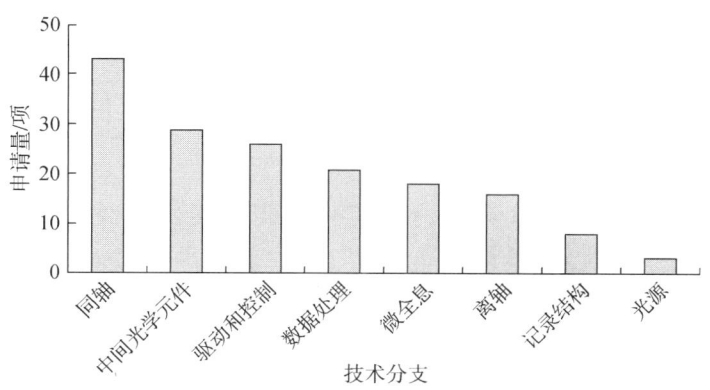

图 9－1－12　索尼技术分支中国专利申请分布

　由图 9－1－12 可见，索尼主要从事光路结构和中间光学元件方面的研发，在驱动和控制、数据处理、记录结构以及光源等方面也有一定的扩展研发。在光路结构方面的申请涉及同轴、离轴和微全息技术 3 个分支。

此外，关于微全息存储方式，根据是否需要对记录介质进行初始化，又可以分为主动型微全息和被动型微全息两种，其中，主动型微全息在记录之前不需要对记录介质进行初始化，被动型微全息在记录之前需要对记录介质进行初始化。

综上所述，在光路结构方面，索尼的研究比较全面，各种光路结构均有涉及，既有按页面存储方式的同轴、离轴页面存储，也有按位存储方式的微全息存储，在各种光路结构中，又以同轴页面式存储数量最多，离轴页面式存储和微全息相当。此外，在涉及微全息的光路结构申请中，也有少量申请涉及需要对记录介质首先进行初始化的被动型微全息存储。

（5）技术功效分析

如图9-1-13所示，索尼主要是采用对同轴光路结构的改进以及对驱动和控制方面的改进来获得数据的稳定记录和再现的技术效果，利用对中间光学元件的改进进一步获得改善信噪比的技术效果。在全息存储技术领域，信噪比、稳定记录和再现以及存储容量都是业界关注的焦点，索尼在这些方面也保持了重点关注。在结构改进上，除了同轴技术，索尼对于离轴技术和微全息技术也进行了深入研究。此外，在驱动和控制、记录介质以及数据处理等方面也均有涉及，取得了一定的效果。

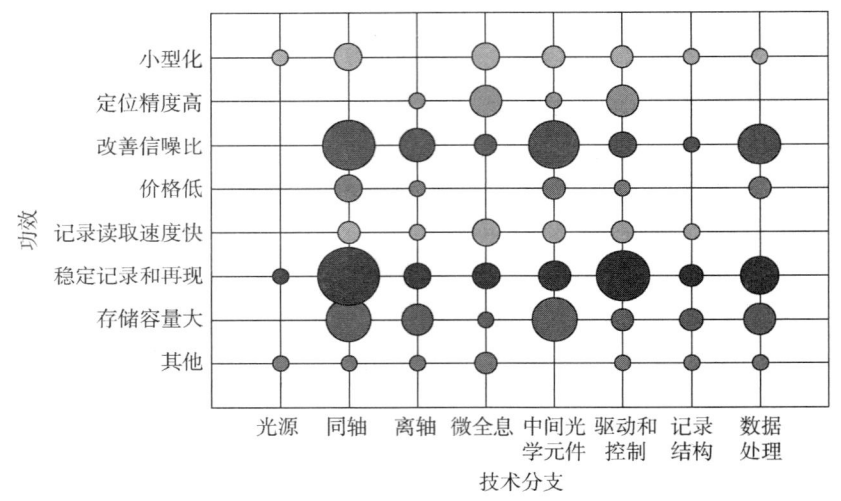

图9-1-13　索尼全息存储中国专利申请技术功效分布

注：图中圆圈大小表示申请量多少。

其中，关于部分技术分支和效果的解释如下：

定位精度高：指光路、数据寻址等的定位精度高；

稳定记录和再现：指数据记录和再现的稳定性好；

其他：指减轻施加在伺服控制上的负担或可以以优选的方式读取信息或缩短在记录开始之前的时间或输入光功率稳定；

中间光学元件：包含了中继透镜、空间调制器等从光源到记录介质的光路之中的光学元件；

驱动和控制：指伺服装置的驱动和控制，例如寻址、聚焦等控制。

（6）法律状态分布

索尼全息存储中国专利申请的法律状态如图9－1－14所示。

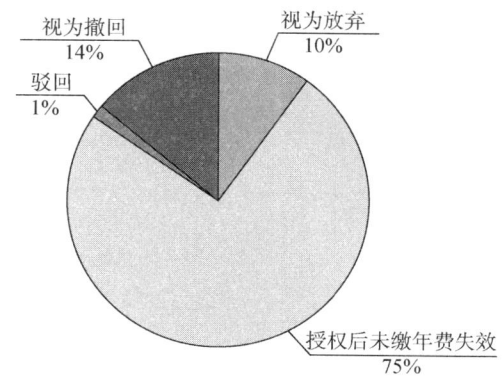

图9－1－14　索尼全息存储中国申请法律状态分布

目前索尼全息存储中国申请均处于无效状态。其中，75%为授权后未缴年费失效，说明中国的专利申请处于失效状态大多是索尼主动放弃其专利权导致的。因此，其全息存储专利均处于失效状态的原因可能在于，索尼的研发重点已经转移，说明索尼中国专利申请可以作为参考，国内企业可以不受这些失效专利限制。

（7）重点专利

索尼全息存储被引用次数在18次以上的中国重点专利如表9－1－5所示。

表9－1－5　索尼中国重点专利

公开（公告）号	专利名称	被引用次数/次
CN101276607B	用于再现信息的光盘装置和方法	69
CN101800554A	数据调制设备及其方法	58
CN1312675C	共轴型散斑复用全息记录装置和共轴型散斑复用全息记录方法	49
CN101529513B	光盘设备、焦点位置控制方法和记录介质	48
CN101276606B	光盘装置，信息记录方法和信息再现方法	47
CN101252004B	全息图再现设备、全息图再现方法和调相元件	43
CN1934626A	全息记录装置及方法、全息再现装置及方法、全息记录介质	37
CN101329545B	记录再生装置、记录再生方法、再生装置和再生方法	31
CN100380462C	全息记录装置及其方法	28
CN101226754B	光盘驱动器和控制焦点位置的方法	27
CN100433142C	全息记录设备和全息记录方法	20
CN100388366C	全息记录设备和相位掩模版	20
CN101162590B	光盘装置、焦点位置控制方法和光盘	19
CN100507759C	记录介质、再现装置和再现方法	18

（8）小　　结

索尼光路结构分支专利申请比较全面，同轴、离轴及微全息分支申请均有涉及，但是重点在全息同轴光路设计及微全息方面。此外，其也在中间光学元件、驱动和控制、记录结构、数据处理以及光源等多个角度进行了技术保护。可见，索尼在全息存储领域进行了多角度的研究。从发明人分布来讲，说明其投入人力、物力较多。在法律状态方面，其全息存储中国专利均处于失效状态，国内企业进行相关研发时可以不受其限制。

9.1.5　日　　立

（1）公司简介

日立由小平浪平于 1910 年创建，是全球 500 强跨国集团。日立由众多的事业部门、事业公司组成，并拥有多项技术、产品、解决方案等。日立作为社会创新事业的全球领军者，开展的业务涉及电力、能源、产业、流通、水、城市建设、金融、公共、医疗健康等领域，通过与客户的协创提供优质解决方案。日立在全息存储领域具有较高的技术水平并且现阶段还拥有多项有效专利，例如，2002 年，日立麦克赛尔株式会社与 IN-PHASE 合作，开始为 INPHASE 的硬盘系统开发全息硬盘，这款 5 英寸的硬盘有一个使用蓝色激光读写数据的全息系统，这种激光束被分为两部分：传输数据的信号光束和参考光束，被存储的数据将被编码为数据页，以多路复用的方式记录到存储媒介上。

（2）技术分支分析

日立全息存储中国专利技术分支分析如图 9 - 1 - 15 所示。

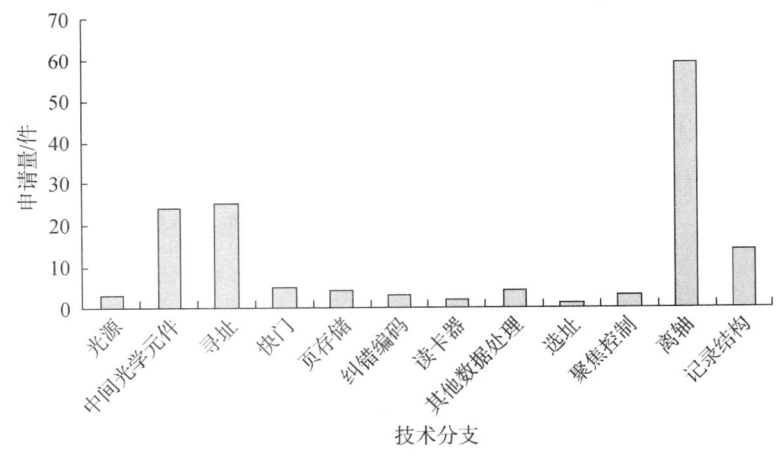

图 9 - 1 - 15　日立全息存储中国专利申请技术分支分布

由图 9 - 1 - 15 可见，日立的光路结构全部为离轴光路，技术分支主要集中于记录结构、中间光学元件以及寻址领域，同时，日立还涉及光源、快门、页存储、纠错编码、读卡器、其他数据处理、选址、聚焦控制等技术。

（3）技术功效分析

日立全息存储中国专利申请的技术功效分布如图 9 - 1 - 16 所示。

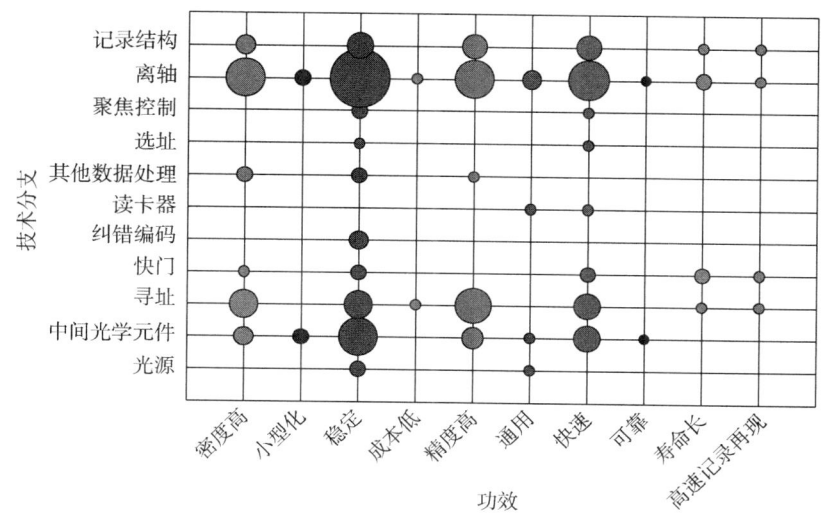

图 9 - 1 - 16　日立全息存储中国专利申请技术功效分布

注：图中圆圈大小表示申请量多少。

其中，关于部分坐标轴的含义解释如下：

中间光学元件：包含了中继透镜、空间调制器等从光源到记录介质的光路之中的光学元件。

精度高：指光路、数据寻址等的定位精度高；

稳定：指数据记录和再现的稳定性。

从图 9 - 1 - 16 可看出，日立全息存储技术均为离轴技术，技术分支主要集中在离轴、寻址、中间光学元件以及记录结构，其通过中间光学元件、寻址以及离轴技术等可实现高密度的技术效果，通过中间光学元件、寻址、纠错编码、离轴以及记录结构等技术可实现稳定的技术效果，通过寻址、离轴、记录结构等技术可实现精度高的技术效果，通过中间光学元件、寻址、离轴和记录结构等技术可实现快速的技术效果。

（4）法律状态分析

日立全息存储中国专利申请法律状态分布如图 9 - 1 - 17 所示。

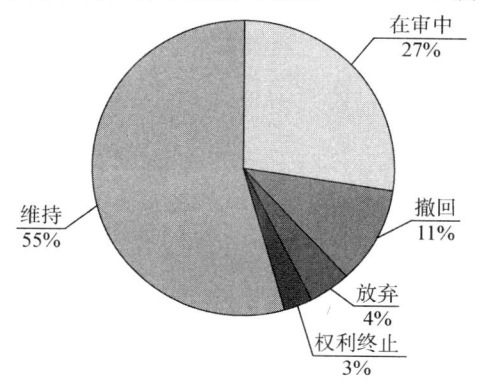

图 9 - 1 - 17　日立全息存储中国专利申请法律状态分布

其中，授权并维持专利权有效的专利数量为36件，还处于实质审查中的数量为18件，撤回的申请为7件，放弃的申请为3件，权利终止的申请为2件。从图9-1-17可看出，日立的专利授权维持比例较高，说明该公司在全息存储领域具有较高的技术水平并对该技术未来的发展保持较大的信心。表9-1-6列出了日立全息存储中国有效专利的情况。

表9-1-6　日立全息存储中国有效专利列表

公开（公告号）	申请日	当前专利权人
CN101681144A	2007-08-17	英法塞技术公司、株式会社日立制作所
CN101796584A	2008-08-05	日立民用电子株式会社
CN102419985A	2008-08-05	日立民用电子株式会社
CN101821680A	2008-08-06	日立民用电子株式会社
CN101399051A	2008-09-11	日立民用电子株式会社
CN101556805A	2009-02-27	日立民用电子株式会社
CN101593537A	2009-02-27	日立民用电子株式会社、日立乐金资料储存股份有限公司
CN102623022A	2009-05-18	日立民用电子株式会社
CN101599279A	2009-05-18	日立民用电子株式会社
CN103123791A	2009-05-18	日立民用电子株式会社
CN102290061A	2009-05-20	日立民用电子株式会社
CN101740051A	2009-10-23	日立民用电子株式会社
CN101800054A	2009-10-23	日立民用电子株式会社
CN101819804A	2009-10-23	日立民用电子株式会社
CN102347034A	2011-04-21	日立民用电子株式会社
CN102290064A	2011-04-21	日立民用电子株式会社
CN102243878A	2011-04-21	日立民用电子株式会社
CN102385874A	2011-04-21	日立民用电子株式会社
CN102280115A	2011-04-25	日立民用电子株式会社
CN102543111A	2011-12-01	日立民用电子株式会社
CN104246886A	2012-04-06	日立民用电子株式会社
CN103548084A	2012-04-19	日立民用电子株式会社
CN102760452A	2012-04-25	日立民用电子株式会社
CN104584130A	2012-09-06	株式会社日立制作所

续表

公开（公告号）	申请日	当前专利权人
CN103123789A	2012 - 11 - 14	日立民用电子株式会社
CN103123790A	2012 - 11 - 14	日立民用电子株式会社
CN103123792A	2012 - 11 - 14	日立民用电子株式会社
CN104798134A	2012 - 11 - 19	日立民用电子株式会社
CN104781882A	2012 - 11 - 27	日立民用电子株式会社
CN103514908A	2013 - 05 - 02	日立民用电子株式会社
CN103514902A	2013 - 05 - 02	日立民用电子株式会社
CN103578499A	2013 - 05 - 10	日立乐金资料储存股份有限公司、日立民用电子株式会社
CN103456327A	2013 - 05 - 31	日立视听媒体股份有限公司
CN103456326A	2013 - 05 - 31	日立视听媒体股份有限公司
CN103514909A	2013 - 06 - 19	日立视听媒体股份有限公司
CN103578500A	2013 - 08 - 05	日立视听媒体股份有限公司

（5）主要发明人分布

日立全息存储申请量前 10 位的发明人分布如图 9 - 1 - 18 所示。

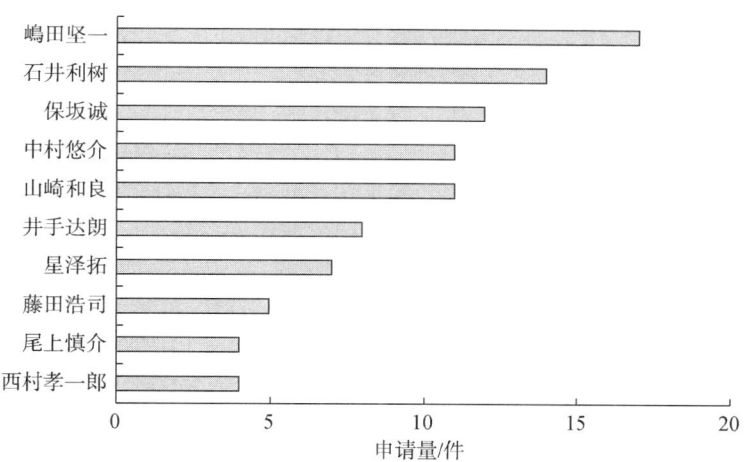

图 9 - 1 - 18　日立全息存储中国专利申请发明人排名

从图 9 - 1 - 18 可以看出，日立前 5 位发明人分别为嶋田坚一、石井利树、保坂诚、中村悠介、山崎和良，其申请量均为 10 件以上。

（6）小　　结

日立的光路结构专利全部为离轴光路，技术分支主要集中于记录结构、中间光学元件以及寻址领域。日立的专利授权维持比例较高，该公司在全息存储领域具有较高的技术水平并对该技术未来的发展保持较大的信心。

9.1.6 青岛泰谷光电工程

（1）公司简介

青岛泰谷光电工程技术有限公司（以下简称"青岛泰谷光电工程"）成立于2014年6月30日，公司注册资本为1000万元。作为青岛国家级高新技术产业开发区的重点企业，2013年，按照《关于实施海外高层次人才引进计划的意见》，青岛泰谷光电工程引进了新一代全息光电存储器产业化项目的首席专家孙庆成。该企业主要从事光电存储技术研发、设计、生产、销售与技术咨询、转让、服务及进出口，2015年入驻青岛市工业技术研究院孵化器基地。

2016年4月，青岛泰谷光电工程与清华大学精密仪器系举行了全息光电存储产业化项目的战略合作签约仪式。

（2）申请量分析

青岛泰谷光电工程全息存储中国发明专利为5项，如表9-1-7所示。

表9-1-7　青岛泰谷光电工程5项中国发明专利列表

申请号	发明名称	发明人	状态
CN201410827175.×	超高容量全像储存盘片构造	孙庆成、余业纬	审查中
CN201510253752.3	全像光发射模块与应用其的全像储存系统	孙庆成、余业伟	审查中
CN201510447387.×	应用于多层次全像储存机构的导光组件	李宣皓	审查中
CN201510595138.5	全像装置与其数据读取方法	彭灯木	审查中
CN201510595069.8	全像盘片与全像储存系统	彭灯木	审查中

此外，其主要引进专家孙庆成作为发明人，申请人为交大思源基金会（非青岛泰谷光电工程）的专利申请有6件，如表9-1-8所示。

表9-1-8　孙庆成全息存储6件中国发明专利

申请号	发明名称	发明人	状态
CN201010161159.3	同轴全息照相储存装置及其方法	孙庆成、余业纬	授权
CN201010161293.3	同轴全息图像储存媒体	孙庆成、余业伟	授权
CN201010161295.2	读取装置	孙庆成、余业伟	授权
CN201510002980.3	读取装置	孙庆成、余业伟	审查中
CN201510003105.7	同轴全息照相储存装置及其方法	孙庆成、余业伟	审查中
CN201510003181.8	读取装置	孙庆成、余业伟	审查中

从表9-1-7和表9-1-8来看，青岛泰谷光电工程的专利申请发明人团队仍以中国台湾的发明人为主。其技术路线则主要是同轴页面路线。在专利申请方面，青岛泰谷光电工程的专利申请日期提交较晚，仍处于审查中，而其发明人团队以交大思源基金会的名义申请的三件较早的发明专利申请则已经授权、另三件较晚的发明专利申请

则同样处于审查中。

（3）小　结

青岛泰谷光电工程作为全息存储中国专利申请前 10 位中唯——家中国企业，与中国专利申请量第一位的清华大学有战略合作，同时，发明人团队来自中国专利申请量第五位的交大思源基金会，表明其在全息存储领域上，具备一定的实力。

9.2　全息显示

9.2.1　SEEREAL

（1）公司简介

SEEREAL（SeeReal Technologies SA）总部位于卢森堡。在 2007 年，该公司发布了全息视频显示器样机，其使用了三维全息摄影技术的立体显示器。这种全息显示器由于具有裸眼 3D 的特点而备受瞩目，被看作未来电视的发展方向。SEEREAL 认为，3D 显示器的解决方案是基于干涉的全息术，是在真实空间中重建 3D 对象和复杂的 3D 场景。

市面上的各种普通立体 3D（S3D，stereo 3D）显示器均需要双眼配合，如果闭上一只眼睛，3D 效果就会消失。全息 3D 显示器产生的真正 3D 空间场景，在闭上一只眼睛时，仍然会看到与从真实对象接收的视觉系统相同的 3D 深度效果，看起来和现实世界一样真实。

目前，SEEREAL 作为全球领先的全息显示技术企业，它有一整套全息显示的理念，图 9 - 2 - 1 示出了 SEEREAL 的总体设计思路。

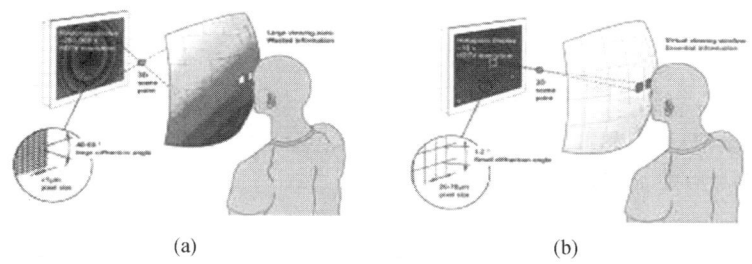

（a）　　　　　　　　　　　　　　　　　（b）

图 9 - 2 - 1　SEEREAL 全息显示总体设计思路

传统意义上的全息再现如图 9 - 2 - 1（a）所示，可以形成较大的观察区域，SEE-REAL 发现，在这个大的观察区域中，除了进入瞳孔的两个视窗之外的区域，其余区域均不能被观测到，属于被浪费的信息。基于此，SEEREAL 提出，仅计算对两眼视窗区域有贡献的全息图信息，并借由眼球追踪技术追踪眼球位置，从而使观看者享受真正的全息立体图像，如图 9 - 2 - 1（b）所示，一方面减少了运算的数据量，另一方面对空间光调制器像素的衍射角要求减少，使得全息图像的大小不依赖于像素间距，使像素面积得以适当扩大。SEEREAL 的这种设计思路很巧妙地克服了目前空间调制器分辨率和数据处理能力对全息显示发展的制约。

SEEREAL 提出的技术方案消除了对大型高分辨率 3D 全息图的超级计算资源的需求，其将全息信息限制在给定的时间和空间中，并且通过将信息限制在观察窗口中，限制对 3D 场景的各个部分编码信息所需的物理显示区域全息图，即 SEEREAL 离散了全息图。事实上，每个 3D 场景点可以被编码在非常小的单独的全息图中，然后被超级定位以产生总的 3D 场景。SEEREAL 为这些全息图分量建立了术语“亚全息图”。

SEEREAL 简化了大型全息 3D 重建的光源一致性要求，其将 3D 场景和相应的全息图分解成小的单元，即亚全息图，大大简化了照明要求。

在“经典全息术”中，全息图（Holographic 3D，H3D）的每个部分必须同步，因为所有部分都有助于 3D 重建的每个部分，所有物理显示像素的光线都会干扰。因此，需要具有至少与物理显示尺寸一样大的相干长度的激光光源，这种激光器非常昂贵。

SEEREAL 的亚全息图，每个仅编码 3D 场景的一部分，远小于显示器，并且它们与更远的其他子全息图独立。因此，大大简化相干度和相应的激光光源。甚至可以使用类似于普通侧光式液晶显示器的几个激光器的组装。

SEEREAL 的技术方案可以以高精度和高速度发现和跟踪观察者的眼睛。其跟踪视窗方法是基于观察者实时且不被观察者注意到的重新定位观察者眼睛。与现实生活中的观看一样，只需要通过几平方毫米的眼睛瞳孔的视觉信息。因此，只要在眼睛位置进行 H3D 信息的无缝眼动跟踪定位，观察者就不会错过任何事情，甚至不会注意到数据的减少。因此，SEEREAL 的 H3D 解决方案的关键功能是快速和精确地查找和跟踪观察者，其可以是单用户或者多用户。

只要延迟、精度和可靠性符合显示器的要求，SEEREAL 的 H3D 原型和显示系统可以与任何眼睛跟踪系统相结合。但是，对于 SEEREAL 的 H3D 实施和潜在的使用第三方产品需要眼睛跟踪，SEEREAL 已经开发并提供了基于灰度立体相机的软件解决方案。SEEREAL 眼睛跟踪系统提供单毫米精度、低延迟和高可靠性。模块化和便携式软件系统旨在使其易于适应各种硬件平台，并已在多核 X86（PC）和定制 DSP－FPGA 系统中实现。眼睛跟踪解决方案适用于立体 3D（S3D）、自动立体 3D（AutoStereo 3D，AS3D）、全息 3D（H3D）等应用。

SEEREAL 基于自己独特的设计思路，对整套全息显示设备进行了全方位的专利保护。

（2）申请量分析

在专利申请方面，以 INCOPAT 专利数据库（www. incopat. com）为检索依据，以 SEEREAL 为申请人或权利人和 IPC 分类号 G03H 相“与”运算为检索手段，检索到 SEEREAL 全息显示全球专利申请共 672 件，合并同族后为 194 项。经过对这 194 项同族专利进行人工标引，发现 SEEREAL 有关人眼追踪的全息实时显示专利数量为 53 项，同族专利数量为 206 件。

下面将就 SEEREAL 人眼追踪的全息实时显示专利进行分析。

①全球专利申请情况

SEEREAL 的 206 件同族专利全球分布如图 9 - 2 - 2 所示。

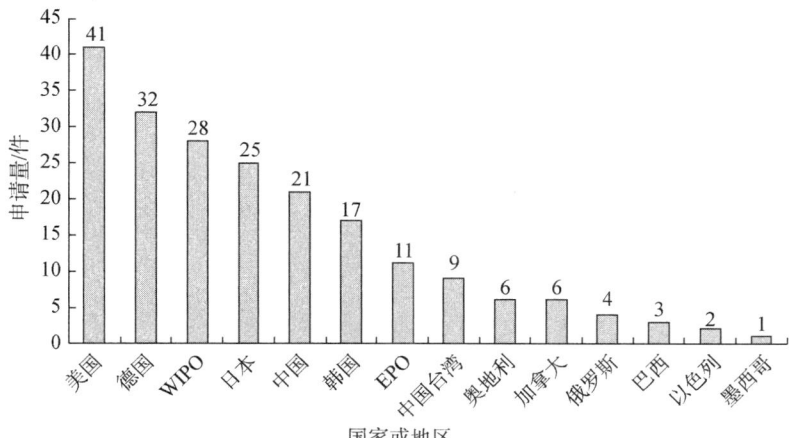

图 9 - 2 - 2　SEEREAL 全息显示全球专利申请国家或地区分布

从图 9 - 2 - 2 可见，该公司专利布局主要以美国、德国、日本、中国、韩国为主，在 WIPO、EPO 两个区域组织中也有一定数量的申请，其中，在美国申请的最多，达到了 41 件，德国次之，达到了 32 件，在中国大陆的申请量达到了 21 件，可见，SEERE-AL 对中国市场具有一定的关注度。

SEEREAL 在各国家、地区或组织申请量的年份分布如图 9 - 2 - 3 所示。

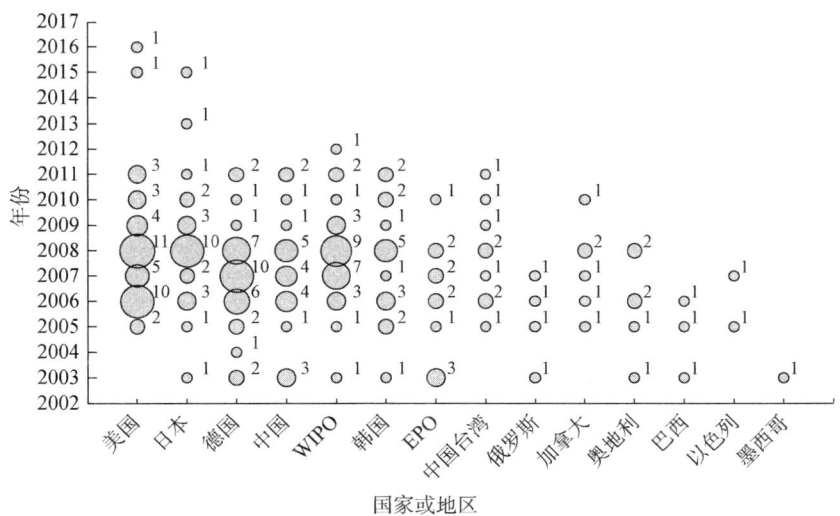

图 9 - 2 - 3　SEEREAL 全息显示各国家或地区专利申请年份分布

注：图中数字表示申请量，单位为件。

从图 9 - 2 - 3 可以看出，2006 ~ 2008 年，SEEREAL 的专利申请量处于较高水平，在美国、日本、德国、中国、WIPO、韩国等国家、区域组织中的专利申请布局得到明显发展。但是，2008 年后，专利申请量出现了明显的下降，可能与全球经济形势的变化有关。

在206件专利申请中，除28件PCT申请外，其余178件中，授权专利有111件，授权率为63%，可见SEEREAL在人眼追踪全息实时显示领域具有一定的技术原创性。

②研发团队分析

在对其发明人进行统计后，主要发明人申请量分布如图9-2-4所示。

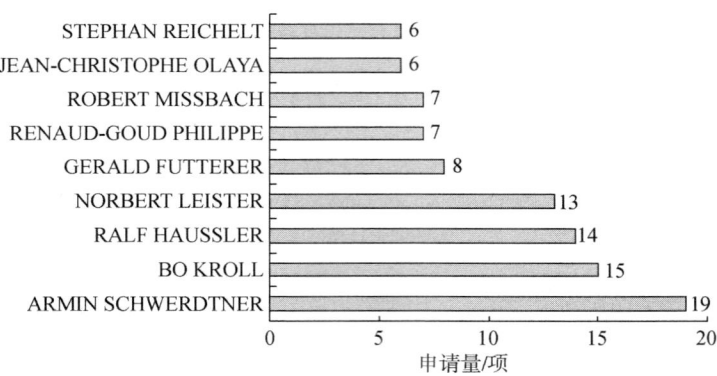

图9-2-4　SEEREAL全息显示发明人申请量分布

SEEREAL的发明人相对集中，研发团队较为稳定。前4位主要发明人分别是ARMIN SCHWERDTNER、BO KROLL、RALF HAUSSLER以及NORBERT LEISTER。

（3）重点专利

SEEREAL全息显示的重点专利如表9-2-1所示。

表9-2-1　SEEREAL全息显示重点专利汇总

公开号/公告号	被引用次数/次
CN101088053B	361
CN101176043B	180
CN100578392C	73
US20130222384A1	67
CN101568888B	63
CN102483605B	55
CN101371204B	52
CN100498592C	51
CN101243693B	47
CN101167023B	43

9.2.2　LG

（1）公司简介

乐金股份有限公司（LG）于 1947 年成立于韩国首尔，是领导世界产业发展的国际性企业集团。LG 目前在 171 个国家和地区建立了 300 多家办事机构。事业领域覆盖化学能源、电子电器、通讯与服务等领域。

LG 在 6 个国家和地区设立了 31 所研究中心，科研开发的投入已占集团总收入的 5%。例如，LG 在美国的芝加哥、圣佛塞、圣地亚哥，日本的仙台，德国的都塞夫和爱尔兰的都柏林等地都设有科研机构。

在全息显示方面，LG 最近进行了不少研究，其中对涉及人眼追踪的全息显示研究的下属子公司主要为乐金显示有限公司和乐金电子有限公司，乐金显示有限公司主要涉及具体光路结构方面的改进，乐金电子有限公司主要涉及具体图像生成方面的改进。

（2）专利申请分析

通过对 LG 全息显示相关的 141 件专利申请进行详细分析发现，其对人眼追踪技术的全息显示进行了一些研究，并申请了一定数量的专利。

①专利申请量态势分析

在人眼追踪的全息显示领域，LG 的专利申请共有 19 件，其中 13 件的申请人为乐金显示有限公司，其余 6 件的申请人为乐金电子有限公司，其中国申请或者中国同族专利申请有 7 件，中国申请占比为 37%。其专利申请年度变化如图 9 - 2 - 5 所示。

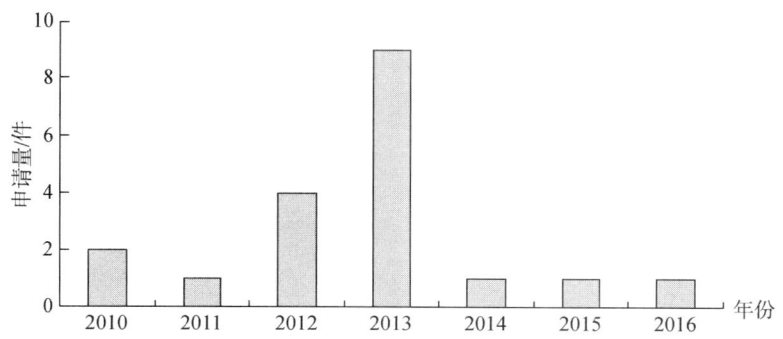

图 9 - 2 - 5　LG 全息显示专利申请年度变化分布

由图 9 - 2 - 5 可知，2010 ~ 2016 年，LG 在人眼追踪的全息显示领域均有专利申请，且均为发明专利申请，其中主要集中在 2012 年和 2013 年，这一方面与空间光调制器以及相关器件的发展有关，另一方面与全息显示行业的大发展环境有关。

②主要发明人分析

在对 LG 发明人进行统计后，其主要发明人申请量分布如图 9 - 2 - 6 所示。

由图 9 - 2 - 6 可以看出，LG 在人眼追踪相关的全息显示领域的发明人均为韩国人，可见虽然 LG 在全球多个国家、地区设有研发部门，但是对于一些前沿性技术还是由其本国人员进行研究。其中，尹珉娜是申请量最多的发明人，值得重点关注。

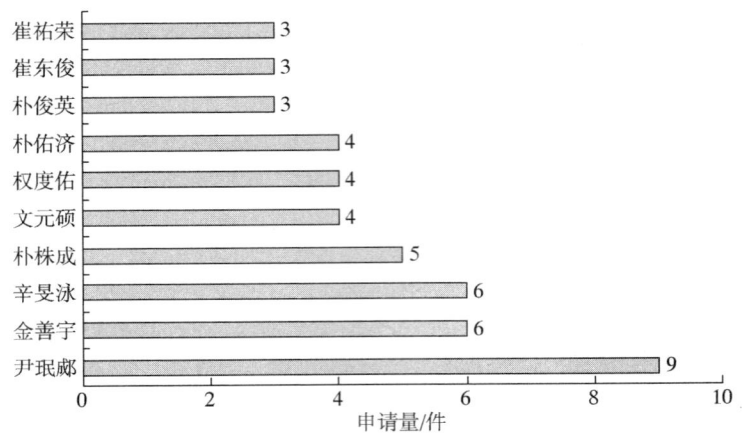

图9-2-6　LG全息显示主要发明人专利申请分布

③主要技术分支重点专利分析

对LG全息显示各技术分支申请进行统计后，其申请量占比如图9-2-7所示。

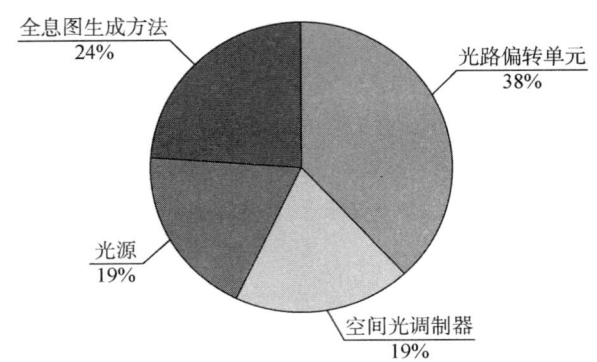

图9-2-7　LG全显示各技术分支专利申请分布

可见，LG在人眼追踪的全息显示领域研究的重点是相关器件，如光路偏转单元、空间光调制器、光源等结构和性能的改进。

LG人眼追踪的全息显示的专利具体如下。

①光路偏转单元（即偏折器或棱镜）的改进

通过在全息图显示面板的前面设置一个或多个光路偏转元件，根据检测相机拍摄观看者的图片来确定所检测的观看者的位置，将观看者的位置与基准位置比较，根据观看者的相对位置，从而控制所述一个或多个光路偏转元件形成的棱镜图案的倾斜量，以便全息图像可照射到用户/观看者的合适位置，从而加宽了较窄的视窗。

中国专利申请CN103901678B，发明名称为"用于显示全息图的装置"，申请日为2013年8月19日，优先权日为2012年12月26日，目前处于有效状态。其利用了一个光路偏转单元即光路偏折板30使与全息图显示板10分开一定距离处再现的全息图像可以呈现在水平轴上的偏左/偏右的位置（见图9-2-8），由于全息图像可以跟随观看者改变后的位置，即使观看者移出具有窄视角的全息图像系统的视角，也可以欣赏全息图像，即扩大了全息图的观看范围，该专利申请目前已在中国取得授权。

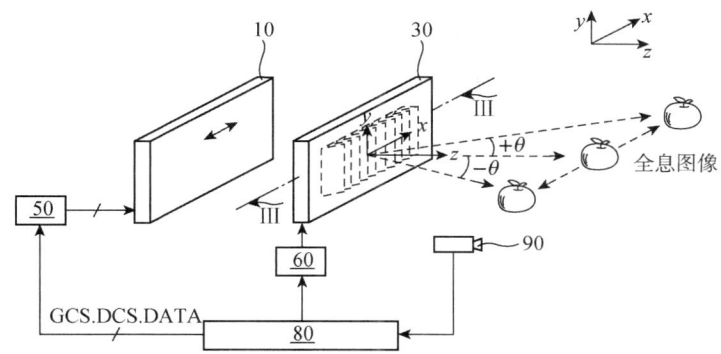

图 9 - 2 - 8　CN103901678B 技术方案示意图

韩国专利申请 KR1020140060204A，其利用了一个光路偏转单元即焦距改变单元 300 来改变全息图像的聚焦位置（见图 9 - 2 - 9），使用者检测单元计算空间光调制器 100 和使用者之间的距离，焦距改变单元 300 依据所述距离改变从空间光调制器出射的光的焦距，从而使得使用者能够在垂直空间光调制器 100 的多个位置处观看到图像，即扩大了全息图的观看范围。

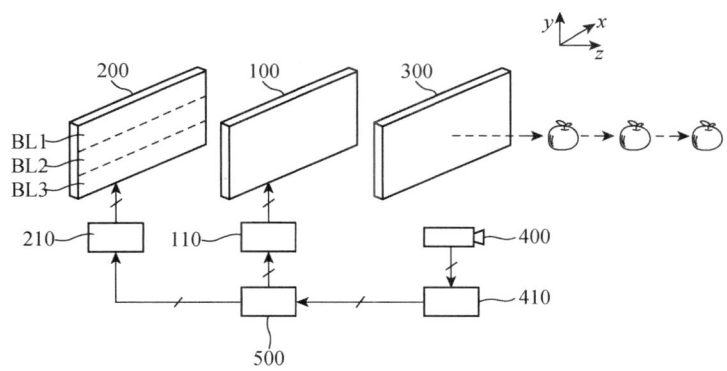

图 9 - 2 - 9　KR1020140060204A 技术方案示意图

中国专利申请 CN104102062B，发明名称为"全息 3D 显示器"，申请日为 2013 年 12 月 24 日，优先权日为 2013 年 4 月 8 日。其利用了两个光路偏转单元即第一光路偏转单元 30a 和第二光路偏转单元 30b 实现了分别将左眼全息图像呈现给左眼、右眼全息图像呈现给右眼的没有任何 3D 串扰问题的自动立体型显示器（见图 9 - 2 - 10），该专利申请目前已在中国取得授权并处于有效状态。

②空间光调制器的改进

中国专利申请 CN103108207B，发明名称为"双全息三维显示装置"，申请日为

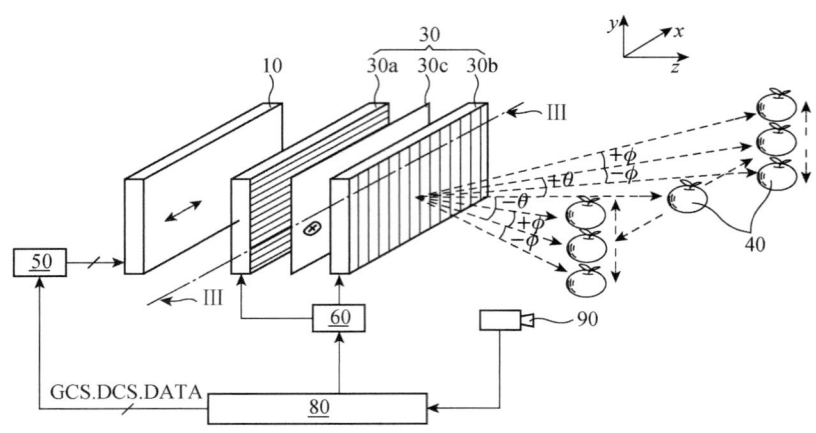

图 9 – 2 – 10　CN104102062B 技术方案示意图

2012 年 11 月 13 日，优先权日为 2011 年 11 月 15 日，目前处于有效状态。其涉及一种双全息三维显示装置，其中，全息图像被划分成左眼 3D 图像和右眼 3D 图像以呈现真实的 3D 图像，通过将左眼全息显示面板和右眼全息显示面板组合在一起（见图 9 – 2 – 11），可在不使用昂贵的高速处理显示面板的情况下提供高质量和高速处理的全息 3D 图像/视频。由于不需要高速地处理全息 3D 显示数据，可减小全息数据的处理负载。该专利申请目前已在中国取得授权。

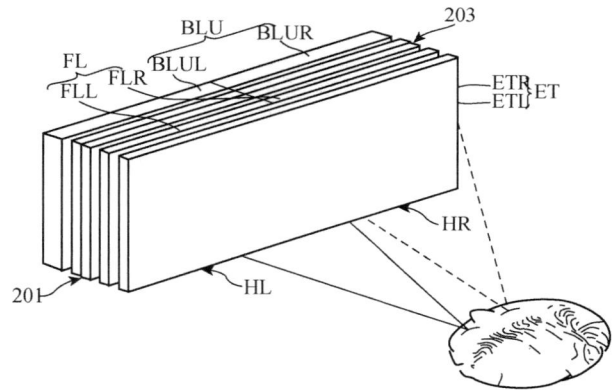

图 9 – 2 – 11　CN103108207B 技术方案示意图

③光源改进

韩国专利申请 KR1020120069464A，其将背光单元 120 割成多个分区域，该背光单元 120 的分区域选择性地对应于子全息图提供光（见图 9 – 2 – 12），从而能够减少光源的功率消耗。

还有一些光源与其他元件相结合的专利申请，如将光源控制和光路切换单元配合的专利申请 CN105739280A，发明名称为"全息图显示设备及其控制方法"；将光源和空间光调制器单元配合的韩国专利申请 KR1020150088498A；将光源和光转换板配合的韩国专利申请 KR1020140092169A。

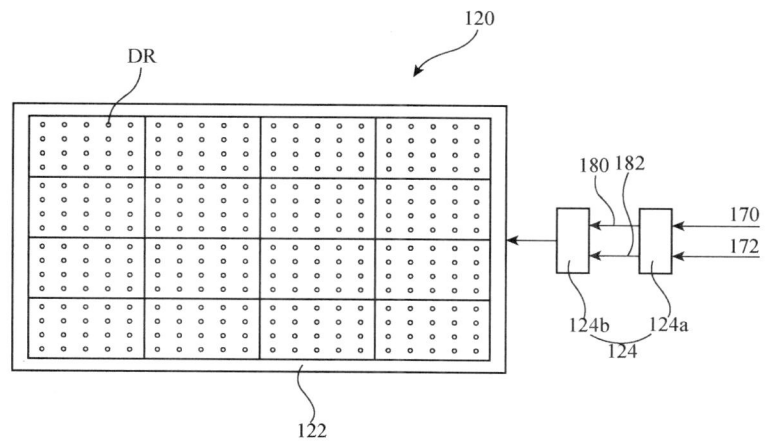

图 9 - 2 - 12　KR1020120069464A 技术方案示意图

④全息图生成

中国专利申请 CN103293935A，发明名称为"用于生成全息图的全息显示装置和方法"，申请日为 2013 年 2 月 22 日，优先权日为 2012 年 2 月 23 日，目前处于驳回待复审中。生成全息图的全息显示装置可以包括存储单元和控制单元。存储单元可以存储均具有用于重建物点的亚全息图的完整大小的部分大小的至少一个查找表，其中，物点被包括在由所生成的全息图重建的场景中。控制单元可以使用均具有部分大小的至少一个查找表，以计算用于重建物点的亚全息图的全息图值，并且然后控制单元可以通过叠加亚全息图的全息图值来生成全息图，其中，物点被包括在场景中。其能够减小查找表的大小以减小存储查找表所要求的存储器容量的要求使用率，并且能够减少读取查找表所要求的时间，以快速地生成实时全息图。

具有全息图生成单元方面的申请还有 KR1020140125608A、KR1020140111782A、KR1020140111781A 等韩国专利申请。

9.2.3　三　　星

（1）公司简介

三星是韩国最大的跨国性企业集团，同时也是全球 500 强上市企业，三星拥有多家国际下属企业，旗下子公司有：三星电子、三星物产、三星航空、三星人寿保险等，业务涉及电子、金融、机械、化学等众多领域。

在 20 世纪 80 年代末和 90 年代，三星电子的技术开发能力和开发产品的技术水平与世界先进公司的差距已大幅度缩小，在某些领域已接近或赶上世界先进公司。

20 世纪 90 年代后期，三星电子的自主技术开发和自主产品创新的能力进一步提升，它的产品开发战略除了强调"技术领先，用最先进技术开发处在导入阶段的新产品，满足高端市场需求"的匹配原则外，同时也强调"技术领先，用最先进技术开发全新产品，创造新的需求和新的高端市场"的匹配原则。在这一时期，三星电子开发的多项产品在高技术电子产品市场已占世界领先地位，赢得多项世界第一。三星有近

20 种产品世界市场占有率居全球企业之首，在国际市场上彰显出雄厚实力。

在全息显示方面，三星最近也进行了不少研究，其中，在人眼追踪的全息显示方面，一大部分申请涉及人眼的具体追踪方法，还有一些是涉及计算全息以及相关元件的改进。经过多年的研究，三星在全息显示方面取得了一定的成果，在全球申请了多件专利。

（2）专利申请分析

通过对三星全息显示领域 238 件专利申请进行逐件标引，发现其对于人眼追踪技术的全息显示也进行了研究，并申请了一定的专利。

①专利申请量态势分析

在人眼追踪的全息显示领域，三星的专利申请共有 12 件，其中，中国申请或者中国同族专利有 3 件，占比为 25%。由图 9 - 2 - 13 可知，三星在人眼追踪的全息显示领域从 2009 年开始有相关专利申请，2014 ~ 2016 年申请量较多，这与显示领域和计算领域的发展相关。

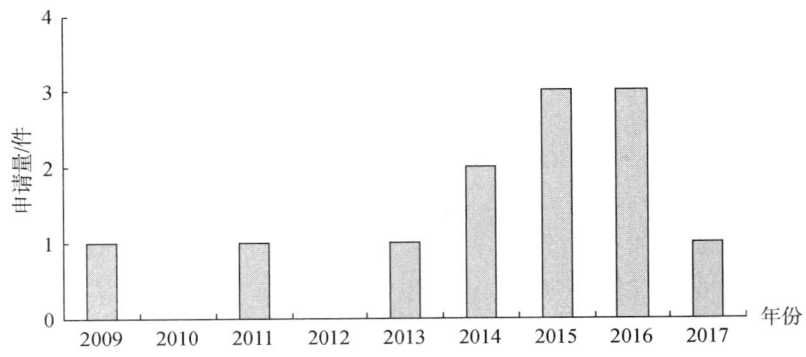

图 9 - 2 - 13　三星全息显示专利申请量年度分布

在对三星发明人进行统计后，其主要发明人申请量分布如图 9 - 2 - 14 所示。由图 9 - 2 - 14 可以看出，三星全息显示领域发明人比较分散，申请量最多的有 7 件，不能

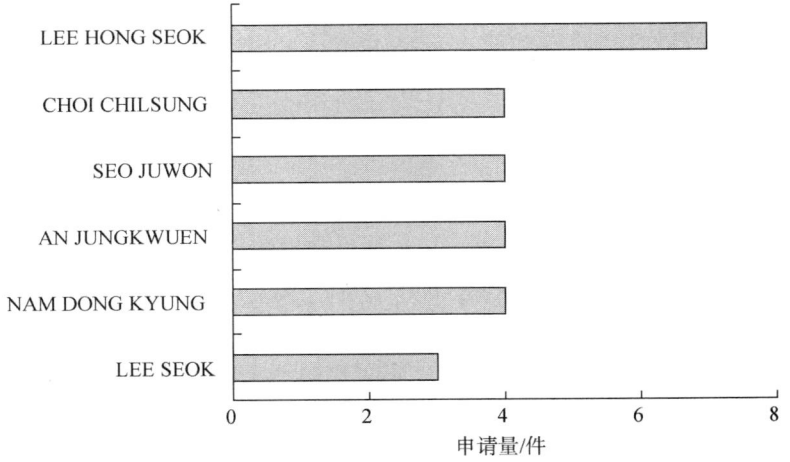

图 9 - 2 - 14　三星全息显示主要发明人申请分布

确定重点发明人，其中，申请量前 5 位的发明人分别为：LEE HONG SEOK、CHOI CHILSUNG、SEO JUWON、AN JUNGKWUEN、NAM FONG KYUNG。

对其技术分支专利申请进行统计后，如图 9 - 2 - 15 所示。其中，追踪技术分支一方面涉及具体的追踪方法，另一方面涉及对眼跟踪单元、位置追踪定位器、瞳孔测量器等相关追踪器件的改进。由图 9 - 2 - 15 可见，三星的专利申请主要集中在追踪和光束偏转器或相干光光发生器等元件相关的申请。

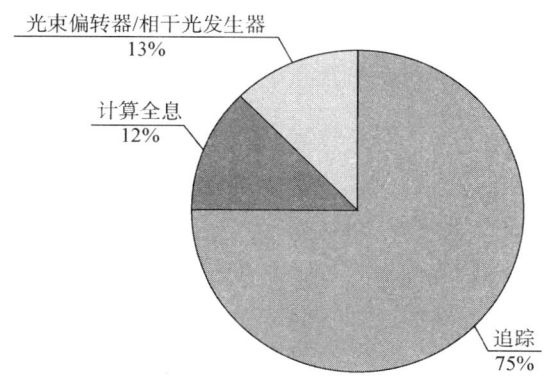

图 9 - 2 - 15　三星全息显示技术分支专利申请分布

②重点专利申请如表 9 - 2 - 2 所示

表 9 - 2 - 2　三星全息显示专利申请汇总

公开（公告）号	发明名称	申请日	法律状态
US20170235372A1	Interactive three - dimensional display apparatus and method	2016 - 12 - 09	审查中
CN107087149A	用于处理全息图像的方法和装置	2017 - 02 - 26	审查中
CN106094488A	用于提供增强图像质量的 全息显示装置和全息显示方法	2016 - 04 - 15	审查中
US20160147003A1	Backlight unit for holographic display apparatus and holographic display apparatus including the same	2015 - 10 - 29	审查中
US20160103321A1	Holographic display apparatus and holographic display method	2015 - 10 - 13	审查中
US20160065955A1	Backlight unit and holographic display having the same	2015 - 03 - 31	审查中
US9632482B2	Sub - hologram generation method and apparatus for holographic display	2014 - 07 - 10	授权

公开（公告）号	发明名称	申请日	法律状态
US20170091916A1	Apparatus and Method for performing Fourier transform	2016 – 09 – 19	审查中
US9134699B2	Apparatus and method for displaying holographic image using collimated directional backlight unit	2011 – 07 – 26	授权
CN104181799A	相干光发生设备、相干光发生方法和显示设备	2014 – 05 – 15	审查中
KR1020150061862A	Subhologram generation method and apparatus for holographic display	2013 – 11 – 28	审查中
RU2397528C1	Holographic virtual display	2009 – 07 – 02	审查中

9.2.4　京东方

（1）公司简介

京东方科技集团股份有限公司（以下简称"京东方"）（BOE）创立于 1993 年 4 月，是一家物联网技术、产品与服务提供商。核心事业包括显示器件、智慧系统和健康服务。显示器件产品广泛应用于手机、平板电脑、笔记本电脑、显示器、电视、车载和可穿戴设备等领域；智慧系统涉及新零售、交通、金融、教育、艺术、医疗等领域，搭建物联网平台，提供"硬件产品＋软件平台＋场景应用"整体解决方案；健康服务事业与医学、生命科技相结合，发展移动健康、再生医学和"O＋O"医疗服务，整合健康园区资源。

根据 2017 年第 1 季度市场数据，京东方的智能手机液晶显示屏、平板电脑显示屏、笔记本电脑显示屏出货量均列全球第一位，显示器显示屏出货量居全球第二位，液晶电视显示屏出货量居全球第三位。

近年来，随着其在显示领域的大力投入研发，其对全息显示也进行了相关研究。其中涉及人眼追踪的全息显示方面，申请了多件专利，这些专利一方面涉及提高全息显示的视角范围，一方面涉及简化光路结构。

（2）专利申请及技术分析

如表 9 - 2 - 3 所示，京东方从 2016 年开始出现人眼追踪方面的专利申请，2016 年有 4 件申请，2017 年有 3 件申请，均为发明专利申请且在审查中，由此可知，近年来京东方开始加入人眼追踪全息显示方面的研究，且取得了一定进展。

表 9 - 2 - 3　京东方人眼追踪全息显示方面的专利汇总

公开（公告）号	发明名称	申请日	发明人
CN106773588A	一种全息显示装置及其控制方法	2017 – 01 – 03	张玉欣
CN106773589A	一种全息显示装置及其显示方法	2017 – 01 – 05	张玉欣

续表

公开（公告）号	发明名称	申请日	发明人
CN106707716A	一种全息显示方法及系统	2017 - 03 - 03	陈浩、魏伟
CN106406063A	全息显示系统和全息显示方法	2016 - 10 - 28	张玉欣、石炳川、吴新银、乔勇
CN106325033A	全息显示装置	2016 - 08 - 22	李盼
CN106292240A	全息显示装置及其显示方法	2016 - 09 - 05	张玉欣、马永达
CN105954992A	显示系统和显示方法	2016 - 07 - 22	石炳川

上述 7 件专利申请中，6 件涉及扩大观看范围的技术效果，1 件涉及结构紧凑，说明京东方在人眼追踪的全息显示方面研究较少。

（3）重点申请介绍

中国发明专利申请 CN106773588A，发明名称为"一种全息显示装置及其控制方法"，申请日为 2017 年 1 月 3 日，目前处于审查中。其内容涉及：一种全息显示装置，包括背光模组 20、呈矩阵形式排列的多个光调制组件 30、定位器 50、数据驱动器 40 以及方向控制器 60。定位器 50 与方向控制器 60 相连接，该定位器 50 用于采集观测位置（例如，观测位置 A）。方向控制器 60 还连接背光模组 20，该方向控制器 60 用于根据上述定位器 50 的采集结果控制背光模组 50 输出光线的传播方向（沿图 9 - 2 - 16 中的实线传播），以使得背光模组沿该传播方向输出的光线入射至与定位器 50 的采集到观测位置（例如观测位置 A）相对应的至少一个光调制组件 30 上。一个光调制组件 30 可以与一个检测位置相对应。上述光调制组件 30 设置于该背光模组 20 的出光侧，且该光调制组件 30 还与数据驱动器 40 相连接。在此情况下，当背光模组 20 沿方向控制器 60 确定好的传播方向输出光线时，该光线可以入射至与采集到的观测位置（例如观测位置 A）相对应的一个光调制组件 30 上。光调制组件 30 可以接收数据驱动器 40 输出的写入信号，并根据该写入信号对入射光线进行调制，以向上述观测位置（例如观测位置 A）显示全息图像 10。其所能达到的技术效果为：能够使得全息显示不再受到现有技术中视窗位置的限制，提高了全息显示的视角范围。

中国发明专利申请 CN105954992A，发明名称为"显示系统和显示方法"，申请日为 2016 年 7 月 22 日，目前审查状态为审查中。其内容涉及：显示系统 100 包括投影单元 101 和眼部追踪单元 102。所述投影单元 101 包括投影光源 10、投影透镜 1011 和空间光调制器 1012；如图 9 - 2 - 17 所示，在所述投影透镜 1011 的光轴 11 方向上，所述投影透镜 1011 包括与所述空间光调制器 1012 重叠的第一透镜部分 1013 和不与所述空间光调制器 1012 重叠的第二透镜部分 1014；所述眼部追踪单元 102 包括相机 1021；所述相机 1021 的成像光路穿过所述第二透镜部分 1014。该发明实施例提供的显示系统将显示系统中的投影透镜 1011 的边缘部分用作眼部追踪的成像镜头。投影单元 101 的像方空间和眼部追踪单元 102 的物方空间是重合的，因此可以在投影透镜 1011 的光轴方向上对眼部 103 成像，而且有效利用了投影透镜 1011 的高通部分，从而实现精确的实

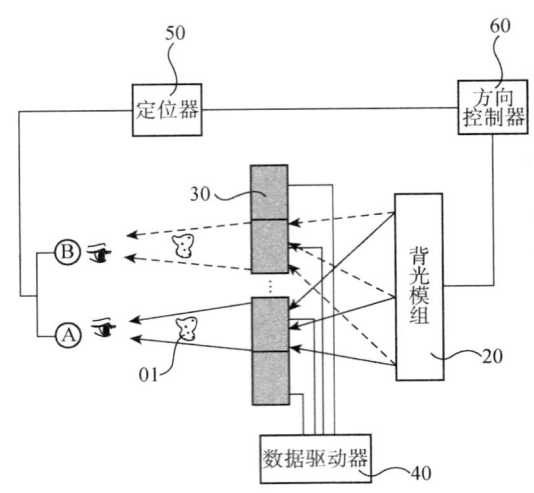

图 9 - 2 - 16　CN106773588A 技术方案示意图

时眼部追踪。该发明实施例的显示系统能够有利地使用在包括全息显示技术的显示领域中，简化光学设计，获得紧凑和高效的光学系统。

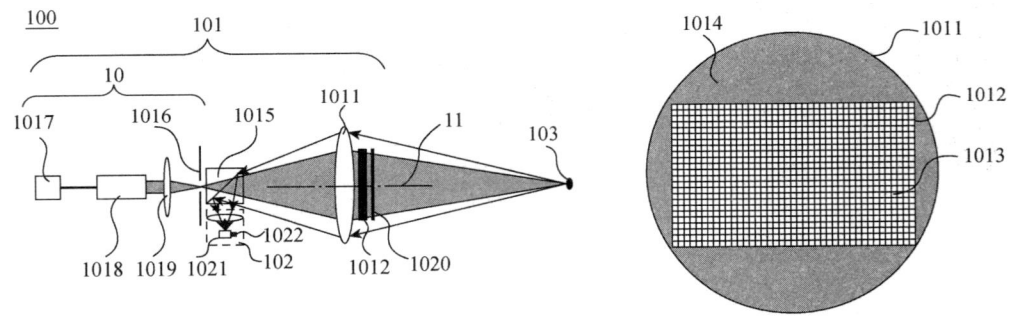

图 9 - 2 - 17　CN105954992A 技术方案示意图

9.2.5　小　　结

在基于人眼追踪的全息显示技术中，SEEREAL 无论在专利申请量还是专利有效性方面都占据绝对的优势，甚至超过其他公司的总和。并且，其拥有一支较为稳定的研发团队，研发具有一定的可持续性，在未来的全息显示技术发展中，属于不可忽视的力量。

LG 进行与全息显示相关研究的子公司主要为乐金显示有限公司和乐金电子有限公司两个。乐金显示有限公司主要涉及偏转单元和空间光调制器等方面，无论是偏转单元还是空间光调制器，它们大部分涉及液晶面板，这与乐金显示有限公司主要是进行液晶显示面板的生产、研发有关，其在液晶显示面板方面的发展势必也会带动全息显示的发展，全息显示的发展也有可能引起传统显示行业取得新的进展。乐金电子有限公司主要涉及全息图生成方面的专利申请，这也与其公司主要的生产、经营、研发相关。可见，与人眼追踪相关的全息显示的发展与 LG 公司从事的相关产品发展程度相关联，互相影响，因此，为了保持在显示行业具有领先地位，LG 应该会继续在全息显示领域进行研发和投入。

三星在涉及人眼追踪的全息显示方面也进行了多年研究，申请了多项专利，在专利内容方面，一方面涉及与追踪相关的方法或者与追踪相关的具体元件的改进，另一方面涉及对于光路中其他光学元件的改进，如空间光调制器或者相干光发生器等。近年来均能保持一定数量的专利申请，说明其对全息显示的研究比较重视，因此，也需要对三星的专利布局进行重点关注。

京东方最近几年才开始进行对人眼追踪方面的全息显示的研究，起步较晚，但是从其相关专利申请来看，还是取得了一定的成果。其中国专利申请主要涉及两个方面的内容，一方面是通过对光源和空间光调制的控制来扩大人眼的观看范围，另一方面是整合投影透镜和人眼追踪器来使其整体结构紧凑。

9.3　全息防伪

在前文对全球和中国全息防伪专利发展态势分析的基础上，本节选取代表性企业进行研究，以获得相应企业在全息防伪技术领域中的研究方向和技术发展脉络等信息，为国内全息防伪领域企业的发展提供思路和借鉴。

9.3.1　中国印钞造币总公司

（1）公司概况

中国印钞造币总公司是中国法定货币制造企业，是中国人民银行直属的法定从事人民币印制业务的大型国有独资企业，主营业务涉及人民币印制以及人民币专用技术、设备的研发与制造，同时不断拓展银行卡研制与生产、印钞造币专用机械和银行机具制造、高纯度金银精炼、增值税专用发票、有价证券、银行专用票据、高级防伪证书等安全印务方面的生产经营活动。

历经半个世纪的不懈努力，中国印钞造币总公司已发展成为印制实力雄厚、门类配套齐全、装备水平先进、工艺技术独特的现代化大型企业集团，研制出众多具有精美印制质量、高防伪性能、融民族优秀传统技术和当代高科技成果于一体的新产品，其生产规模和专业门类雄居世界同行业之首。

（2）专利申请态势分析

通过检索得到，中国印钞造币总公司 2002～2016 年在全息防伪领域的专利申请有128 件。

①专利申请量分析

图 9－3－1 列出了中国印钞造币总公司全息防伪技术专利申请年度趋势。从图中可以看出，中国印钞造币总公司的年申请量大体呈现上升趋势，2009～2014 年的申请量明显增加，并且绝大部分为发明专利申请，说明该公司的专利质量较高，专利权比较稳定。

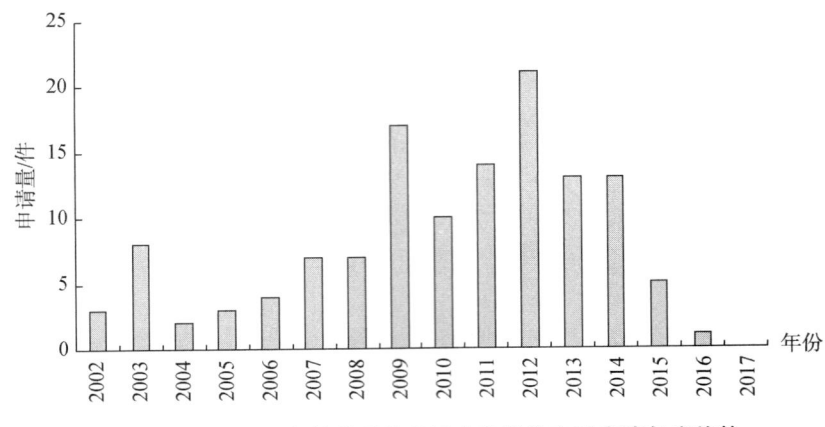

图 9 - 3 - 1 中国印钞造币总公司全息防伪专利申请年度趋势

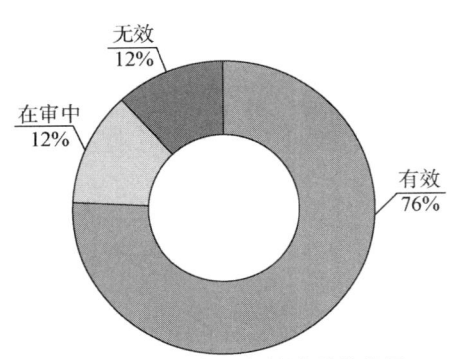

图 9 - 3 - 2 中国印钞造币总公司
全息防伪专利法律状态分布

②法律状态分析

由图 9 - 3 - 2 可以看出，中国印钞造币总公司的 128 件申请中，共有 91 件（占 76%）专利获得了授权并维持有效。由此可见，该公司的技术水平在国内较为领先，对专利的维护也比较重视。

（3）技术分支分析

根据用途进行分类，全息防伪可以分为防伪线、防伪膜、防伪纸、防伪标识等分支，此外还包括全息图检测、硬币防伪。图 9 - 3 - 3 显示了该公司全息防伪各技术分支的专利分布。由图可以看出，防伪标识分支的专利最多，关于防伪纸、安全线、防伪膜以及硬币防伪分支的专利数量也较多，该公司在钱币相关的各防伪技术分支都处于领先水平。

9.3.2 泰宝集团

（1）公司简介

泰宝集团始建于 1993 年，从生产单一激光全息防伪产品起步，至今已发展为防伪技术、环保型防伪材料、防伪包装一体化及医疗器械等子公司组成的集团企业。泰宝集团积极构建高端科研平台，与国内著名科研院所合作，创建了 4 个省级技术研发中心，建立了院士工作站和博士后科研工作站，拥有 500 多项自主知识产权的科研成果，形成了从标识、材料到包装的完整产业链，年产高性能防伪标识 150 亿枚。

下属子公司包括山东泰宝防伪技术产品有限公司等，是中国防伪行业协会的副理事长单位，山东省 RFID 产业联盟副理事长单位，国家标准《防伪标识通用技术条件》编写单位之一，山东省高新技术企业。其防伪产品涉及普通类标识、揭开类标识、刮开类标识、物流防伪一体化标识、电子监管码、防伪票据、证卡和 RFID 电子防伪标签等。

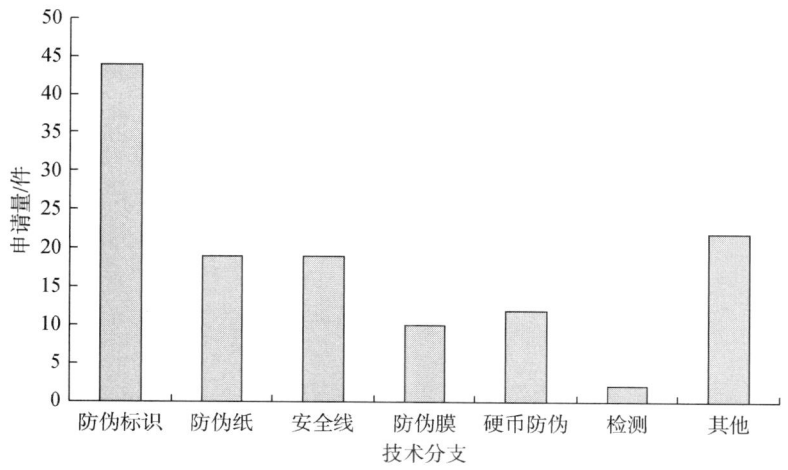

图 9 – 3 – 3　中国印钞造币总公司全息防伪各技术分支专利申请分布

（2）申请态势分析

通过检索得到，泰宝集团在 2002 ~ 2017 年全息防伪技术的专利申请共 150 件，其中，发明专利申请占 39%，实用新型专利申请占 61%。

这些专利申请最主要集中在对防伪标签结构的改变，涉及的 IPC 分类分布情况如图 9 – 3 – 4 所示。

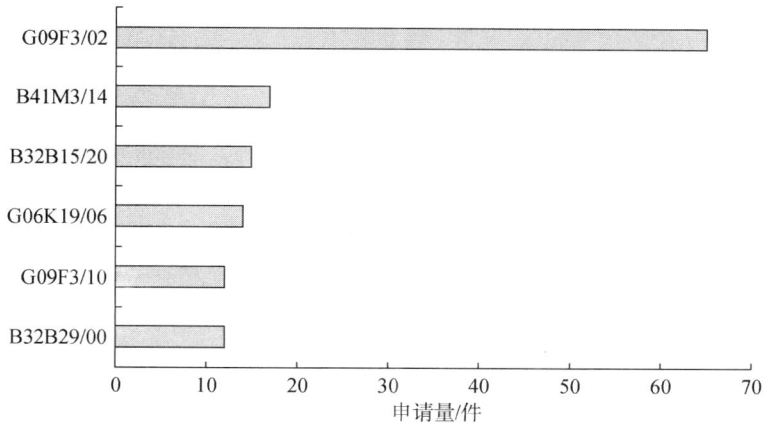

图 9 – 3 – 4　泰宝集团全息防伪技术申请 IPC 分类分布

泰宝集团全息防伪技术专利年申请趋势如图 9 – 3 – 5 所示，从 2007 年后开始申请增多，在 2010 年达到申请高峰，近年来申请量快速增加。

在专利申请类型方面，泰宝集团的申请由实用新型专利申请向发明专利申请转变。图 9 – 3 – 6 列出了其发明专利和实用新型专利的申请年份分布，2007 年之前，泰宝集团的专利申请全部为实用新型专利，2007 年开始，该公司开始申请发明专利，2010 ~ 2011 年，实用新型专利申请量达到高峰；2014 年，发明专利申请量首次超过了实用新型专利申请量，2015 年，泰宝集团申请了 6 件实用新型和 20 件发明专利申请，转变为以发明专利为主，这体现了企业在专利申请认识上的变化，也体现了企业技术实力的增长。

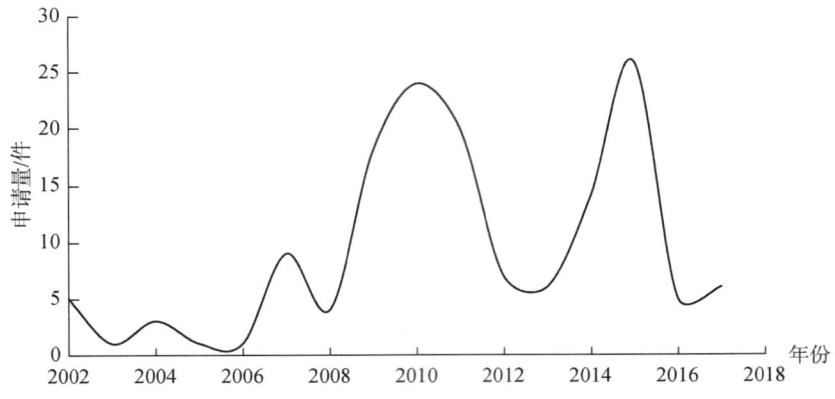

图 9－3－5　泰宝集团全息防伪技术专利年申请变化趋势

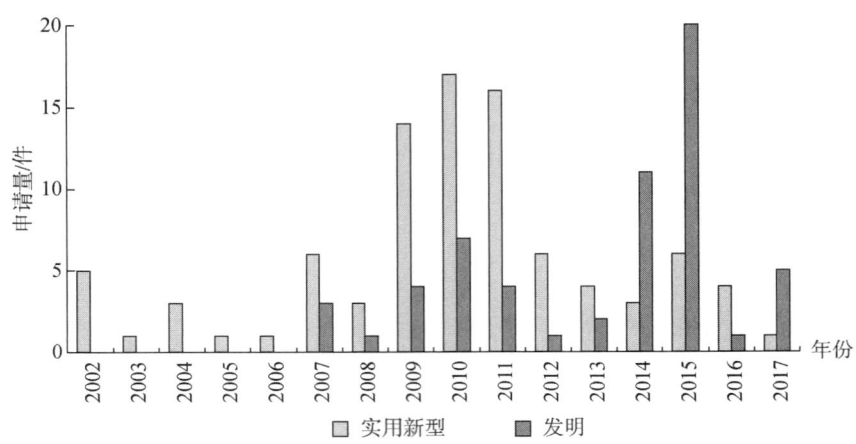

图 9－3－6　泰宝集团全息防伪技术发明和实用新型专利的年份分布

（3）法律状态分析

在该公司 150 件专利申请中，有效专利为 52 件，审查中的专利为 20 件，失效专利为 78 件（包括驳回和未缴费终止）。其中，失效专利占总申请量的 52%，失效专利大部分为实用新型专利，审查中的 20 件专利全部为发明专利，如图 9－3－7 所示。

可见，泰宝集团目前拥有一定数量的有效专利，但持有年份普遍较短，这与该集团早期提出的专利申请多为保护期较短、稳定性相对差的实用新型专利有关，近年来，该集团的有效专利比例呈明显增长趋势，说明该集团近年来开始布局产业专利并开始重视对专利权的持续利用。

泰宝集团全息防伪专利申请大部分集中在产品的具体改进和应用，其全部申请均为国内申请，没有向国外提出专利申请，同时，其专利被引用次数较低，大部分申请

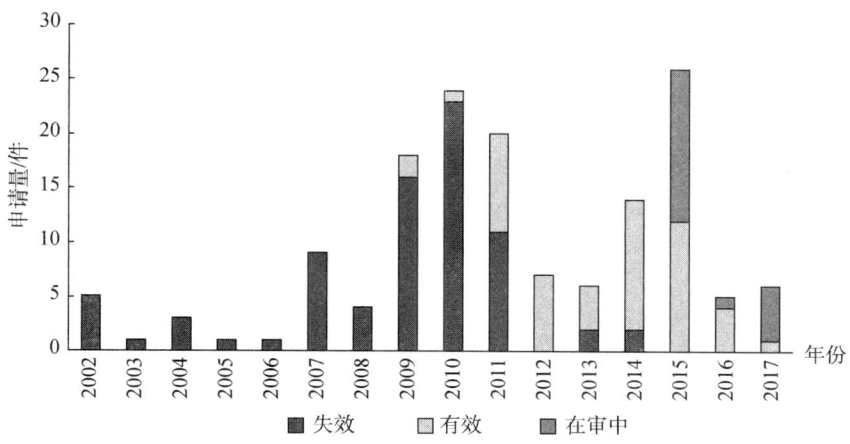

图 9 - 3 - 7　泰宝集团全息防伪专利申请法律状态分布

没有被引用（目前 52 件申请中，仅有 7 件专利被其他申请引用）。

9.3.3　湖北联合天诚

（1）公司简介

湖北联合天诚防伪技术股份有限公司（以下简称"湖北联合天诚"）成立于 2004 年 3 月，位于武汉市经济技术开发区，是专业从事防伪技术、印刷包装技术研发及其产品生产经营的高新技术企业。该公司集研发、生产、加工、销售、贸易于一体，是我国激光全息行业规模较大、技术水平较高、社会信誉较好的企业之一，同时是中国防伪行业协会、中国防伪技术协会、中国包装协会等的正式会员。

（2）专利申请态势分析

该公司从 2010 年起向国家知识产权局申请专利 54 件。其中 39 件直接涉及全息防伪技术，说明全息防伪技术为该公司的主要研究方向。从图 9 - 3 - 8 可以看出，申请量高峰为 2012 年，该年度共申请了 18 件专利。

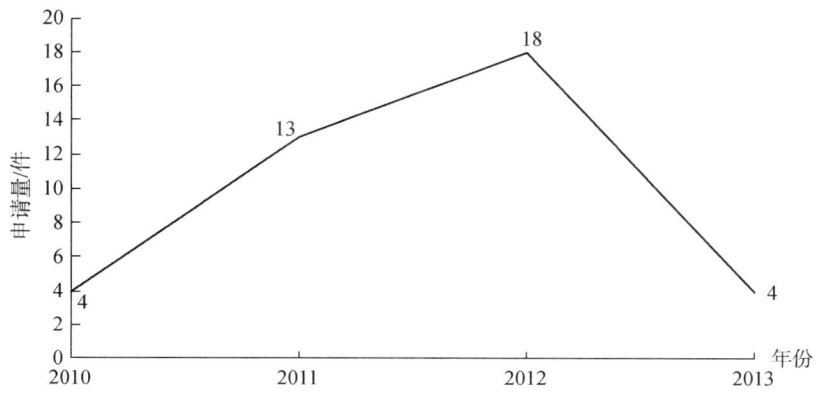

图 9 - 3 - 8　湖北联合天诚全息技术专利申请年度变化趋势

如图 9 - 3 - 9 所示，在 39 件申请中，实用新型专利占比为 85%，大部分已经失效，主要原因是未缴年费。

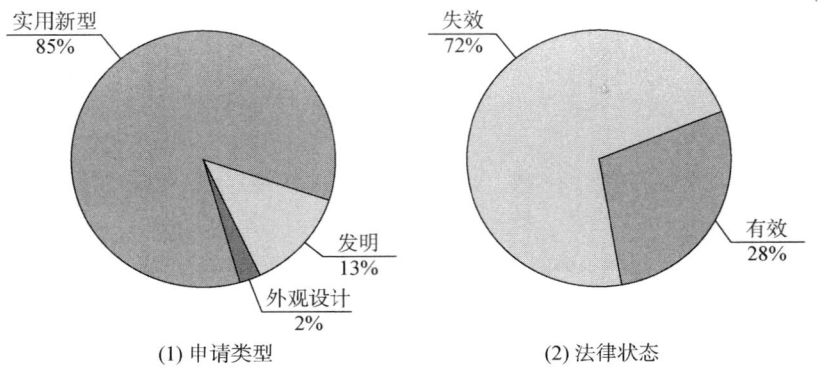

(1) 申请类型   (2) 法律状态

图 9 - 3 - 9   湖北联合天诚全息技术专利申请类型和法律状态分布

（3）主要发明人分析

图 9 - 3 - 10 列出了湖北联合天诚在全息防伪领域专利申请的发明人排名，可以看出，第一位发明人的专利申请为 15 件，占该公司在本领域申请量的 37%。

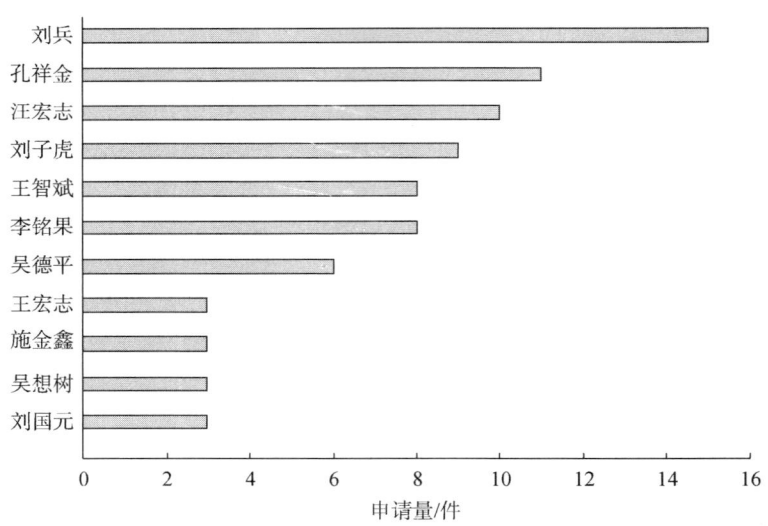

申请量/件

图 9 - 3 - 10   湖北联合天诚全息防伪中国专利发明人排名

（4）技术分支分析

通过对该公司所申请的专利进行标引分析发现，其专利内容主要涉及全息防伪标识的制版、模压、印刷方法和设备以及全息防伪印刷纸的制作方法，少量专利申请涉及防伪涂料的组成以及涂布设备。目前的有效专利涉及全息防伪膜及其制造、全息网点印刷纸及其制造、用于金属币的全息防伪图案烫印，以及防伪涂料，由此可以判断，有效专利属于该公司的关键技术（见图 9 - 3 - 11）。

其中，各技术分支的定义如下：

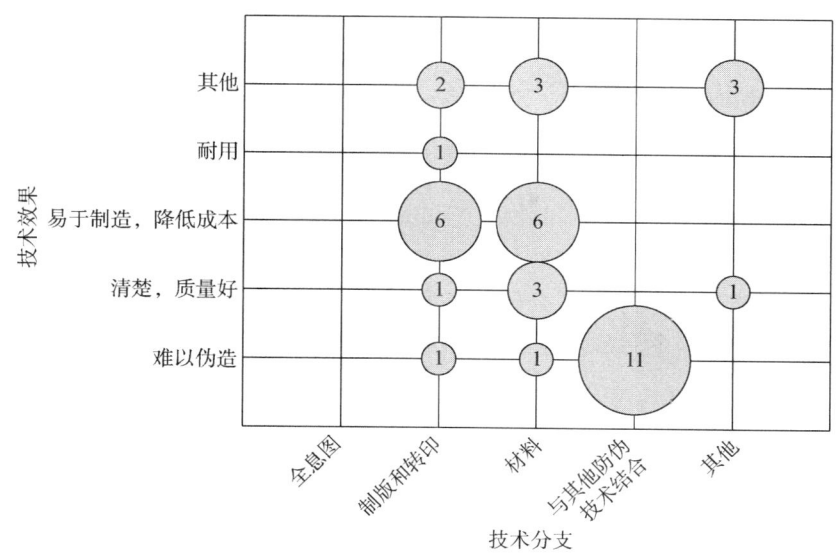

图 9 – 3 – 11   湖北联合天诚专利申请技术功效分布

注：图中数字表示申请量，单位为件。

全息图：生成防伪用全息图的方法和产品。

制版和转印：将全息图制版或转印到全息防伪产品的方法和产品。

材料：制造全息防伪产品的材料。

与其他防伪技术结合：将全息防伪与其他防伪技术相结合的方法和产品。

其他：不包括在以上技术分支内的全息防伪技术。

从图 9 – 3 – 11 可以看出，该公司的主要研发目标是易制造、成本低同时防伪效果好的全息防伪产品，其发明构思则包括将全息防伪技术与其他防伪技术相结合，生产复合型防伪产品，以及改进制板和转印方法及材料。可能受其研发重点限制，该公司的专利申请未涉及全息图的获取，多项申请涉及其他防伪结合的方法和设备这也不失为一种便捷有效的增强防伪力的技术。

2015 年，该公司将 3 件发明专利权转让给九国春武汉包装科技有限公司，2016 年又将 1 件发明专利权转让给武汉宇恩环保包装材料有限公司。

9.3.4   大日本印刷

（1）公司简介

大日本印刷株式会社（以下简称"大日本印刷"，DNP）是世界规模最大的综合印刷公司，于 1876 年在日本东京成立，总部位于日本东京都新宿区市谷加贺町。自成立以来专注于印刷技术与资讯技术，20 世纪 50 年代以后，涉足其他事业领域如建筑材料、资讯情报产业、生活用品产业、电子机械产业的显示器和电子元件等，是世界上拥有样化产品最多的印刷公司。近年事业版图扩大至环境、能源、生物技术等领域，分公司遍布全球各地。

该公司自创立以来，一直走在印刷领域技术研发和生产的前列。1928 年，率先在日本开始正式的凹版相片印刷；1946 年被指定为日本大藏省管理工厂的一百日元券印刷企业，同年建立中央研发中心；1978 年开发大型三次全息图及曲面印刷技术；1984年开发出高品位电视用大型投影屏幕，以及全息图的临摹技术。其主要事业部门和产品包括各种印刷出版品、各种包装材料以及多种电子显示产品。

（2）专利申请态势分析

自 1960 年以来，大日本印刷全球共申请专利约 7 万件，其中涉及全息防伪技术的有 487 项。图 9 – 3 – 12 显示了该公司全息防伪技术的专利申请的申请量趋势。从图中可以看出，申请量整体呈上升趋势，从 2005 ~ 2013 年是申请量高峰。

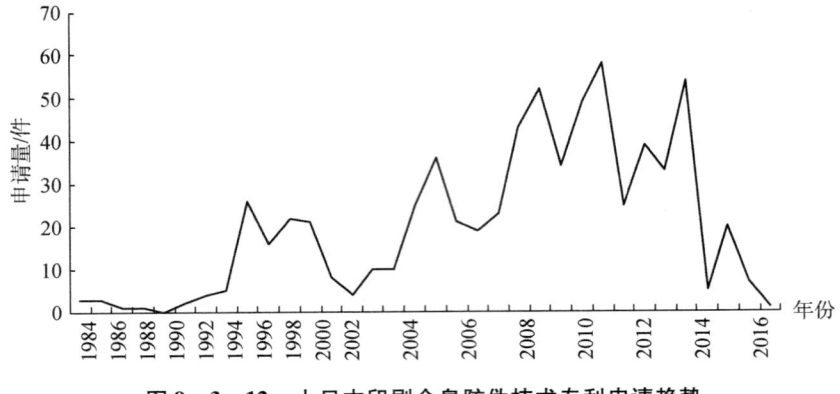

图 9 – 3 – 12　大日本印刷全息防伪技术专利申请趋势

由于该公司是一家出版印刷和电子科技的全球性综合公司，其专利往往在多个国家和地区提交了申请。如图 9 – 3 – 13 所示，该公司全息防伪专利被引用次数最多的专利排名体现出该公司技术受到广泛关注。

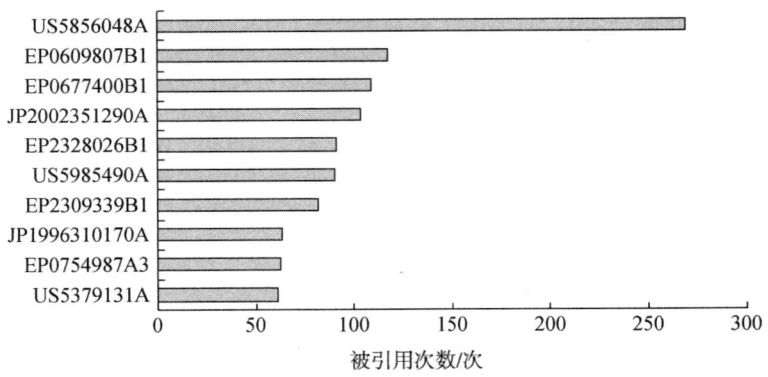

图 9 – 3 – 13　大日本印刷全息防伪技术专利被引用次数排名

其中被引用次数最多的专利 US5856048A 公开于 1999 年，其内容是：全息记录层 7形成于印刷层 3 上，全息记录层 7 包括反射可见光、透射红外光的反射层 5，由此整个记录介质既能在可见光下再现全息图像，又能在红外光下再现印刷图像，如图 9 – 3 – 14 所示。该专利在一个记录介质内结合了全息防伪与印刷防伪，能够实现更好的防伪效果。

该公司对全息技术的应用不局限于
防伪领域，还涉及显示等其他应用，例
如，一些涉及全息图本身的基础专利申
请。在防伪领域，为了生产立体显示效
果好、成像清晰、便于机器和人眼识别
又难于伪造的全息防伪标签，该公司针
对全息图设计进行了改进。该公司专利
申请的一个特点是多采用体积全息图。

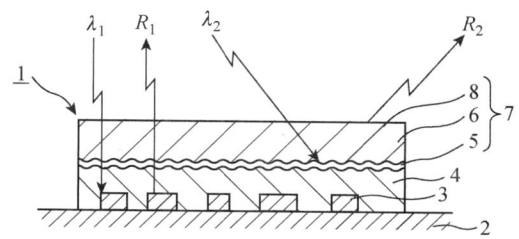

图 9 - 3 - 14　US5856048A 技术方案示意图

大日本印刷全息防伪中国专利申请有 41 项。图 9 - 3 - 15 示出了其中国专利申请
趋势，从中可以看出，其申请量波动很大，申请高峰出现在 2010 年，2012 年后几乎没
有相关申请。

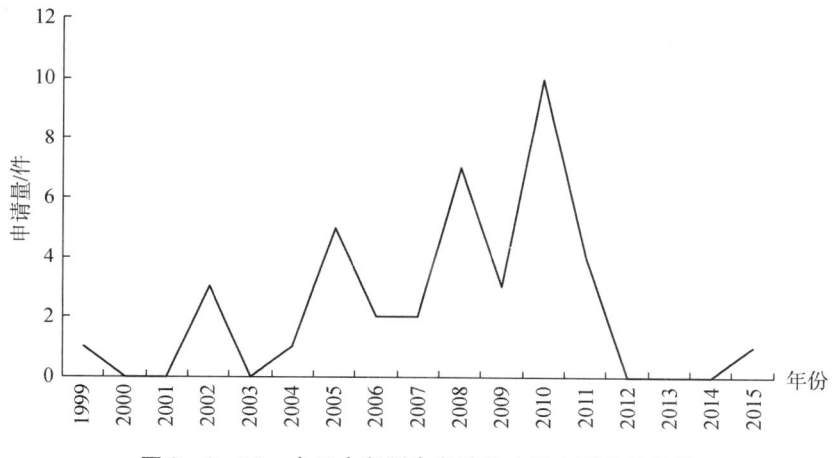

图 9 - 3 - 15　大日本印刷全息防伪中国专利申请趋势

大日本印刷 41 件中国专利申请全部为发明专利，且大部分处于有效状态，失效专利
申请仅有 5 件，其中 3 件为驳回，1 件为期限届满，1 件为未缴年费而终止，说明该公司
技术实力较强，专利质量较高，对于专利保护也十分重视，不会轻易放弃已有专利。

图 9 - 3 - 16 示出了大日本印刷全息防伪领域中国专利申请的技术功效分布。

得益于其雄厚的科研实力，大日本印刷在全息防伪技术上并不满足于应用现有的
全息图生成技术。从图 9 - 3 - 16 可以看出，该公司对于全息图制造本身的专利申请较
多，这可能与其是大型综合性企业有关，对于全息技术有着全面研究，因此在改进全
息图以制造清楚、质量好的全息防伪产品的技术上有独到之处。

（3）发明人分析

图 9 - 3 - 17 示出了大日本印刷全息防伪领域中国专利申请的发明人排名，可以看
出，排名第 1 位的发明人专利申请为 9 件，占该公司该领域申请量的一小部分，说明
发明人比较分散。

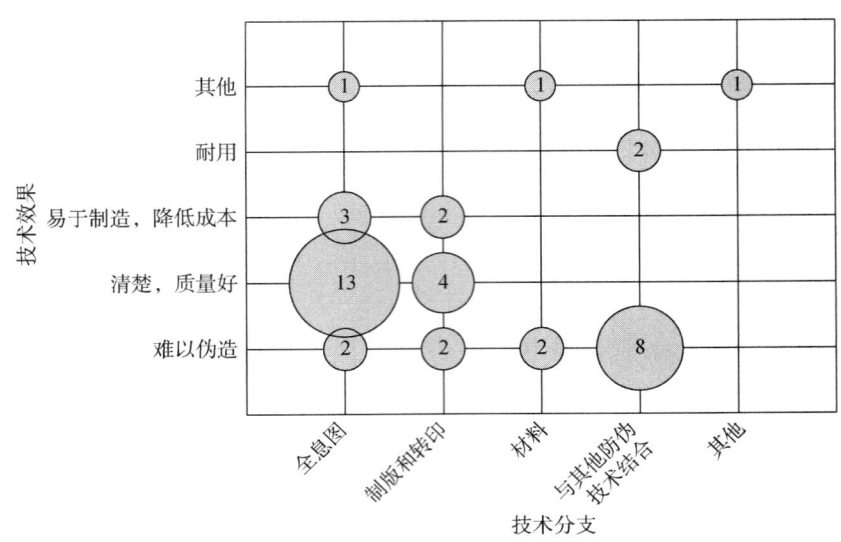

图9－3－16　大日本印刷全息防伪中国专利申请技术功效分布

注：图中数字表示申请量，单位为件。

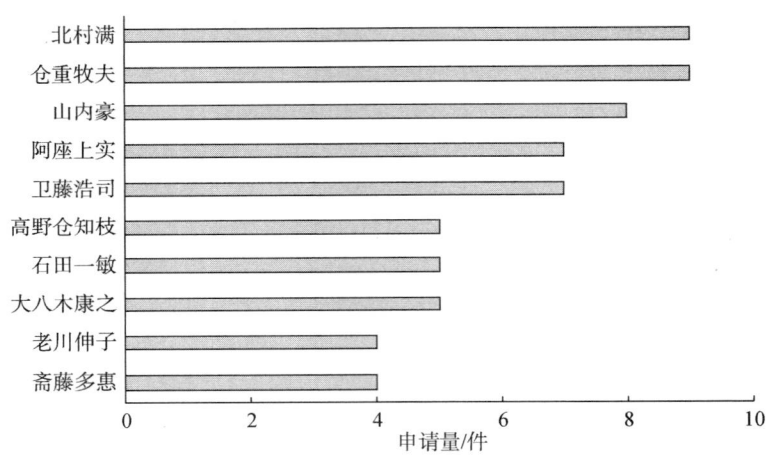

图9－3－17　大日本印刷全息防伪中国专利发明人排名

9.3.5　凸版印刷

（1）公司概述

凸版印刷株式会社（以下简称"凸版印刷"，Toppan），是一家全球印刷公司，成立于1900年，总部位于日本东京千代田区神田和泉町，是一个拥有万余名员工的大型国际性公司。其利用在印刷行业的核心技术，不断扩展其经营活动到新领域之中，包括包装、安全、电子、数字成像和光导发光，主要产品包括：商业和出版印刷服务、产品包装、功能材料产品、室内装饰材料、光掩膜、光学过滤器，触摸传感器基板等。

（2）申请量趋势分析

通过检索得到凸版印刷全球全息防伪专利为 310 件，全部为发明专利申请，由图 9 - 3 - 18可以看出，在全息防伪方面，凸版印刷在 1985 年开始就有一定量的申请，涉足较早，在 1993 年达到了高峰，并在之后的若干年里保持了较高的申请量。

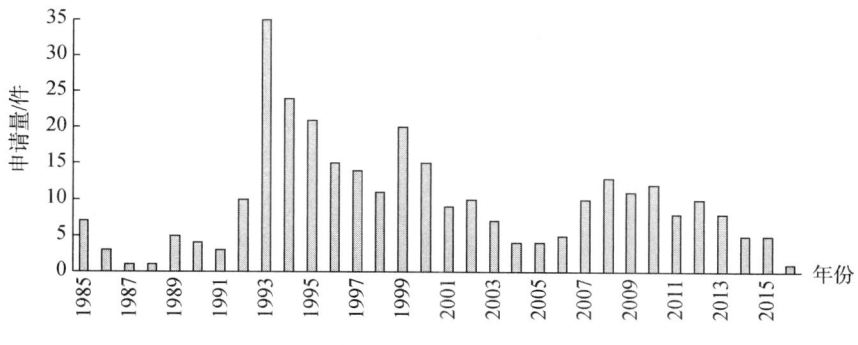

图 9 - 3 - 18　凸版印刷全息防伪专利申请年度分布

（3）法律状态分析

如图 9 - 3 - 19 所示，在 310 件专利申请中，有效专利为 49 件，失效专利为 248 件，在审中的专利为 14 件。

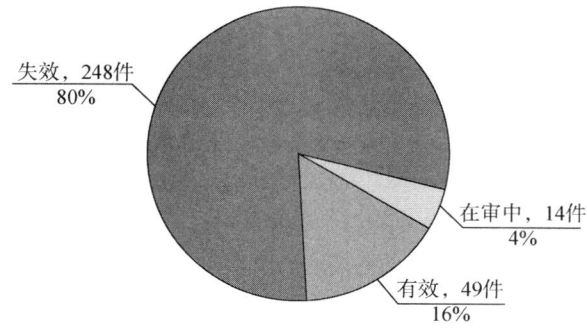

图 9 - 3 - 19　凸版印刷全息防伪专利申请法律状态分布

9.3.6　德国捷德

（1）公司简介

德国捷德有限公司（以下简称"德国捷德"，Giesecke & Devrient GmbH，G&D）于 1852 年创立，总部位于德国慕尼黑，在全球 32 个国家和地区拥有 58 家分公司、合资公司和关联公司，是世界著名的高科技跨国集团公司。主要业务涉及卡与卡系统业务、钞票和证券印刷、安全用纸、钞票清分设备以及完整的身份系统等。作为全球领先的钞票印刷厂，德国捷德为全球 80 多个国家和地区印制钞票和有价证券，并提供专业防伪用纸。德国捷德是目前世界上第二大安全印刷品、安全信息产品和银行自动化处理系统等产品的制造商，并提供相关解决方案的咨询服务。

1994 年，德国捷德开始正式进入中国市场。在湖北黄石、江西南昌等地开发区均设有工厂。捷德中国为各大主要银行提供磁条卡、IC 卡和网络安全产品以及产品的个人化服务，为国内主要的电信运营商提供 SIM 卡、PIM 卡及 OTA 系统等产品及增值服务，同时为国内多个城市一卡通项目、轨道交通项目及社保卡项目提供了 IC 卡产品和相关增值服务。

（2）申请量态势分析

通过检索得到德国捷德的全球全息防伪技术的已公开专利，全部为发明专利申请，没有实用新型和外观设计。在这些申请中，有 87 件向中国提出了专利申请，占总申请量的 73%，近年来其中国申请比例显著增长，体现了该公司对中国市场的关注程度越来越高。

德国捷德全息防伪发明专利申请分布如图 9 – 3 – 20 所示，1994 年，德国捷德开始申请与全息防伪相关的发明专利，在 2009 年申请量达到高峰，近年来在相关方面的发明专利申请仍保持在一个较高的水平。

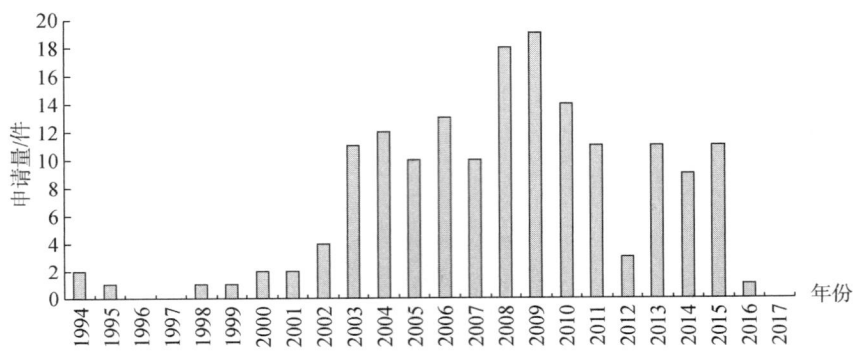

图 9 – 3 – 20　德国捷德全息防伪专利申请年度分布

（3）法律状态分析

在这些发明专利申请中，在审申请占 13%，有效专利占 66%，失效专利申请占 21%（包括未缴费失效和驳回的申请）。其中，有效专利的维持年限普遍较长，大部分大于 10 年，具体如图 9 – 3 – 21 所示。

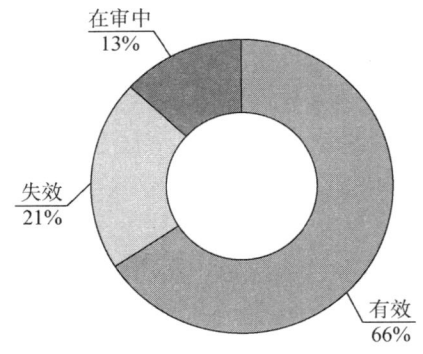

图 9 – 3 – 21　德国捷德全息防伪专利
申请法律状态分布

（4）技术分支分析

德国捷德的专利申请最主要集中在对防伪元件的改进和具有该防伪元件的防伪纸或证件卡片等，还有一部分专利涉及防伪纸自身的结构改进以使得防伪标识（如全息图）可以更清晰地被识别，少量专利涉及全息母版制作的改进。在防伪元件的改进中，部分专利涉及全息防伪标识与其他防伪手段相结合，如与磁识别标识或色移效应等，部分专利涉及对全息防伪标识的改进，在于提高防伪结构构造的精细程度。这些申请涉及的 IPC 分类分布如图 9 – 3 – 22 所示。

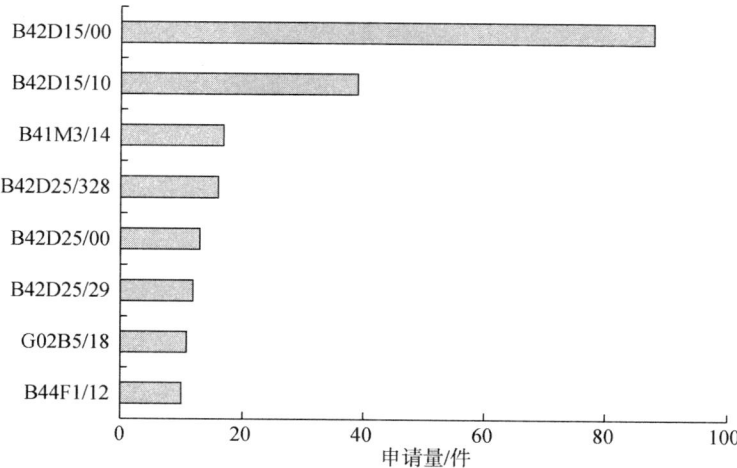

图 9 - 3 - 22　德国捷德全息防伪专利申请主要 IPC 分类分布

第10章　主要申请人的专利申请和运营策略

10.1　全息存储

10.1.1　INPHASE

（1）专利布局策略

1）申请地区分析

经统计，INPHASE在全球主要国家、地区、组织的专利申请分布如图10-1-1所示。

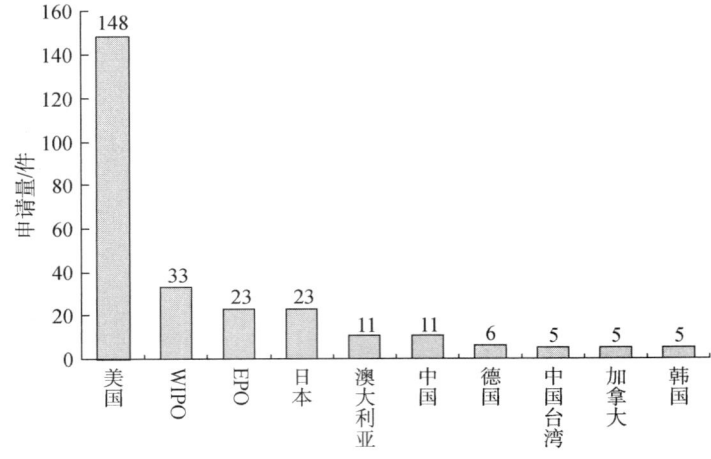

图10-1-1　INPHASE全息存储全球主要国家、地区或组织的专利申请分布

从图10-1-1可见，该公司以在美国申请为主，数量超过其全球申请总量的一半，达到了148件，可见其更加注重美国本土的市场，这与其为美国公司有一定的关系。在全球申请量中，向世界知识产权组织（WIPO）提交的PCT申请占到了12%，为33件，说明该公司比较注重通过PCT申请的方式来进行专利布局。在欧洲、日本等地区和国家的申请量均为23件，仅次于在美国本土的申请量，在中国及中国台湾的总申请量为16件，可见该公司虽然不属于知名跨国大型公司，但在其他国家或地区中，尤其是在全球主要经济发达地区或经济发展活跃地区，都进行了专利布局，在技术成果的保护方面有自己的策略。

2）申请趋势分析

在INPHASE的这些专利申请中，以不同国家、地区或组织年申请量变化趋势分析得到的结果如图 10 - 1 - 2 所示。

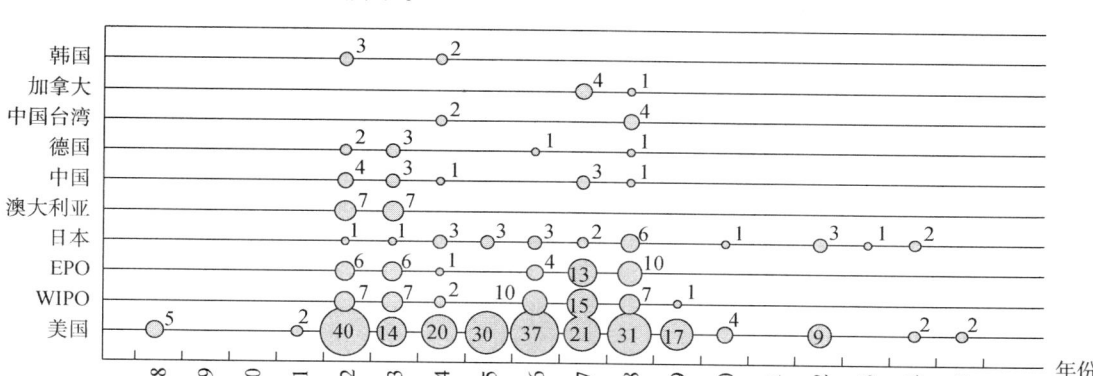

图 10 - 1 - 2　INPHASE 全息存储在不同国家、地区或组织专利申请年度分布

注：图中数字表示申请量，单位为项。

从图 10 - 1 - 2 可见，在 2002 ~ 2008 年，INPHASE 的专利申请量一直处于较高水平，在美国以外的国家、地区或组织中的专利申请布局也在此期间得到了明显发展。这与前面所提到的全球专利申请趋势也较为一致。需要注意的是，图 10 - 1 - 2 中所展示的 2011 年之后的数据经核实均属于早期相关专利的进一步分案申请。

（2）专利申请策略

INPHASE 的 277 件专利申请包括独立申请、共同申请以及从其他单位转让专利。具体分布如图 10 - 1 - 3 所示。

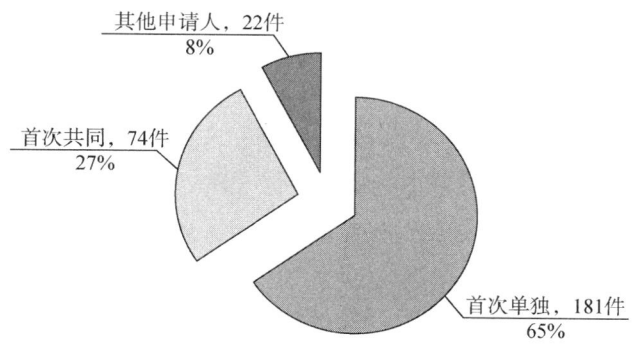

图 10 - 1 - 3　INPHASE 全息存储专利申请策略

其中，"首次单独"表示由 INPHASE 独家申请，"首次共同"表示由 INPHASE 和其他单位共同申请，"其他申请人"表示由 INPHASE 以外的其他申请人申请，之后从其他申请人处转让获得。可见该公司在研发的过程中，不仅注重独立研发，还采取了合作研发、专利收购的方式来完善其专利布局。

（3）权利持有策略

在 127 件有效专利中，其最终权属分布如图 10 - 1 - 4 所示。

其中，"最终单独"表示权利人仅为 INPHASE 一家，"最终共同"表示权利人为

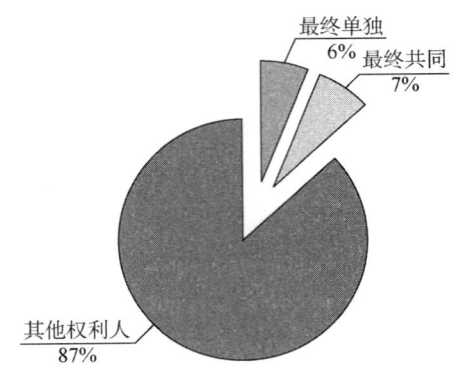

图 10 - 1 - 4　INPHASE 全息存储有效专利权属分布

INPHASE 和其他权利人，"其他权利人"表示权利人为除 INPHASE 以外的其他单位。

通过分析可见，INPHASE 的授权专利持有率不高，大部分专利来自转让或与其他权利人共同持有。在综合考虑 INPHASE 在专利申请的不同阶段所扮演的角色后，获得其分析结果如图 10 - 1 - 5 所示。

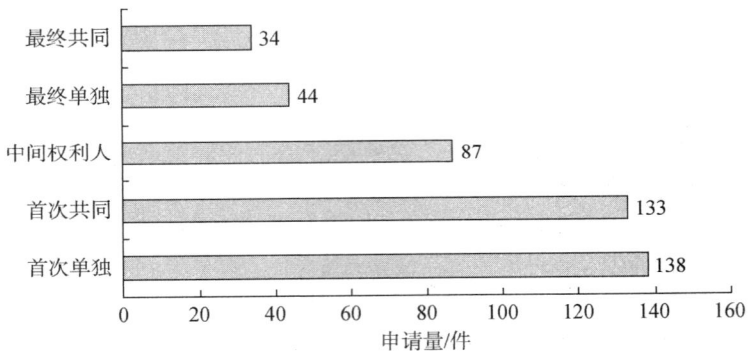

图 10 - 1 - 5　INPHASE 全息存储专利申请不同阶段专利人归属

其中，"首次单独"表示最初由 INPHASE 独家申请，"首次共同"表示最初由 IN-PHASE 和其他单位共同申请，"中间权利人"表示曾经转让给 INPHASE 但随后又被 INPHASE 转让，"最终单独"表示最终的权利人仅为 INPHASE，"最终共同"表示权利人为 INPHASE 和其他权利人。

通过分析可见，INPHASE 的技术研发策略非常多样化，既有独立自主研发，也有与其他单位共同研发，还有通过转让获得的专利技术，但是最终持有或共同持有的数量并不多。

（4）专利转让情况

按照申请提交日期❶来计算，自 2016 年起，INPHASE 没有再进行专利申请，从各专利具体法律信息统计来看，发现其拥有的授权专利中，最终完全（不含共同持有的）

---

❶　由于分案申请提交日会晚于优先权日，因此相关申请的优先权日可能比 2016 年早很多。

转让给他人的专利数量达到了 100 件，其中，97 件受让人为 AKONIA 公司（Akonia Holographics L. L. C. ）。

AKONIA 公司是一家位于美国科罗拉多州的初创公司，成立于 2012 年 8 月，旨在开发基于全息技术的先进光学技术。在实现全息数据存储革命性进展之后，该公司正在支持新兴的增强现实（AR）头戴显示设备或智能眼镜市场。其 HoloMirror™ 技术套件采用该公司专有的体积全息介质和专有技术，可以独特地实现薄而透明的智能玻璃透镜，显示出充满活力的全彩色宽视野图像❶。

INPHASE 转让给 AKONIA 公司的专利如表 10 - 1 - 1 所示。

表 10 - 1 - 1　INPHASE 转让给 AKONIA 公司的专利

公告号	申请日	发明名称
US6482551B1	1998 - 12 - 09	Optical article and process for forming article
US6650447B2	2001 - 07 - 27	Holographic storage medium having enhanced temperature operating range and method of manufacturing the same
US7112359B2	2002 - 01 - 11	Method and apparatus for multilayer optical articles
US6700686B2	2002 - 01 - 24	System and method for holographic storage
US7295356B2	2002 - 01 - 31	Method for improved holographic recording using beam apodization
US6788443B2	2002 - 02 - 07	Associative write verify
US6956681B2	2002 - 02 - 13	Integrated reading and writing of a hologram with a rotated reference beam polarization
US6847498B2	2002 - 03 - 22	Holographic storage lenses
US6939648B2	2002 - 04 - 03	Optical article and process for forming article
US6909529B2	2002 - 05 - 13	Method and apparatus for phase correlation holographic drive
US6743552B2	2002 - 05 - 16	Process and composition for rapid mass production of holographic recording article
US6780546B2	2002 - 06 - 11	Blue - sensitized holographic media
US6798547B2	2002 - 07 - 22	Process for holographic multiplexing
US6765061B2	2002 - 07 - 30	Environmentally durable, self - sealing optical articles
US6721076B2	2002 - 07 - 31	System and method for reflective holographic storage with associated multiplexing techniques
US6914704B2	2002 - 08 - 05	Obliquity correction system
US6735002B2	2002 - 08 - 09	Method for formatting partially overlapping holograms
US6697180B1	2002 - 08 - 09	Rotation correlation multiplex holography
US7180644B2	2002 - 09 - 19	Holographic storage lenses
US6831762B2	2002 - 09 - 27	System and method for holographic storage with optical folding

❶　来源于 http://akoniaholographics.com/.

续表

公告号	申请日	发明名称
US7116626B1	2002 – 11 – 27	Micro – positioning movement of holographic data storage system components
US6825992B2	2002 – 12 – 20	Single component aspheric apodizer
US6825960B2	2003 – 01 – 15	System and method for bitwise readout holographic ROM
US7184383B2	2003 – 01 – 24	Medium position sensing
US7521154B2	2003 – 04 – 11	Holographic storage media
US7229741B2	2003 – 05 – 29	Exceptional high reflective index photoactive compound for optical applications
US7020885B2	2003 – 07 – 31	Data storage cartridge loading system
US7092133B2	2003 – 10 – 06	Polytopic multiplex holography
US7149015B2	2004 – 01 – 05	Obliquity correction scanning using a prism mirror
US7492691B2	2004 – 01 – 14	Supplemental memory having media directory
US6885510B2	2004 – 03 – 11	Holographic storage lenses
US7475413B2	2004 – 03 – 23	Data storage cartridge having a reduced thickness segment
US7391593B2	2004 – 03 – 23	Cartridge shutter mechanism
US7738736B2	2004 – 05 – 06	Methods and systems for holographic data recovery
US8071260B1	2004 – 06 – 15	Thermoplastic holographic media
US8275216B2	2004 – 06 – 28	Method and system for equalizing holographic data pages
US6924942B2	2004 – 08 – 13	Holographic storage lenses
US7232637B2	2004 – 09 – 01	Light sensitive media for optical devices using organic mesophasic materials
US7848595B2	2005 – 02 – 28	Processing data pixels in a holographic data storage system
US7704643B2	2005 – 02 – 28	Holographic recording medium with control of photopolymerization and dark reactions
US8786923B2	2005 – 05 – 17	Methods and systems for recording to holographic storage media
US8199388B2	2005 – 05 – 17	Holographic recording system having a relay system
US7739577B2	2005 – 05 – 31	Data protection system
US7209270B2	2005 – 06 – 16	Method and apparatus for phase correlation holographic drive
US7079296B2	2005 – 08 – 30	Integrated reading and writing of a hologram with a rotated reference beam polarization
US7551538B2	2005 – 10 – 24	Optical recording apparatus and optical head
US7739701B1	2005 – 11 – 22	Data storage cartridge loading and unloading mechanism, drive door mechanism and data drive

公告号	申请日	发明名称
US7589877B2	2005 – 12 – 02	Short stack recording in holographic memory systems
US7173744B1	2005 – 12 – 02	Article comprising holographic medium between substrates having environmental barrier seal and process for preparing same
US7736818B2	2005 – 12 – 22	Holographic recording medium and method of making it
US7813017B2	2005 – 12 – 29	Method and system for increasing holographic data storage capacity using irradiance – tailoring element
US7678507B2	2006 – 01 – 18	Latent holographic media and method
US7471429B2	2006 – 03 – 02	Vibration detection apparatus, hologram apparatus, vibration detection method for the vibration detection apparatus, and recording method for the hologram apparatus
US7483189B2	2006 – 03 – 20	Holographic memory medium, holographic memory device and holographic recording device
US8305700B2	2006 – 05 – 25	Holographic drive head and component alignment
US7742211B2	2006 – 05 – 25	Sensing and correcting angular orientation of holographic media in a holographic memory system by partial reflection, the system including a galvano mirror
US7710624B2	2006 – 05 – 25	Controlling the transmission amplitude profile of a coherent light beam in a holographic memory system
US7675025B2	2006 – 05 – 25	Sensing absolute position of an encoded object
US7633662B2	2006 – 05 – 25	Holographic drive head alignments
US7548358B2	2006 – 05 – 25	Phase conjugate reconstruction of a hologram
US7480085B2	2006 – 05 – 25	Operational mode performance of a holographic memory system
US7466411B2	2006 – 05 – 25	Replacement and alignment of laser
US7397571B2	2006 – 05 – 25	Methods and systems for laser mode stabilization
US8079040B2	2006 – 06 – 06	Loading and unloading mechanism for data storage cartridge and data drive
US7167286B2	2006 – 06 – 23	Polytopic multiplex holography
US7649661B2	2006 – 07 – 12	Holographic storage device having a reflective layer on one side of a recording layer
US7623279B1	2006 – 11 – 22	Method for holographic data retrieval by quadrature homodyne detection
US7773276B2	2007 – 03 – 06	Method for determining media orientation and required temperature compensation in page – based holographic data storage systems using data page Bragg detuning measurements

续表

公告号	申请日	发明名称
US7336409B2	2007 - 03 - 06	Miniature flexure based scanners for angle multiplexing
US8120832B2	2007 - 05 - 23	High speed electromechanical shutter
US7495838B2	2007 - 07 - 16	Collimation lens group adjustment for laser system
US7405853B2	2007 - 08 - 03	Miniature single actuator scanner for angle multiplexing with circularizing and pitch correction capability
US7742209B2	2007 - 08 - 17	Monocular holographic data storage system architecture
US7532374B2	2007 - 08 - 28	Shift tolerant lens optimized for phase conjugating holographic systems
US7738153B2	2007 - 09 - 07	Magnetic field position feedback for holographic storage scanner
US8004950B2	2008 - 02 - 27	Optical pickup, optical information recording and reproducing apparatus and method for optically recording and reproducing information
US7990830B2	2008 - 02 - 27	Optical pickup, optical information recording apparatus and optical information recording and reproducing apparatus using the optical pickup
US7774680B2	2008 - 04 - 09	Data protection system
US7774681B2	2008 - 04 - 10	Data protection system
US7453618B2	2008 - 04 - 16	Miniature single actuator scanner for angle multiplexing with circularizing and pitch correction capability
US7551336B2	2008 - 04 - 17	Miniature single actuator scanner for angle multiplexing with circularizing and pitch correction capability
US7638755B2	2008 - 05 - 01	Sensing absolute position of an encoded object
US8179579B2	2008 - 05 - 21	HROM replication methods, devices or systems, articles used in same and articles generated by same
US8141782B2	2008 - 06 - 06	Dual - use media card connector for backwards compatible holographic media card
US8130430B2	2008 - 12 - 01	Holographic storage device and method using phase conjugate optical system
US8446808B2	2009 - 01 - 09	Use of feedback error and/or feed - forward signals to adjust control axes to optimal recovery position of hologram in holographic data storage system or device
US8062809B2	2009 - 04 - 17	Holographic storage media
US8311067B2	2009 - 06 - 12	System and devices for improving external cavity diode lasers using wavelength and mode sensors and compact optical paths

续表

公告号	申请日	发明名称
US8232028B2	2009 - 07 - 24	Holographic storage medium and method for gated diffusion of photo-active monomer
US8254418B2	2009 - 09 - 18	Method for finding and tracking single - mode operation point of external cavity diode lasers
US8023549B2	2009 - 09 - 30	Tuning method of external cavity laser diode, variable wavelength laser module, and program of external cavity laser diode tuning
US8233205B2	2009 - 10 - 09	Method for holographic data retrieval by quadrature homodyne detection
US8133639B2	2009 - 11 - 25	Holographic recording medium with control of photopolymerization and dark reactions
US8323854B2	2010 - 04 - 23	Photopolymer media with enhanced dynamic range
US8077366B2	2010 - 05 - 25	Holographic storage device having an adjustment mechanism for a reference beam
US8325408B2	2012 - 01 - 17	High speed electromechanical shutter
US8675695B2	2012 - 07 - 25	Method for finding and tracking single - mode operation point of external cavity diode lasers

　　INPHASE 转让给其他公司的专利如表 10 - 1 - 2 所示。

表 10 - 1 - 2　由 INPHASE 转让给 AKONIA 公司以外的专利权人的专利

公告号	申请日	发明名称	当前专利权人
US8053147B2	2008 - 04 - 09	Advantageous recording media for holographic applications	COVESTRO DEUTSCHLAND AG
US8256677B2	2008 - 04 - 11	Enabling holographic media backwards compatibility with dual - use media card connector	NINTENDO CO LTD
US9715426B2	2012 - 01 - 31	Monocular holographic data storage system and method thereof	HITACHI CONSUMER ELECTRONICS CO LTD

（5）小　　结

INPHASE 研发策略多样化，包括独立研发、合作研发、技术转让三种方式，在专利布局上，注重主要经济发达地区和经济发展活跃地区。从其专利续存权利人方面看，INPHASE 已经停止了相关研发工作，其大部分专利技术转让给了 AKONIA 公司，而 AKONIA 公司也是从事全息技术相关研发工作，在将来值得对 AKONIA 公司在全息存储领域的研发动向进一步关注研究。

10.1.2　OPTWARE

（1）全球申请态势分析

从图 10 – 1 – 6 中可以看出，1999～2002 年为公司快速发展期，随着其研发的不断积累，申请量迅猛上升，在 2002 年达到峰值，代表其同轴全息技术已经形成，在 2003 年 ODS（光存储系统会议）会议上，OPTWARE 公布了对全息光盘的测试数据，在测试过程中 OPTWARE 首次使用了能够商用化的全息存储系统。随后申请量开始回落，表明其技术已经成熟。2004 年 8 月 23 日，OPTWARE 正式发布偏振同轴全息技术，当时 OPTWARE 将使用全息记录技术的光盘称为全息通用光盘（HVD）。

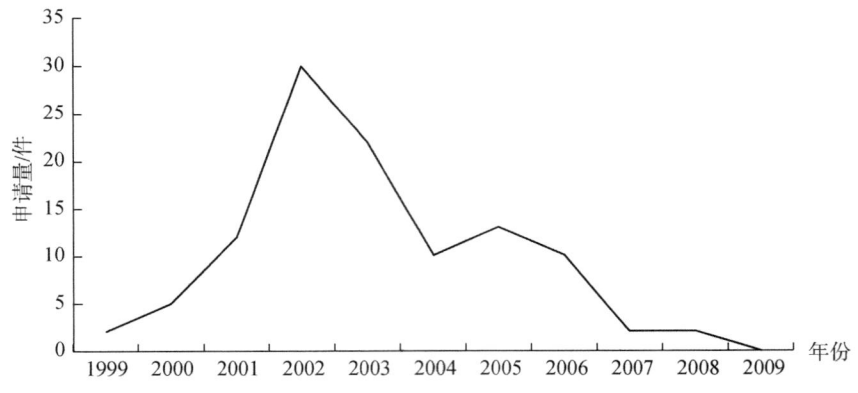

图 10 – 1 – 6　OPTWARE 全息存储专利申请量变化趋势

从图 10 – 1 – 7 来看，OPTWARE 从成立之初就对专利申请相当重视，一开始就在多个国家、地区或组织进行布局，包括澳大利亚、欧亚专利组织（EAPO）、日本、中国、欧洲专利局（EPO）等，同时可以看出，OPTWARE 主要在日本、美国和欧洲进行了大量布局，特别是对其本国（日本）的申请量远超其他国家、地区或组织，并对澳大利亚、中国和韩国给予了一定的重视，但是其对除了日本、美国、欧洲以及世界知识产权组织（WIPO）之外的国家或地区的申请延续性较差，仅将个别代表性技术在这些国家和地区进行了专利布局，而且其在日本本土的申请量远大于在其他国家、地区或组织的申请量，可见其更加注重本土市场的占有。

（2）合作研发分析

如图 10 – 1 – 8 所示，OPTWARE 与多个公司进行了合作研发，分别为 MEMORY

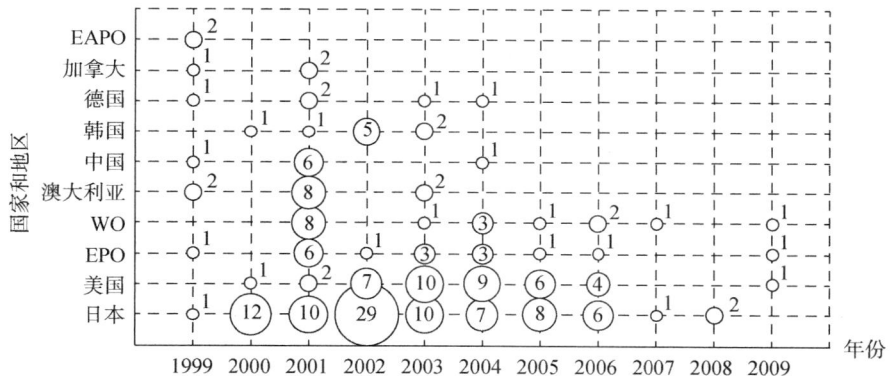

图 10 – 1 – 7　OPTWARE 全息存储各国家或地区专利申请趋势

注：图中数字表示申请量，单位为件。

TECH KK（存储技术株式会社）、MINEBEA KK（美蓓亚株式会社）、PENTAX CORPO-RATION（旭光学工业株式会社）和 UNIV TOYOHASHI TECHNOLOGY（国立大学法人丰桥技术科学大学），其中，主要合作对象为 MEMORY TECH KK 和 MINEBEA KK，其和 MEMORY TECH KK 的合作主要涉及全息光盘的结构，因为 MEMORY TECH KK 公司是日本最大的光盘媒体生产企业。而和 MINEBEA KK 的合作则涉及记录装置结构，因为 MINEBEA KK 是全球最大的精密仪器供应商之一。

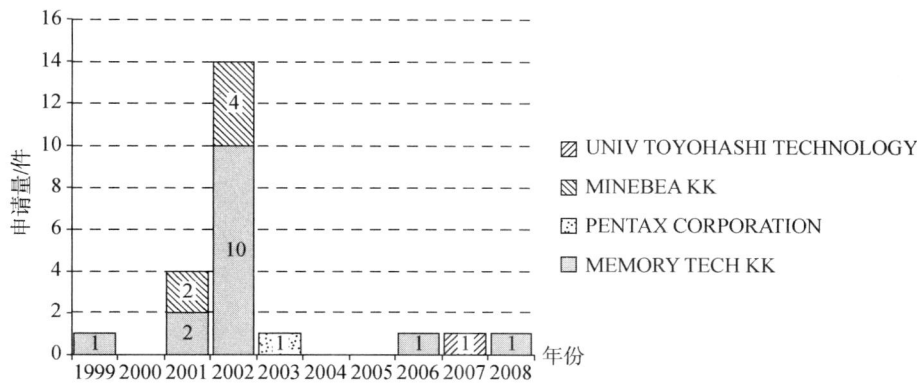

图 10 – 1 – 8　OPTWARE 全息存储技术合作研发专利申请分布

（3）小　结

OPTWARE 主要在日本、美国和欧洲进行了专利布局。可以看出，OPTWARE 相当重视全球专利布局，特别是在全息存储技术较发达的国家以及主要市场。OPTWARE 在 2009 年以后基本没有相关专利申请，退出了市场，也代表了其技术在产业化上，特别是在成本上仍然不能符合市场需要，在未来如果需要开发全息存储技术并实现产业化，需要继续投入研发力量。

10.1.3 通用电气

（1）申请地区分析

从图 10 – 1 – 9 可见，该公司的每项申请均在美国进行了申请，其地区分布具有如下特点：

①对外申请的比例高。除了美国外，日本、中国、韩国、欧洲申请比例均过半。

②对外申请的国家和地区广泛。除了美国外，还在世界上 18 个国家或地区申请了专利。

由此可见，通用电气重视知识产权的保护，不惜投入大量的财力进行高比例、大范围的对外申请，以谋求全球主要国家或地区的全面专利保护。

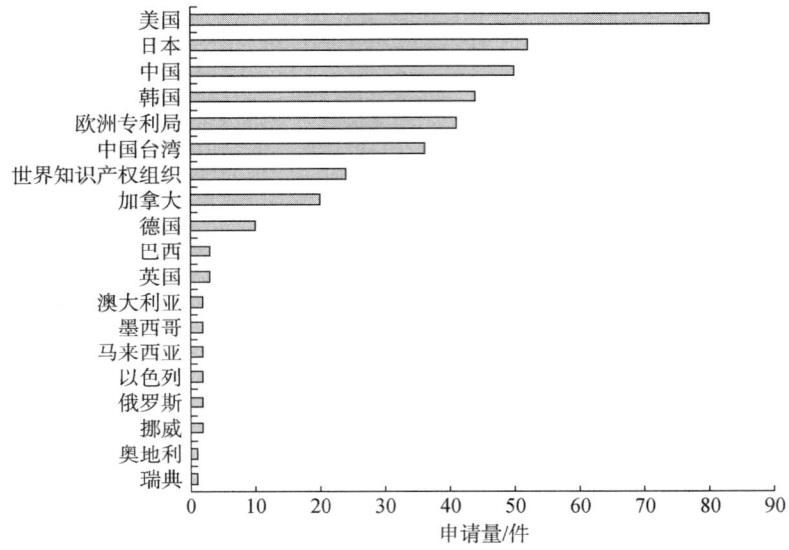

图 10 – 1 – 9 通用电气全息存储专利申请地区分布

（2）申请态势分析

从图 10 – 1 – 10 可知，在 2002 ~ 2012 年，通用电气专利申请量的峰值晚于同时期全球申请的峰值，这可能与通用电气主要为微全息路线相关，微全息路线的出现时间要晚于页面式存储类型，全球申请高峰期主要是以页面式存储为主。两种路线出现时间上的差异，导致峰值的出现时间也存在差异。

在 2009 年后，全球专利申请走低的情况下，通用电气专利申请量仍出现了一个次峰值，这可能是由于微全息与现有存储系统的兼容性强，不需要阵列的组页器和图像探测器，使其产品应用的可能性更大，在金融危机后，通用电气对于该路线仍抱有一定信心，继续进行了相关研究。

（3）小　　结

通用电气在中、美、日、欧、韩均进行了全面布局。虽然在 2012 年以后不再有新内容的专利申请，但仍然对其前期的专利申请进行分案申请、复审、续费等，这表明

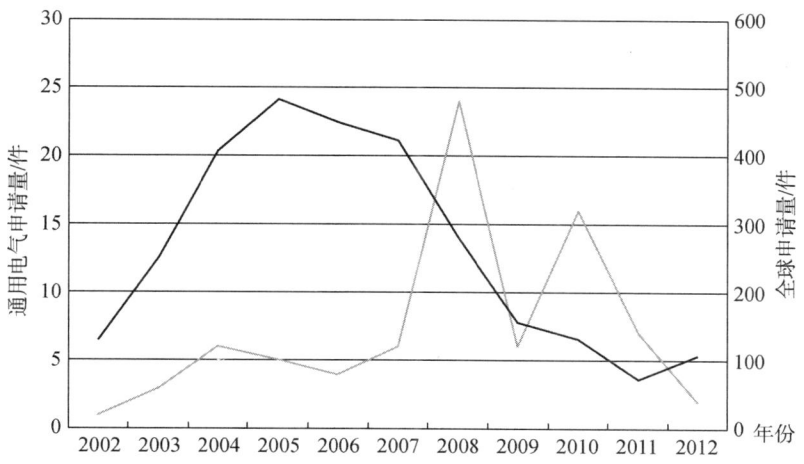

图 10 - 1 - 10　全息存储全球和通用电气专利申请趋势对比

其对全息存储的前景保持一种审慎乐观的态度，并为未来的发展打下了基础。我国申请人若要进行微全息方面的研发，需要注意通用电气授权专利的保护范围。

10.1.4　索　尼

（1）全球申请量分布

以优先权日计算，索尼全息存储全球专利申请量趋势如图 10 - 1 - 11 所示。

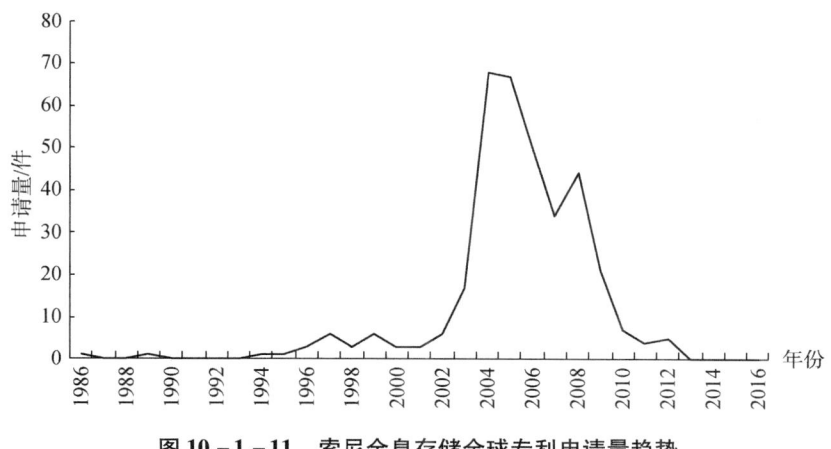

图 10 - 1 - 11　索尼全息存储全球专利申请量趋势

由图 10 - 1 - 11 可见，索尼从 1986 年开始出现相关申请，2003～2008 年，出现一个发展高峰，2013 年之后不再有相关申请。这表明，索尼进入该领域的时间较早，持续时间较长，曾经投入了大量人力、物力进行研发，但是，由于索尼布局重点的转移，不再把研究重点放在全息存储上，因此，从 2013 年开始不再进行相关申请。

在全息存储领域，索尼是在中国进行专利申请量最多的公司，为了解其中国专利申请情况，下面将重点对其中国专利申请进行介绍。

（2）中国申请量分析

在全息存储技术领域，索尼中国专利申请共有 71 件，以申请日计算，该些专利的申请年年度分布如图 10-1-12 所示。

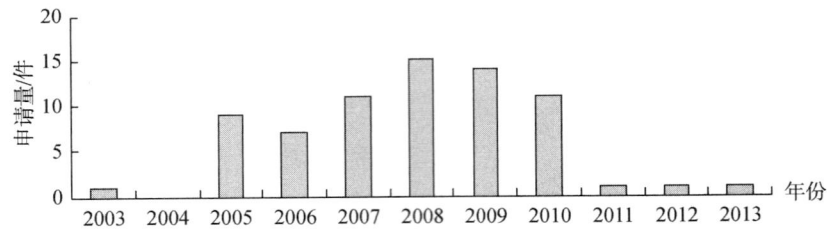

图 10-1-12   索尼全息存储中国专利申请量年度分布

由图可知，从 2003 年开始，索尼在中国进行了全息存储技术领域专利申请；在 2005～2013 年，索尼每年均有申请，主要集中在 2005～2010 年，2013 年之后没有相关申请；另外，其中国专利申请均为发明专利。

（3）小   结

索尼自 2013 年之后在全球和中国均没有涉及全息存储领域的专利申请，说明索尼现阶段没有对全息存储的相关研究进行持续投入，这与其公司在某个阶段的产业布局有关。

10.1.5   日   立

（1）申请量分析

日立全息存储中国专利申请趋势如图 10-1-13 所示。

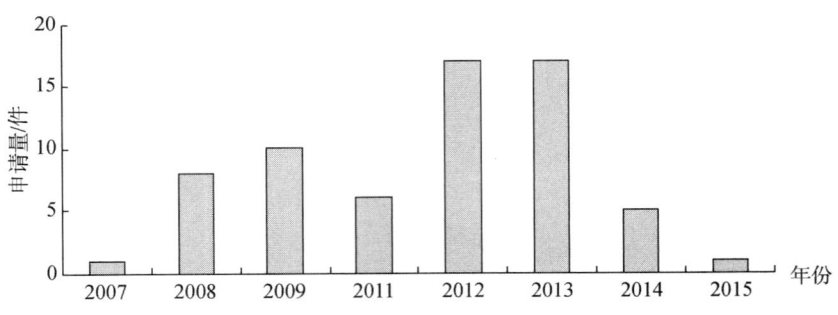

图 10-1-13   日立全息存储中国专利申请量年度分布

日立全息存储全球专利申请趋势如图 10-1-14 所示。

从图 10-1-14 可以看出，在全球申请量呈下降趋势的前提下，日立中国专利申请量仍处于活跃状态，在 2012～2013 年，日立中国专利申请量达到一个小高峰，日立在全息存储领域的最早申请出现在 1969 年，但早期申请量一直处于较低的水平，2005 年以后申请量大幅度增加，尤其是 2012～2014 年，申请量达到高峰，表明日立仍对全息存储技术抱有比较大的期待，同时也具备相应的实力进行研发投入和承担风险。

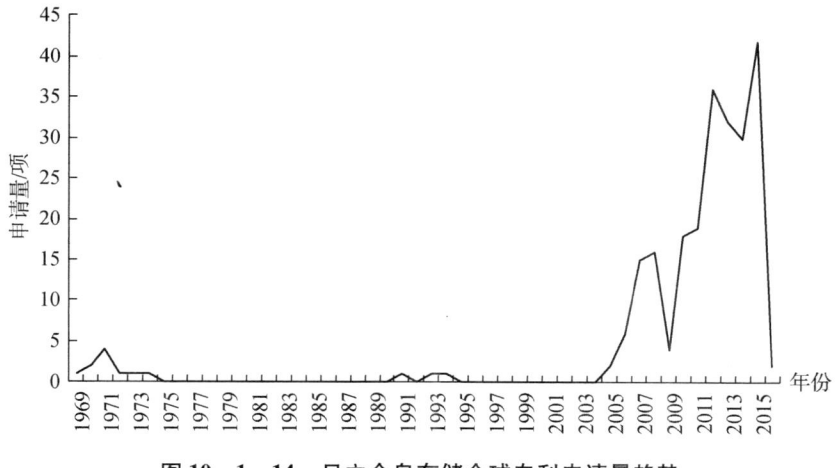

图 10 - 1 - 14　日立全息存储全球专利申请量趋势

（2）小　　结

日立进入全息存储技术领域的时间相对较晚，但近年来专利申请量仍处于活跃状态，2012 ~ 2013 年中国专利申请量还达到一个小高峰，值得我国相关研发人员关注。

10.2　全息防伪

伴随经济全球化的快速发展，知识产权战略在经济社会发展中的重要性更加凸显，知识产权的有效运用和转化，对企业的创新和可持续发展起着积极的推动作用。专利是联结创新与市场之间的重要桥梁和纽带，获得权利的专利只有转化到产业，实际运用于产业的发展，才能最大地推动创新与创业的发展。事实上，专利的产业化只是专利运用的一个方面，专利的商用价值还体现在多个方面，例如质押作为资本入股融资等，通过多种形式和手段来运营和管理专利，可以实现企业技术的进一步发展。

10.2.1　专利质押分析

（1）质押数据概览

下面对涉及全息防伪的专利质押数据进行检索和分析，如表 10 - 2 - 1 所示，通过对质押数据的分析，希望为企业的专利运用和管理，提供一些思路和借鉴。

表 10 - 2 - 1　全息防伪领域专利质押汇总

公开（公告）号	专利名称	公开（公告）日	法律状态
CN1103194C	香烟编码防伪系统及查询方法	2003 - 03 - 19	失效 - 未缴年费、质押保全、许可备案、权利转移、失效
CN100376889C	智能数码图文检测系统及其检测方法	2008 - 03 - 26	失效 - 未缴年费、质押保全、失效

续表

公开（公告）号	专利名称	公开（公告）日	法律状态
CN100544966C	聚乙烯薄膜激光全息防伪方法	2009 – 09 – 30	授权、质押保全
CN201737294U	直接模压潜像防伪包装材料	2011 – 02 – 09	授权、质押保全
CN101590759B	印刷有微型图像编码的防伪证书	2011 – 12 – 28	失效－未缴年费、质押保全、失效
CN101871186B	一种具有全息模糊防伪图纹的转移纸的制造方法	2012 – 03 – 07	授权、质押保全
CN101615258B	部分覆盖的二维码防伪标签及其形成方法	2013 – 03 – 13	权利转移、授权、质押保全
CN103198760A	一种彩色透明全息激光二维码关联揭开标签的生产工艺	2013 – 07 – 10	授权、质押保全
CN103264529A	彩色数字格式命理变化对应追溯标签生产工艺	2013 – 08 – 28	权利转移、授权、质押保全

从表 10 – 2 – 1 中可以看出，所有授权专利都涉及了质押，上述数据均来自中国专利数据库，申请人均是国内申请人。如图 10 – 2 – 1 所示，质押专利的公开集中在 2008~2013 年，2013 年专利的质押数量明显增加，表明专利的运用意识在不断增强。

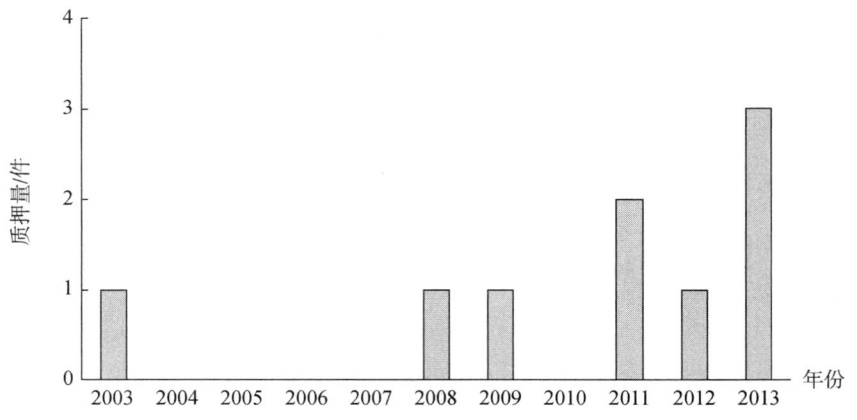

图 10 – 2 – 1　全息防伪专利质押的年度分布

（2）法律状态分析

如图 10 – 2 – 2 所示，在 9 件质押专利中，有 6 件处于有效状态，3 件处于失效状态，8 件为发明专利，1 件为实用新型专利，由此表明，专利质押以发明专利的质押为主，质押专利的类型情况符合全息防伪领域的特点，主要的技术成果是以发明和实用

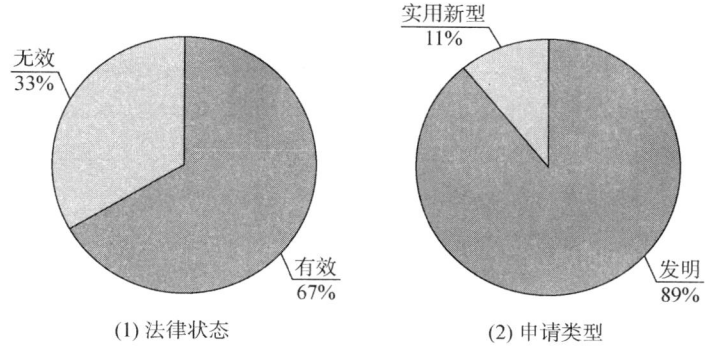

(1) 法律状态　　　　　　　(2) 申请类型

图 10 - 2 - 2　全息防伪专利质押数据的法律状态和专利类型

新型方式保护，由于防伪图案的随机变换性，外观设计专利进行质押的情况较少。

（3）质押方式分析

课题组对每件专利的质押方式进行了分析和统计，对所有国家知识产权局备案的抵押信息数据进行详细查询，针对不同的具体案例进行分析，以了解在质押中普遍采用的方式，如表 10 - 2 - 2 所示。

表 10 - 2 - 2　专利 CN101871186B 的抵押数据

发明名称为：一种具有全息模糊防伪图纹的转移纸的制造方法		
登记生效日	2014 - 11 - 21	
登记号	2014430000024	
备案阶段	质押生效	
质押人	质权人	
常德市武陵金德镭射科技有限公司	常德财鑫科技担保有限公司	
登记生效日		2015 - 12 - 14
登记号		2014430000024
备案阶段		质押注销
登记生效日	2016 - 04 - 01	
登记号	2016430000006	
备案阶段	生效	
质押人	质权人	
常德金德镭射科技股份有限公司	常德财鑫科技担保有限公司	
		2017 - 03 - 06
		2016430000006
		质押注销
登记生效日	2017 - 03 - 22	
登记号	2017430000019	

续表

备案阶段	生效	
质押人	质权人	
常德金德镭射科技股份有限公司	常德财鑫科技担保有限公司	

表 10 - 2 - 2 列出了 CN101871186B 的质押登记数据，从表中可以看到，发明专利在 2012 年获得授权后，于 2014 年开始进行质押，之后每年质押到期后，重新进行质押，其中专利权人常德市武陵金德镭射科技有限公司将其专利质押给了质权人常德财鑫科技担保有限公司，从中可以清楚地看到，专利权人多次运用质押手段，对专利权进行质押。

其他涉及对专利进行质押的案例如表 10 - 2 - 3 所示。

表 10 - 2 - 3　全息防伪技术专利质押数据

	登记生效日	2016 - 11 - 09
CN100544966C 聚乙烯薄膜激光全息防伪方法	登记号	2016990000963
	类型	质押
	备案阶段	生效
	质押人	质权人
	谷林刚	中国银行股份有限公司安阳分行
CN103198760A 一种彩色透明全息激光二维码关联揭开标签的生产工艺	登记生效日	2017 - 09 - 20
	登记号	2017340000242
	类型	质押
	备案阶段	生效
	质押人	质权人
	安徽庆丰余防伪科技有限公司	阜阳市颍州融资担保有限公司
CN201737294U 直接模压潜像防伪包装材料	登记生效日	2013 - 05 - 20
	登记号	2013990000292
	类型	质押
	备案阶段	生效
	质押人	质权人
	湖北金三峡印务有限公司	汉口银行股份有限公司宜昌分行
CN101590759B 印刷有微型图像编码的防伪证书	登记生效日	2014 - 08 - 28
	登记号	2014990000709
	类型	质押
	备案阶段	生效
	质押人	质权人
	爱国者数码科技有限公司	北京中技知识产权融资担保有限公司

续表

CN103264529A 彩色数字格式命理变化对应追溯标签生产工艺	登记生效日	2017－09－20
	登记号	2017340000242
	类型	质押
	备案阶段	生效
	质押人	质权人
	安徽庆丰余防伪科技有限公司	阜阳市颖州融资担保有限公司

从表中可以看到，专利质权人包括融资担保公司、商业银行，如中国银行、地方性银行等，对于国内企业来说，获得专利授权后，可以以专利权进行抵押，在缺少资金的条件下，向银行或融资担保公司进行抵押专利，以获得发展需要的资金支持。

10.2.2　专利许可分析

专利实施许可也称为专利许可证贸易，是指专利技术所有人或其授权人许可他人在一定期限、一定地区、以一定方式实施其所拥有的专利，并向他人收取使用费用。专利实施许可仅转让专利技术的使用权利，转让方仍拥有专利的所有权，受让方仅获得了专利技术实施的权利，并未拥有专利所有权。专利实施许可是以订立专利实施许可合同的方式许可被许可方在一定范围内使用其专利，并支付使用费的一种许可贸易。

课题组以在国家知识产权局备案的专利法律信息为基础进行检索，以全息和防伪为关键词进行检索，共获得 51 件专利。

1）申请人排名

从图 10-2-3 可以看出，中国印钞造币总公司、苏大维格、李华荣、武汉华工图像技术开发有限公司的许可数量排名靠前。

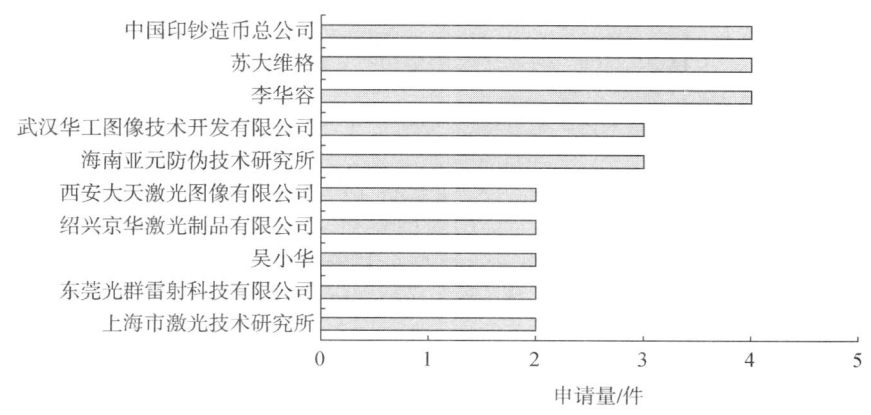

图 10-2-3　全息防伪技术专利许可的申请人排名

2）省区市专利排名

图 10-2-4 列出了全息防伪各省区市专利许可数量排名，从图中可以看出，广东

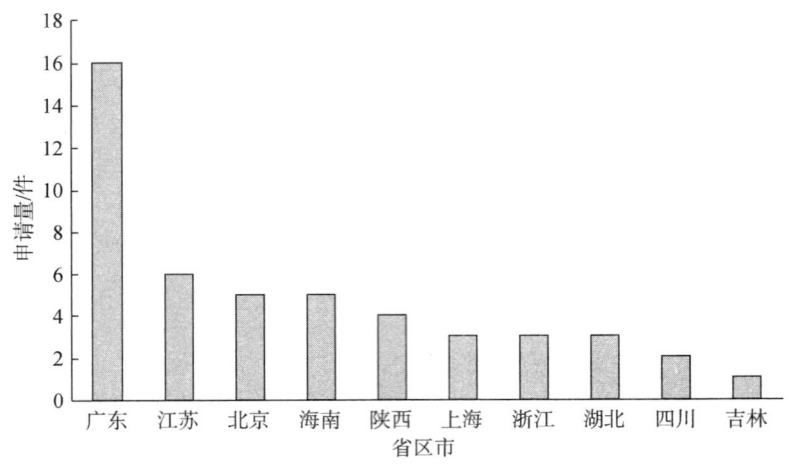

图 10 – 2 – 4　全息防伪各省区市专利许可数量排名

的许可数量居全国首位，其次紧跟着江苏、北京等，该许可数量的排名与全息防伪国内申请人排名具有一定的关联，申请量最多的广东、上海、北京，对应的专利实施许可数量也比较靠前，表明了在对研发投入较多，拥有较多的授权专利后，才能掌握专利的主动权，通过实施许可的方式获得收益，占领市场，拥有较强的竞争力。

3）法律状态分析

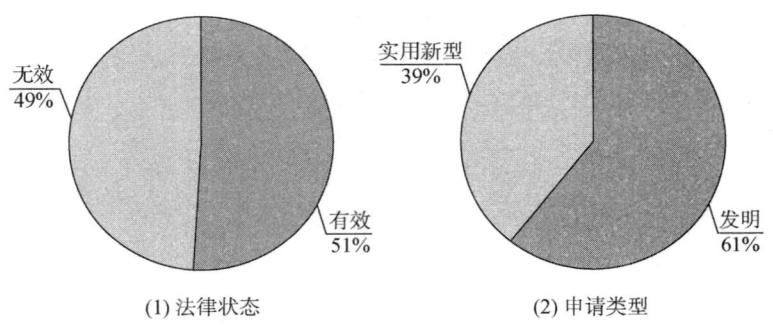

(1) 法律状态　　　　　　　　(2) 申请类型

图 10 – 2 – 5　全息防伪许可专利法律状态和法律类型分布

从图 10 – 2 – 5 可以看到，在 51 件专利中，有 51% 处于有效状态，49% 处于失效状态；其中 31 件为发明专利，20 件为实用新型专利，表明在专利许可中，以发明专利和实用新型的实施许可为主。许可专利的类型也符合全息防伪领域的特点，主要的技术成果是以发明专利和实用新型专利的方式进行保护，由于防伪图案的随机变换性，外观设计产品进行质押的情况较少。

4）专利许可趋势分析

图 10 – 2 – 6 列出了全息防伪专利实施许可的年度变化趋势，从中可以看出，2008 年开始有专利实施许可的备案，2008 ~ 2011 年，专利实施许可备案的数量处于高峰期。表 10 – 2 – 4 列出了全息防伪专利许可各年度许可人和被许可人信息，其中，课题组对同一许可人同一年度的多次许可进行了合并。

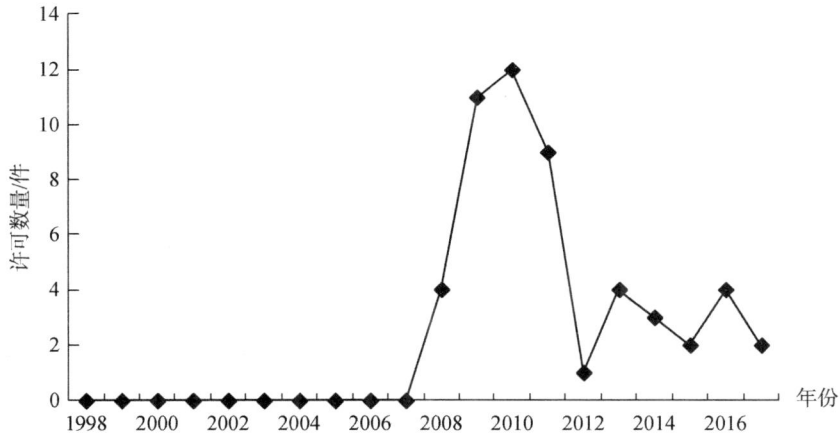

图 10 - 2 - 6　全息防伪专利实施许可年度分布

从 2008 年开始，全息防伪领域申请量进入了第二个高峰期，表明企业对全息防伪技术的重视和投入，同时专利实施许可的数量也随之井喷，表明了专利申请的增加与市场的发展和需求相同步，只有当市场有需求，而相应专利被相关企业掌握时，别的生产企业如果寻求进入市场，为了避免侵犯他人专利权，最好的途径就是寻求合作，通过支付一定费用获得专利的实施许可。

表 10 - 2 - 4　全息防伪技术专利实施许可的许可人和被许可人信息

年份	许可人	被许可人
2007	苏州苏大维格数码光学	浙江美浓丝网印刷
	株洲工学院科技开发部	浙江华人数码印刷
	绍兴京华激光制品	绍兴京华激光材料科技
2008	北京金盾恒业防伪技术有限公司	北京银盾恒安科技发展有限公司
	西安大天激光图像	西安大天科技
	中国印钞造币总公司	成都印钞公司
2009	辽宁师范大学	正元国际印刷包装有限公司
	上海理工大学	马鞍山山鹰纸箱纸品
	李妤	北京德信视景高新技术
	武汉华工图像技术开发	深圳科彩印务有限公司
	苏州大学陈林森	苏州苏大维格光电科技
	武汉市宏基实业发展有限公司	武汉天恒兆信信息技术
	武毅	河南省卫群科技发展
	苏州大学	苏州维旺科技
	上海市激光技术研究所	上海紫江喷铝包装材料
	上海市激光技术研究所	上海联合光盘
	武汉华工图像技术开发	深圳扬丰印刷有限公司

续表

年份	许可人	被许可人
2010	武汉华工图像技术开发	深圳扬丰印刷有限公司
	王杨云	广东正迪网络科技
	王建程	广东正迪网络科技
	中国印钞造币总公司	昆山钞票纸业有限公司
	吴小华	佛山市南海区三简包装
	中国科学院长春光学精密机械与物理研究所	长春新产业光电技术有限公司
	苏州大学	深圳市汇创达科技有限公司
	中山大学	惠州市国朋印刷有限公司
	深圳劲嘉彩印集团	安徽安泰新型包装材料
	中国印钞造币总公司	中国人民银行印制科学技术研究所
2011	绍兴京华激光制品	绍兴京华激光材料科技
	汕头东风印刷	延边长白山印务有限公司
	王永衡	汕头市嘉信包装材料
	深圳市威美实业	深圳市宜美特科技
	东莞光群雷射科技有限公司	湖南永安镭射科技有限公司
	陕西科技大学	涿州燕山汇泽化工
	深圳劲嘉彩印集团	江西丰彩丽印刷包装
	深圳市威美实业	深圳市宜美特科技
2012	李华容	深圳市威美实业
2013	李华容	深圳市宜美特科技
	苏州保瑟佳货币检测科技	苏州少士电子科技有限责任公司
	艾宇	西安鼎城数码科技有限公司
	华南师范大学	广州珂纳生物技术有限公司
2014	海南赛诺实业	湖南泰利恒友科技开发有限公司
	高本强	曲阜市玉樵夫科技有限公司
	四川云盾光电科技有限公司	成都福誉科技有限公司
2015	海南拍拍看网络科技	海南拍拍看信息技术有限公司
2016	海南拍拍看网络科技	海南拍拍看信息技术有限公司
	浙江亚欣包装材料	洛阳烟草服务中心
	海南拍拍看网络科技	上海超级标贴系统有限公司
2017	浙江亚欣包装材料	洛阳烟草服务中心
	海南拍拍看网络科技	上海超级标贴系统有限公司

可以看到，专利在市场中的资源配置作用，许可人运用专利进行保护，获得市场，被许可人通过许可方式参与市场竞争中，良好的知识产权运用和保护环境可以更好地为创新和创业服务。

第11章　结论与建议

通过对全息技术在主要应用领域的专利技术分析可以看出，由于全息技术自身的特点，随着科技水平的日益进步，全息技术与日常的工作和生活越来越紧密，尤其是随着数字化技术的发展，计算全息和数字全息已经逐步取代了传统的光学全息。然而，由于全息技术应用领域差别较大，其在各应用领域的发展现状也千差万别。下面分别从全息存储、全息检测、全息显示、全息光学元件、全息防伪5个应用领域给出主要结论与建议。

在全息存储技术领域，21世纪初是其快速发展的阶段，涌现出了以INPHASE、OPTWARE、索尼、日立、通用电气等为代表的主要申请人，在技术发展上出现了离轴、同轴、微全息3条主要的技术路线，并且也获得了相关的研发成果。国内以各类科研院所研究为主，无论是从中国专利数量还是中国申请人的专利数量上，在全球专利申请中占据的比例都不高，说明该技术在中国市场被关注程度较低。近十年来，全息存储的专利申请活跃度下降也较为明显，早期的主要申请人已经退出了对该技术的研发，绝大部分专利已经转让或失效，只有日立还在继续投入研发，其维持有效的专利较多。在国内，近些年新成立的青岛泰谷光电工程在投入研发。这表明全息存储的产业化过程是一个漫长的、需要大量投入的过程。在这个过程中，机遇和风险是并存的，需要对自身实力、技术、市场等进行充分的评估。

在全息检测技术领域，从全球和中国来看，其申请量均呈现逐年递增的态势，表明了全息检测技术正日益受到关注。在申请人类型方面，全球申请人以企业申请人居多，前10位申请人中大部分是日本企业，但是申请量较为分散；国内申请人在2000年以后增长明显，主要集中在高校和科研院所，在国外进行布局较少，国内企业申请人相对较少。在产业化方面，整个全息检测技术主要处于实验室研究，离产业化应用还有一定的差距，目前，全息显微是全息检测各技术中发展较为突出的一个技术分支，并且数字全息显微技术实现了一定的商业化。从申请量方面能够明显看出，我国申请人非常关注全息检测领域的技术研发和专利保护，但是在产业化方面还需要进一步加强。在专利布局方面，美国、日本、中国属于专利布局的热点地区，从授权专利的维持周期看，近年来，全球和中国申请专利的续费倾向均明显增强，表明全息检测技术越来越受到关注，我国相关企业及研发机构应关注该领域的技术发展动态，做好相应的布局，避免陷入被动。

在全息显示技术领域，随着3D显示技术在人们生活中的应用越来越广泛，全息3D显示技术越来越受到关注。然而，通过研究发现，目前在市场上还没有一台设备能够真正实现全息3D动态显示视频，大部分所谓"全息"的动态显示产品都不是真正的全息动态显示，受器件性能、计算机的处理能力等相关条件制约，已有的技术水平需要付出巨大的代价才能实现有限的动态全息3D显示效果。尽管如此，国内外的一些公司从事全息显示技术的研发并取得了一些实质性的突破，尤其是以 SEEREAL 为代表的主要申请人，提出了采取人眼追踪的方式，大大减小了对空间光调制器及计算能力的要求，离真正的产业化更近了一步。对于人眼追踪方式的全息动态显示技术，在全球申请量方面，在经历 2004～2007 年的高速发展后，申请量有所回落，在 2013 年后又开始有明显的增长势头。从申请人分布看，该技术主要申请人有 SEEREAL、乐金、三星、京东方和以色列的实景成像，并且专利申请的授权率较高，说明了该技术在全球处于早期的研发阶段，参与研发的机构较少，技术含量较高。从申请区域布局看，全球一半以上的申请向中国提交了申请，说明中国这一活跃且庞大的消费市场已经被重点关注，但来自中国的申请人还很少，相关研发投入还不多，这一现象应当引起我国相关行业的重视。

在全息光学元件技术领域，作为一种新型的光学元件，具有传统光学元件不具备的优点，应用前景广泛。在经过 2000 年的高速发展期之后，目前进入稳步发展期，并且具有巨大的发展空间。中国在全息光学元件技术领域的研发虽然起步较晚，但是一直稳步发展，申请人主要集中于高校或科研院所，在专利转化能力或专利运用能力方面还需加强。日本企业对全息光学元件的研究处于世界领先地位，是该领域的重要申请人，专利申请量、维持有效量等方面的活跃度仍较高。我国发明人和申请人可以从中寻找新的研究点，加强产学研合作；另外，也可以基于国外重要申请人的专利申请趋势和技术分布对该领域未来的发展做出借鉴和预判，从而对我国全息光学元件产业化发展起到一定的推动作用，进而推动全息光学元件应用领域向前发展。

在全息防伪技术领域，相较于其他全息技术分支来说，其发展已经进入了全面产业化阶段，中国和全球申请量排名靠前的申请人均为企业，企业是全息防伪领域的创新主体，科研院所的专利申请量相对靠后。全球申请量一直处于上升趋势，2005 年开始进入平稳增长期；在中国申请量方面，一直处于较快的增长势头，优于全球申请量的情况；在首次申请的国家中，中国、美国和德国分别占据前三的位置，说明该技术市场的国内活跃度高于全球。在全球主要申请人申请量排名中，日本、德国、瑞士等国的大公司在全息防伪方面的申请量较大，占据了大部分，也有泰宝集团和中国印钞造币总公司两家来自中国的申请人申请量排名进入了前 11 名；从中国专利申请人排名看，国内申请人占据了前 10 名中的 7 席，并且发明申请比例逐渐提高，授权专利续费维持有效比例逐渐提高，这表明在全息防伪技术领域，我国具有一定的优势，但国内企业对外申请的程度还有待进一步提高，可借助"一带一路"倡议等政策，走向世界，进一步做好专利布局，才能为市场拓展提供坚强的后盾。同时，与其他全息技术应用领域不同的是，全息防伪技术领域的专利质押和专利实施许可应用广泛，表明了该行业熟悉专利运用，在市场竞争中发挥了积极的资源配置作用，为创新和创业提供了积极的支持。

总而言之，在全息存储、全息显示等处于研发阶段的技术领域，需要研发企业具有一定的经济实力作为保障，在现有的技术线路基础上，通过对已有技术的全面分析，以专门的团队来进行研发，力争推动我国在海量存储、真三维显示等方面的发展率先取得突破，并掌握一批核心技术，为将来的信息化竞争占据有利地形，摆脱我国许多技术领域的核心技术受某些西方发达国家封锁的困境，这将具有非常重要的现实意义。

　　在全息检测和全息光学元件这两个专利申请量持续增长的技术领域中，由于其应用范围广泛，相较于传统技术特点鲜明，值得我国相关机构进一步研发，加强专利运营，使其走向商业化。这 5 个应用领域申请以发明专利为主，全息防伪领域和全息光学元件领域存在少量的实用新型申请，其中，全息防伪领域还有一些外观专利申请，说明全息防伪领域保护的手段更加多样化。全息检测、全息光学元件和全息防伪领域的续费趋势在逐步增强，说明这几个领域的受重视程度在逐渐提高。在全息防伪这一发展较为成熟的技术领域中，要进一步加强专利布局，放眼全球市场，充分利用专利手段，为企业打开市场提供竞争力和强有力的支持。

附录 申请人名称约定表

约定名称	申请人或专利权人
3M	3M 公司 3M 创新有限公司 3M INNOVATIVE PROPERTIES COMPANY
IBM	国际商业机器公司 IBM IBM CORP INTERNATIONAL BUSINESS MACHINES CORPORATION
INPHASE	英法塞技术公司 同相科技公司 INPHASE TECHNOLOGIES INC. インフェイズ テクノロジーズ インコーポレイテッド 인페이즈 테크놀로지스 인코포레이티드
JDS 尤尼弗思	JDS UNIPHASE CORPORATION JDS 尤尼弗思公司
LG	LG 电子株式会社 乐金显示有限公司 LG ELECTRONICS INC. LG DISPLAY CO LTD エルジー エレクトロニクス インコーポレイティド 엘지전자 주식회사
OPTWARE	光技术企业公司 OPTWARE OPTWARE CORPORATION OPTWARE: KK 株式会社オプトウエア 가부시키가이샤 옵트웨어 光器件技术有限公司
SEEREAL	视瑞尔技术公司 喜瑞尔工业公司 希瑞尔技术有限公司 SEEREAL TECH GMBH SEEREAL TECHNOLOGIES GMBH SEEREAL TECHNOLOGIES SA CEREAL TECHNOLOGIES GEEM BEHA

约定名称	申请人或专利权人
SIROS TECHNOLOGY	SIROS TECHNOLOGIES, INC. SIROS TECHNOLOGY, INC.
TAMARACK STORAGE	TAMARACK STORAGE DEVICES TAMARACK STORAGE DEVICES, INC.
TDK	TDK 株式会社 TDK 股份有限公司 TDK CORP TDK CORPORATION
UT–巴特勒	UT–巴特勒有限责任公司
阿尔卑斯电气	阿尔卑斯电气株式会社 阿尔普士电气股份有限公司 ALPS ELECTRIC CO., LTD アルプス電気株式会社
阿尔卡特	LUCENT TECHNOLOGIES INCORPORATED ルーセント テクノロジーズ インコーポレイテッド
奥林巴斯	奥林巴斯光学工业股份有限公司 奥林巴斯技术公司 奥林巴斯医疗株式会社 OLYMPUS CORP OLYMPUS IMAGING CORP OLYMPUS OPTICAL CO OLYMPUS OPTICAL CO LTD オリンパスイメージング株式会社 オリンパス光学工業株式会社 オリンパス株式会社
拜耳	科思创德国股份有限公司 科思创德意志股份有限公司 拜耳材料科学股份有限公司 拜尔材料科学股份公司 拜尔公司 拜耳知识产权有限责任公司 COVESTRO DEUTSCHLAND COVESTRO DEUTSCHLAND AG BAYER MATERIALSCIENCE BAYER MATERIALSCIENCE AG BAYER MATERIALSCIENCE LLC バイエル・マテリアルサイエンス・アクチェンゲゼルシャフト

续表

约定名称	申请人或专利权人
宝丽来	POLAROID CORPORATION PATENT DEPARTMENT
北京工业大学	北京工业大学
冲电气工业	沖電気工業株式会社 OKI ELECTRIC IND CO LTD
大日本印刷	大日本印刷公司 大日本印刷株式会社 DAI NIPPON PRINTING CO. , LTD. DAINIPPON PRINTING CO LTD DAI NIPPON PRINTING オリンパス株式会社
大宇	株式会社大宇电子 大宇电子株式会社 大宇電子株式會社 DAEWOO ELECTRONICS CO. , LTD DONGBU DAEWOO ELECTRONICS CORPORATION 대우전자주식회사 동부대우전자 주식회사
岛津制作所	株式会社岛津制作所 SHIMADZU CORP SHIMADZU SEI
德国捷德	GIESECKE & DEVRIENT GMBH 吉赛克与德弗连特股份有限公司 德国捷德有限公司 德國捷德有限公司 捷德有限公司 지세케 앤드 데브리엔트 게엠베하
德拉鲁国际	DE LA RUE HOLOGRAPHICS LIMITED DE LA RUE INTERNATIONAL LIMITED
东芝	株式会社东芝 TOSHIBA KK TOSHIBA CORP KABUSHIKI KAISHA TOSHIBA 株式会社東芝
恩莱因	恩莱因公司
佛山欧谱曼迪科技	佛山市欧谱曼迪科技有限责任公司

续表

约定名称	申请人或专利权人
富士胶片	富士胶片株式会社 FUJIFILM CORP FUJI PHOTO FILM CO LTD FUJIFILM HOLDINGS CORP 富士フイルム株式会社 富士写真フイルム株式会社 富士フイルムホールディングス株式会社 후지필름 가부시키가이샤
富士施乐	富士施乐株式会社 FUJI XEROX CO LTD FUJI XEROX CO. , LTD. 富士ゼロックス株式会社
富士通	富士通株式会社 富士通股份有限公司 FUJITSU FUJITSU LTD FUJITSU KK FUJITSU LIMITED FUJITSU TEN LTD
哈尔滨工业大学	哈尔滨工业大学
韩国电子通信研究院	KOREA ELECTRONICS TELECOMM ELECTRONICS AND TELECOMMUNICATIONS RESEARCH INSTITUTE
湖北联合天诚	湖北联合天诚防伪技术股份有限公司
皇家飞利浦	皇家飞利浦电子股份有限公司 KONINKLIJKE PHILIPS ELECTRONICS N. V. コーニンクレッカ フィリップス エレクトロニクス エヌ ヴィ
加州理工学院	CALIFORNIA INSTITUTE OF TECHNOLOGY
佳能	佳能株式会社 佳能公司 CANON KABUSHIKI KAISHA CANON ELECTRONICS CANON INC CANON ELECTRONICS INC CANON KK キヤノン株式会社

续表

约定名称	申请人或专利权人
建兴电子	建兴电子科技股份有限公司 LITE – ON CORP.
交大思源基金会	财团法人交大思源基金会
京东方	京东方科技集团股份有限公司
精碟科技	精碟科技股份有限公司 PRODISC TECHNOLOGY INC.
精工爱普生	精工爱普生株式会社 精工教材公司 三洋爱普生影像设备公司 SEIKO EPSON SEIKO EPSON CORP SEIKO EPSON CORPORATION SANYO EPSON IMAGING DEVICES CORP. SEIKO INSTRUMENTS INC セイコーエプソン株式会社
卡尔蔡司	CARL ZEISS AG CARL ZEISS MEDITEC CARL ZEISS MICROSCOPY
柯尼卡	柯尼卡美能达精密光学株式会社 柯尼卡美能达控股株式会社 柯尼卡美能达遥感，INC. 保留所有权利 柯尼卡美能达照片影像有限公司 KONICA CORP KONICA MINOLTA HOLDINGS INC KONICA MINOLTA INC KONICA MINOLTA OPTO INC KONICA MINOLTA PHOTO IMAGING INC コニカミノルタフォトイメージング株式会社 コニカミノルタホールディングス株式会社 コニカミノルタオプト株式会社
兰蒂斯基尔技术革新	兰蒂斯基尔技术革新股份公司 LANDIS & GYR TECHNOLOGY INNOVATION AG
理光	株式会社理光 理光公司 理光株式会社 RICOH CO LTD RICOH KK RICOH COMPANY, LTD. 株式会社リコー

约定名称	申请人或专利权人
默克专利	MERCK PATENT GMBH 默克专利股份有限公司
纳幕尔杜邦	纳幕尔杜邦公司 DU PONT DE NEMOURS
南开大学	南开大学
尼康	尼康尼康公司 尼康视觉公司 NIKON CORP 株式会社ニコン
青岛泰谷光电工程	青岛泰谷光电工程技术有限公司
清华大学	清华大学 清华大学深圳研究生院
日本电气	日本电气株式会社 新日本电气 NEC 首页电子有限公司 NEC CORPORATION NEC CORP NEC HOME ELECTRON LTD 日本電気ホームエレクトロニクス株式会社 日本電気株式会社
日本电信电话	日本电信电话株式会社 日本電信電話株式会社 NIPPON TELEGRAPH & TELEPHONE CORPORATION NIPPON TELEGRAPH AND TELEPHONE CORPORATION NIPPON TELEGRAPH & TELEPHONE PUBLIC CORPORATION NIPPON TELEGRAPH AND TELEPHONE PUBLIC CORPORATION NIPPON TELEGR & TELEPH CORP NIPPON TELEGR & TELEPH CORP &LT, NTT&GT, エヌ・ティ・ティ・アドバンステクノロジ株式会社
日本电装	日本电装株式会社 DENSO CORP DENSO CORP DENSO WAVE INCORPORATED NIPPONDENSO CO LTD 株式会社デンソー 日本電装株式会社

续表

约定名称	申请人或专利权人
日立	株式会社日立制作所
	株式会社日立製作所
	株式会社日立メディアエレクトロニクス
	株式会社日立エルジーデータストレージ
	日立视听媒体股份有限公司
	日立民用电子株式会社
	日立麦克赛尔株式会社
	日立乐金资料储存股份有限公司
	日立乐金光科技株式会社
	日立化成株式会社
	日立化成工業株式会社
	日立工機株式会社
	日立電線株式会社
	日立マクセル株式会社
	日立ビアメカニクス株式会社
	日立コンシューマエレクトロニクス株式会社
	HITACHI－LG DATA STORAGE, INC.
	HITACHI MEDIA ELECTORONICS CO LTD
	HITACHI MAXELL LTD
	HITACHI LTD
	HITACHI KOKI CO LTD
	HITACHI CONSUMER ELECTRONICS CO LTD
	HITACHI CHEM CO LTD
	HITACHI CABLE LTD
瑞士锡克拜	SICPA HOLDING S. A.
	SICPA HOLDING SA
	锡克拜控股有限公司
三星	三星电机株式会社
	三星电子株式会社
	三星 SDI 株式会社
	三星显示器有限公司
	SAMSUNG ELECTRONICS
	SAMSUNG DISPLAY CO. , LTD.
	SAMSUNG ELECTRONICS CO. , LTD.
	SAMSUNG ELECTRONICS CO LTD
	SAMSUNG ELECTRO MECH CO LTD
	SAMSUNG ELECTRONICS CO. , LTD.
	SAMSUNG ELECTRONIC CO. , LTD.
	SAMSUNG ELECTRONICS COMPANY, LIMITED
	SAMSUNG EHLEKTRONIKS KO LTD
	サムスン エレクトロニクス カンパニー リミテッド
	三星電子株式会社
	三星電機株式会社
	삼성전자주식회사

约定名称	申请人或专利权人
上海大学	上海大学
上海光机所	中国科学院上海光学精密机械研究所
上海微电子装备	上海微电子装备有限公司
胜利	VICTOR CO OF JAPAN LTD 日本ビクター株式会社
实景成像	实景成像有限公司 REAL VIEW IMAGING LTD
数字光学	Digital Optics International Corporation
斯玛特全息摄影	斯玛特全息摄影有限公司
松下	松下电器产业株式会社 松下电气工业株式会社 松下 IP 管理有限公司 MATSUSHITA ELECTRIC IND CO LTD MATSUSHITA ELECTRIC INDUSTRIAL CO. LTD. MATSUSHITA ELECTRON CORP MATSUSHITA DENKI SANGYO KK PANASONIC CORP PANASONIC IP MANAGEMENT CORP PANAVISION, INC. パナビジョン・インコーポレイテッド パナソニック株式会社 松下电器产业株式会社 松下電器産業株式会社
苏大维格	苏大维格数码光学有限公司 苏州苏大维格光电科技股份有限公司
索尼	索尼磁性度盘 INC. 索尼德国有限责任公司 索尼电脑娱乐公司 索尼国际（欧洲）德国米特 索尼国际（欧洲）股份有限公司 索尼公司 索尼精密技术有限公司版权所有 索尼数位化有限公司 索尼株式会社 索尼信息技术股份有限公司 索尼光领公司 索尼碟片数位解决方案股份有限公司 新力股份有限公司 SONY CORP SONY CORPORATION SONY MAGNESCALE INC. SONY INT EURO

约定名称	申请人或专利权人
索尼	SONY DEUTLAND SONY DADC AUSTRIA SONY DADC CORP SONY DADC AUSTRIA AG SONY DEUTSCHE GMBH SONY OPTIARC INC ソニー株式会社 ソニー ドイチュラント ゲゼルシャフト ミット ベシュレンクテル ハフツング ソニーマグネスケール株式会社 ソニーオプティアーク株式会社 株式会社ソニー DADC 소니 주식회사
泰宝集团	山东泰宝包装制品有限公司 山东泰宝防伪制品有限公司 山东泰宝防伪技术产品有限公司 淄博泰宝包装制品有限公司 淄博泰宝防伪技术产品有限公司 淄博泰宝防伪制品有限公司
汤姆森特许	汤姆森特许公司 汤姆森许可贸易公司 THOMSON LICENSING THOMSON LICENSING SA DEUT THOMSON OHG DEUT THOMSON – BRANDT GMBH
通用电气	通用电气公司 GENERAL ELECTRIC COMPANY GENERAL ELECTRIC CO. GENERAL ELECTRIC CORPORATION ゼネラル・エレクトリック・カンパニイ 제너럴 일렉트릭 캄파니
凸版印刷	凸版烟标股份有限公司 凸版印刷有限公司 凸版印刷株式会社 TOPPAN PRINTING CO LTD TOPPAN PRINTING CO. , LTD. 株式会社トッパンプロスプリント
无锡光群	无锡光群雷射科技有限公司
武汉华工	武汉华工图像技术开发有限公司
物理光学	PHYSICAL OPTICS CORP
西安华科光电	西安华科光电有限公司

续表

约定名称	申请人或专利权人
西安中科光电精密工程	西安中科光电精密工程有限公司
西北工业大学	西北工业大学
夏普	锋利株式会社 夏普公司 夏普株式会社 SHARP CORPORATION SHARP KABUSHIKI KAISHA SHARP CORP SHAAPU KK シャープ株式会社
先锋	先锋株式会社 日本先锋公司 PIONEER CORPORATION PIONEER ELECTRONIC CORPORATION パイオニア株式会社
相位全息成像 PHI	相位全息成像 PHI 有限公司
小松集团	株式会社小松制作所 KOMATSU KOMATSU SEISAKUSHO KK
兄弟工业	兄弟工业株式会社
休斯航空	HUGHES AIRCRAFT CO
旭硝子	旭硝子株式会社 ASAHI GLASS ASAHI GLASS CO LTD ASAHI OPTICAL CO LTD
英诺安保	INNOVIA SECURITY PTY LTD SECURENCY INTERNATIONAL PTY LTD
长春光机所	中国科学院长春光学精密机械与物理研究所
中国印钞造币总公司	中国印钞造币总公司 中钞特种防伪科技有限公司
中山大学	中山大学
中山国安火炬	中山国安火炬科技发展有限公司
株式会社京都第一科学	株式会社京都第一科学

图 索 引

表 索 引